课堂实录

张忠琼 / 编著

HTML+CSS 网页设计与布局

课堂实录

U0293182

清华大学出版社

北京

内 容 简 介

本书紧密围绕网页设计师在网页制作过程中的实际需要和应该掌握的技术,全面地介绍了使用HTML、CSS进行网页设计和制作的各方面内容和技巧。本书不只注重语法讲解,还通过一个个鲜活、典型的实战案例来帮助读者达到学以致用的目的。每个语法都有相应的实例,每章后面又配有综合小实例,各章均配有习题,力求达到理论知识与实践操作完美结合的效果。

本书可作为普通高校、高职高专计算机及相关专业教材,并可供从事网页设计与制作、网站开发、网页编程等行业人员参考。

图书在版编目(CIP)数据

HTML+CSS网页设计与布局课堂实录 / 张忠琼编著. —北京:清华大学出版社,2015(2020.2重印)
(课堂实录)
ISBN 978-7-302-39554-6

Ⅰ.①H… Ⅱ.①张… Ⅲ.①超文本标记语言-程序设计 ②网页制作工具 Ⅳ.①TP312 ②TP393.092

中国版本图书馆CIP数据核字(2015)第046770号

责任编辑:陈绿春
封面设计:潘国文
责任校对:徐俊伟
责任印制:杨 艳

出版发行:清华大学出版社
　　　　网　　　址:http://www.tup.com.cn,http://www.wqbook.com
　　　　地　　　址:北京清华大学学研大厦A座　　　　邮　　编:100084
　　　　社 总 机:010-62770175　　　　　　　　　　邮　　购:010-62786544
　　　　投稿与读者服务:010-62776969,c-service@tup.tsinghua.edu.cn
　　　　质 量 反 馈:010-62772015,zhiliang@tup.tsinghua.edu.cn
印 装 者:三河市铭诚印务有限公司
经　　销:全国新华书店
开　　本:188mm×260mm　　　　　印 张:19.25　字　数:531千字
　　　　　(附光盘1张)
版　　次:2015年8月第1版　　　　　印 次:2020年2月第6次印刷
定　　价:59.00元

产品编号:061937-01

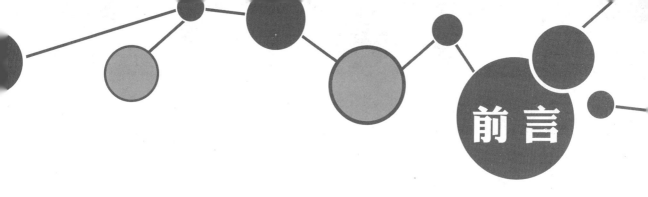

前言

近年来随着网络信息技术的广泛应用，越来越多的个人、企业等纷纷建立自己的网站，利用网站来宣传推广自己。网页技术已经成为当代青年学生必备的知识技能。目前大部分制作网页的方式都是运用可视化的网页编辑软件，这些软件的功能相当强大，使用非常方便。但是对于高级网页制作人员来讲，仍需了解HTML、CSS等网页设计语言和技术的使用，这样才能充分发挥自己丰富的想象力，更加随心所欲地设计符合标准的网页，以实现网页设计软件不能实现的许多重要功能。

本书主要内容

本书紧密围绕网页设计师在网页制作过程中的实际需要和应该掌握的技术，全面介绍了使用HTML、CSS进行网页设计和制作的各方面内容和技巧。本书不只注重语法讲解，还通过一个个鲜活、典型的实战案例来帮助读者达到学以致用的目的。每个语法都有相应的实例，每课后面又配有综合小实例。

本书共15课分为3部分，主要内容介绍如下。

第1篇　HTML篇

本部分由第1～8课组成，主要讲述HTML文件的基本结构、HTML文件编写方法、 HTML基本标记、设置文字、段落与列表、图像和多媒体的创建、超链接和表单、表格的创建、HTML 5的新特性、HTML 5的结构等。介绍如何使用HTML语言标记，如何运用这些标记在Web页面中生成特殊效果，并且对每课的属性和方法进行了详细的解析，同时还运用了大量的实例加以说明。

第2篇　CSS篇

本部分由第9～14课组成。在本部分中首先介绍CSS的基本概念和添加方法。然后介绍CSS控制网页文本和段落样式、用CSS设计图片和背景、用CSS制作实用的菜单和网站导航、CSS盒子模型与定位、元素的定位方式、CSS布局理念、常见的布局类型。

第3篇　综合案例篇

本部分由第15课组成，采用最流行的CSS+DIV布局的方法，综合讲述企业网站制作方法，教会读者如何将各个知识点应用于一个实用系统中，避免读者只学习停留于表面、局限于理论的知识，使读者能将所学的知识可以马上应用于其实际工作中。

本书主要特色

◎　知识全面系统

本书内容完全从网页创建的实际角度出发，将所有HTML、CSS元素进行归类，每个标记的语法、属性和参数都有完整详细的说明，信息量大，知识结构完善。

◎ **典型实例讲解**

本书的每课都配有大量实用案例，将本课的基础知识综合贯穿起来，力求达到理论知识与实际操作完美结合的效果。

◎ **配合Dreamweaver进行讲解**

本书以浅显的语言和详细的步骤介绍了在可视化网页软件Dreamweaver中，如何运用HTML、CSS代码来创建网页，使网页制作更加得心应手。在最后一课向读者展示了完全不用编写代码，在Dreamweaver中创建完整网页的过程。

◎ **代码支持**

本书提供实例和综合案例的源代码，可让读者在实战应用中掌握网页设计与制作的每一项技能。

◎ **配图丰富，效果直观**

对于每一个实例代码，本书都配有相应的效果图，读者无须自己进行编码，也可以看到相应的运行结果或者显示效果。在不便上机操作的情况下，读者也可以根据书中的实例和效果图进行分析和比较。

◎ **习题强化**

每课后都附有针对性的练习题，通过实训巩固每章所学的知识。

本书读者对象

★ 网页设计与制作人员

★ 网站建设与开发人员

★ 大中专院校相关专业师生

★ 网页制作培训班学员

★ 个人网站爱好者与自学读者

本书是集体创作的结果，参加本书编写的人员有：张忠琼、冯雷雷、晁辉、陈石送、何琛、吴秀红、王冬霞、何本军、乔海丽、邓仰伟、孙雷杰、孙文记、何立、倪庆军、胡秀娥、赵良涛、徐曦、刘桂香、葛俊科、葛俊彬等。由于时间所限，书中疏漏之处在所难免，恳请广大读者朋友批评指正。

安川文学院

张忠琼副教授

目录

第1篇 HTML篇

第1课 HTML入门

第2课 用HTML设置文字与段落格式

第3课 用HTML创建精彩的图像和多媒体页面

第4课 用HTML创建超链接

第5课 使用HTML创建强大的表格

第6课 创建交换式表单

第7课 HTML 5的新特性

第8课 HTML 5的结构

 CSS篇

第9课　CSS基础知识

第10课　CSS控制网页文本和段落样式

第11课　用CSS设计图片和背景

第12课　用CSS制作实用的菜单和网站导航

第13课　CSS盒子模型与定位

第14课 CSS+DIV布局方法

第3篇 综合案例篇

第15课 设计制作企业网站

附录A CSS属性一览表

附录B HTML常用标签

第1课
HTML入门

本课导读

　　在制作网页时，大都采用一些专门的网页制作软件，如FrontPage、Dreamweaver。这些软件都是所见即所得的，非常方便。使用这些编辑软件可以不用编写代码，在不熟悉HTML语言的情况下，照样可以制作网页。这是网页编辑软件的最大成功之处，但也是它们的最大不足之处。它们受软件自身的约束，将产生一些垃圾代码，这些垃圾代码将会增大网页体积，降低网页的下载速度。一个优秀的网页设计者应该在掌握可视化编辑工具的基础上，进一步熟悉HTML语言以便清除那些垃圾代码，从而达到快速制作高质量网页的目的。这就需要读者对HTML有个基本的了解，因此具备一定的HTML语言的基本知识是必要的。

技术要点

★　什么是HTML
★　掌握HTML文件的基本结构
★　掌握HTML文件编写方法
★　掌握HTML页面主体常用设置
★　掌握页面头部元素<head>
★　掌握页面标题元素<title>
★　掌握元信息元素<meta>
★　掌握基本的HTML文件创建的方法

1.1 什么是HTML

上网冲浪（即浏览网页）时，呈现在人们面前的一个个漂亮的页面就是网页，它们是网络内容的视觉呈现。网页是怎样制作的呢？其实网页的主体是一个用HTML代码创建的文本文件，使用HTML中的相应标签，就可以将文本、图像、动画及音乐等内容包含在网页中，再通过浏览器的解析，多姿多彩的网页内容就呈现出来了。

HTML的英文全称是Hyper Text Markup Language，中文通常称作超文本标记语言或超文本标签语言，HTML是Internet上用于编写网页的主要语言，它提供了精简而有力的文件定义，可以设计出多姿多彩的超媒体文件。通过HTTP通信协议，HTML文件可以在全球互联网（World Wide Web）上进行跨平台的文件交换。

1. HTML的特点

HTML文档制作简单，且功能强大，支持不同数据格式的文件导入，这也是WWW盛行的原因之一，其主要特点如下。

（1）HTML文档容易创建，只需一个文本编辑器就可以完成。

（2）HTML文件存贮量小，能够尽可能快地在网络环境下传输与显示。

（3）平台无关性。HTML独立于操作系统平台，它能对多平台兼容，只需要一个浏览器，就能够在操作系统中浏览网页文件。可以使用在广泛的平台上，这也是WWW盛行的另一个原因。

（4）容易学习，不需要很深的编程知识。

（5）可扩展性，HTML采取子类元素的方式，为系统扩展带来保证。

2. HTML的历史

HTML 1.0：1993年6月，互联网工程工作小组（IETF）工作草案发布。

HTML 2.0：1995年11月发布。

HTML 3.2：1996年1月W3C推荐标准发布。

HTML 4.0：1997年12月W3C推荐标准发布。

HTML 4.01：1999年12月W3C推荐标准发布。

HTML 5.0：2008年8月W3C工作草案发布。

1.2 HTML文件的基本结构

编写HTML文件时，必须遵循一定的语法规则。一个完整的HTML文件由标题、段落、表格和文本等各种嵌入的对象组成，这些对象统称为元素。HTML使用标签来分隔并描述这些元素，整个HTML文件其实就是由元素与标签组成的。

1.2.1 HTML文件结构

HTML的任何标签都由"<"和">"围起来，如<HTML>。在起始标签的标签名前加上符号"/"便是其终止标签，如</HTML>，夹在起始标签和终止标签之间的内容受标签的控制。超文本文档分为头和主体两部分，在文档头部，对文档进行了一些必要的定义，文档主体是要显示的各种文档信息。

基本语法：

```
<!doctype html>

<html>

<meta charset="utf-8">

<head>网页头部信息</head>

<body>网页主体正文部分</body>

</html>
```

语法说明：

其中\<html\>在最外层，表示这对标签间的内容是HTML文档，一个HTML文档总是以\<html\>开始，以\</html\>结束。\<head\>之间包括文档的头部信息，如文档标题等，若不需头部信息则可省略此标签。\<body\>标签一般不能省略，表示正文内容的开始。

下面就以一个简单的HTML文件来熟悉HTML文件的结构。

实例代码：

```
<!doctype html>

<html>

<head>

<meta charset="utf-8">

<title>简单的HTML文件结构</title>

</head>

    <body>

        <p> 这是我的第一个网页，简单的HTML文件结构!

        </p>

    </body>

</html>
```

这一段代码是由HTML中最基本的几个标签所组成的，运行代码，在浏览器中预览效果，如图1-1所示。

图1-1　HTML文件结构

下面解释一下上面的例子。

★　HTML文件就是一个文本文件。文本文件的后缀名是.txt，而HTML的后缀名是.html。

★　HTML文档中，第一个标签是\<!doctype html\>，这个标签告诉浏览器这是HTML文档的开始。

★　HTML文档的最后一个标签是\</html\>，这个标签告诉浏览器这是HTML文档的终止。

★　在\<head\>和\</head\>标签之间的文本是头信息，在浏览器窗口中，头信息是不被显示在页面上的。

★　在\<title\>和\</title\>标签之间的文本是文档标题，它被显示在浏览器窗口的标题栏。

★　在\<body\>和\</body\>标签之间的文本是正文，会被显示在浏览器中。

★　在\<p\>和\</p\>之间的标签代表段落。

1.2.2　编写HTML文件注意事项

HTML由标签和属性构成，在编写文件时，要注意以下几点。

★　"\<"和"\>"是任何标签的开始和结束。元素的标签要用这对尖括号括起来，并且在结束标签的前面加一个"/"斜杠，如\<table\>\</table\>。

★　在源代码中不区分大小写。

★　任何回车和空格在源代码中均不起作用。为了代码的清晰，建议不同的标签之间用回车进行换行。

★　在HTML标签中可以放置各种属性，如：

```
<h1 align="right">2014年春晚</h1>
```

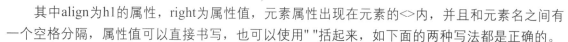

其中align为h1的属性，right为属性值，元素属性出现在元素的<>内，并且和元素名之间有一个空格分隔，属性值可以直接书写，也可以使用" "括起来，如下面的两种写法都是正确的。

```
<h1 align="right">2014年春晚</h1>
<h1 align=right>2014年春晚</h1>
```

★　要正确输入标签。输入标签时，不要输入多余的空格，否则浏览器可能无法识别这个标签，导致无法正确地显示信息。

★　在HTML源代码中注释。<!--要注释的内容-->注释语句只出现在源代码中，不会在浏览器中显示。

1.3　HTML文件编写方法

由于HTML语言编写的文件是标准的ASCII文本文件，因此可以使用任意一个文本编辑器来打开并编写HTML文件，例如Windows系统中自带的记事本。如果使用Dreamweaver、FrontPage等软件，则能以可视化的方式进行网页的编辑制作等。

1.3.1　课堂小实例——使用记事本编写HTML页面

HTML是一个以文字为基础的语言，并不需要什么特殊的开发环境，可以直接在Windows自带的记事本中编写。HTML文档以.html为扩展名，将HTML源代码输入到记事本并保存，可以在浏览器中打开文档以查看其效果。使用记事本手工编写HTML页面的具体操作步骤如下。

01 在Windows系统中，打开记事本，在记事本中输入以下代码，如图1-2所示。

图1-2　在记事本中输入代码

```
<!doctype html>
<html>
<head>
<meta charset="utf-8">
<title>无标题文档</title>
</head>
<body>
```

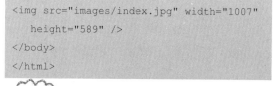

```
<img src="images/index.jpg" width="1007"
   height="589" />
</body>
</html>
```

说明

还不知道怎么新建记事本的读者，在你的电脑桌面上或者"我的电脑"硬盘中的空白地方单击鼠标右键，选择"新建"|"文本文档"命令。

02 当编辑完HTML文件后，选择"文件"|"另存为"命令，弹出"另存为"对话框，将它存为扩展名为.htm或.html的文件即可，如图1-3所示。

图1-3　保存文件

03 单击"保存"按钮，这时该文本文件就变成了HTML文件，在浏览器中浏览，效果如图1-4所示。

图1-4 浏览网页效果

1.3.2 课堂小实例——使用Dreamweaver编写HTML页面

在Dreamweaver CC "代码视图"中可以查看或编辑源代码。为了方便手工编写代码，Dreamweaver CC增加了标签选择器和标签编辑器。使用标签选择器，可以在网页代码中插入新的标签；使用标签编辑器，可以对网页代码中的标签进行编辑，添加标签的属性或修改属性值。在Dreamweaver中编写代码的具体操作步骤如下。

01 打开Dreamweaver CC软件，新建空白文档，在"代码视图"中编写HTML代码，如图1-5所示。

图1-5 编写HTML代码

02 在Dreamweaver中编辑完代码后，返回到"设计视图"中，效果如图1-6所示。

图1-6 设计视图

03 选择"文件"|"保存"命令，保存文档，即可完成HTML文件的编写。

1.4 HTML页面主体常用设置

在<body>和</body>中放置的是页面中所有的内容，如图片、文字、表格、表单、超链接等设置。<body>标记有自己的属性，包括网页的背景设置、文字属性设置和链接设置等。设置<body>标记内的属性，可控制整个页面的显示方式。

1.4.1 课堂小实例——定义网页背景色（bgcolor）

对大多数浏览器而言，其默认的背景颜色为白色或灰白色。在网页设计中，bgcolor属性标志整个HTML文档的背景颜色。

基本语法：

```
<body bgcolor="背景颜色">
```

语法说明：

背景颜色有两种表示方法：

★ 使用颜色名指定，例如红色、绿色等分别用red、green等表示。

★ 使用十六进制格式数据值#RRGGBB来表示，RR、GG、BB分别表示颜色中的红、绿、蓝三基色的两位十六进制数据。

实例代码：

```
<!doctype html>
<html>
<head>
<meta charset="utf-8">
<title>定义背景颜色</title>
</head>
<body bgcolor="#ff0000">
</body>
</html>
```

在代码中加粗部分的代码标记"bgcolor="#ff0000""是为页面设置背景颜色，在浏览器中预览效果，如图1-7所示。背景颜色在网页上非常常见，图1-8所示的网页使用了大面积的粉红色背景。

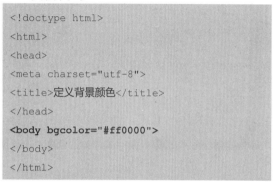

图1-7　设置页面的背景颜色

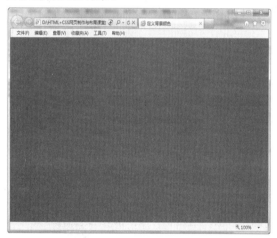

图1-8　使用粉红色背景的网页

1.4.2　课堂小实例——设置背景图片（background）

网页的背景图片可以衬托网页的显示效果，从而取得更好的视觉效果。背景图片的选择不仅要好看，而且还要注意不"喧宾夺主"，影响网页内容的阅读。通常使用深色的背景图片配合浅色的文本，或者是浅色的背景图片配合深色的文本。background属性用来设置HTML网页的背景图片。

基本语法：

```
<body background="图片的地址">
```

语法说明：

background属性值就是背景图片的路径和文件名。图片的地址可以是相对地址，也可以是绝对地址。在默认情况下，用户可以省略此属性，这时图片会按照水平和垂直的方向不断重复出现，直到铺满整个页面。

实例代码：

```
<!doctype html>
<html>
<head>
<meta charset="utf-8">
<title>设置背景图片</title>
</head>
<body background="images/ abbg.jpg">
</body>
</html>
```

在代码中加粗部分的代码标记"background="images/ abbg.jpg""为设置的网页背景图片，在浏览器中预览可以看到背景图片，如图1-9所示。在网络上除了可以看到各种背景色的页面之外，还可以看到一些网页以图片作为背景。图1-10所示的网页就使用了背景图片。

提示

网页中可以使用图片作背景，但图片一定要与插图及文字的颜色相协调，才能达到美观的效果，如果色差太大，会使网页失去美感。

为保证浏览器载入网页的速度，建议尽量不要使用字节过大的图片作为背景图片。

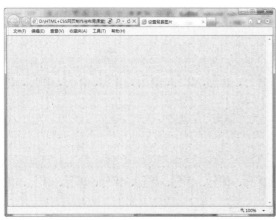

图1-9　页面的背景图片　　　　　　　　　　　　图1-10　使用了背景图片

1.4.3　课堂小实例——设置文字颜色（text）

通过text可以设置body体内所有文本的颜色。在没有对文字的颜色进行单独定义时，这一属性可以对页面中所有的文字起作用。

基本语法：

```
<body text="文字的颜色">
```

语法说明：

在该语法中，text的属性值与设置页面背景色的属性值相同。

实例代码：

```html
<!doctype html>
<html>
<head>
<meta charset="utf-8">
<title>设置文字颜色</title>
</head>
<body text="#C36000">
<br />
公司以弘扬中华民族传统文化为宗旨，专注于中国传统布鞋工艺的继承与革新，自产品上市以来就以款式新颖、做工精细
而引领布鞋行业的潮流。如今，更是充分利用公司的现代化管理模式与紧贴市场的营销理念，不断提升产品的科技含量和
品牌的文化内涵，致力打造传统、时尚、高档、精巧的布鞋产品，公司自创建以来一直以"质量第一，客户至上作"为公司
的最高经营理念；以"诚信求生存，互利求发展"作为公司和加盟商之间的合作宗旨；以合理的价格，优良的品质，完善的
售后服务，赢得了广大消费者的信赖。
</body>
</html>
```

在代码中加粗部分的代码标记"text="#C36000""为设置的文字颜色，在浏览器中预览可以看到文档中文字的颜色，如图1-11所示。

在网页中需要根据网页整体色彩的搭配来设置文字的颜色。图1-12所示的文字和整个网页的颜色相协调。

图1-11　设置文字的颜色

图1-12　文字的颜色

1.4.4　课堂小实例——设置链接文字属性

为了突出超链接，超链接文字通常采用与其他文字不同的颜色，超链接文字的下端还会加一个横线。网页的超链接文字有默认的颜色，在默认情况下，浏览器以蓝色作为超链接文字的颜色，访问过的文字则颜色变为暗红色。在<body>标记中也可自定义这些颜色。

基本语法：

```
<body link="颜色">
```

语法说明：

这一属性的设置与前面几个设置颜色的参数类似，都是与body标签放置在一起，表明它对网页中所有未单独设置的元素起作用。

实例代码：

```
<!doctype html>
<html>
<head>
<meta charset="utf-8">
<title>设置链接文字的颜色</title>
</head>
<body link="#993300">
<center>
<a href="#">链接的文字</a>
</center>
</body>
</html>
```

在代码中加粗部分的代码标记"link="#993300""是为链接文字设置颜色，

在浏览器中预览效果，可以看到链接的文字已经不是默认的蓝色，如图1-13所示。

图1-13　设置链接文字的颜色

使用alink可以设置鼠标点击超链接时的颜色，举例如下。

```
<!doctype html>
<html>
<head>
<meta charset="utf-8">
<title>设置链接文字的颜色</title>
</head>
<body alink="#0066FF">
<center>
<a href="#">链接的文字</a>
</center>
</body>
</html>
```

在代码中加粗部分的代码标记

"alink="#0066FF""是为单击链接的文字时设置颜色，在浏览器中预览效果，可以看到单击链接的文字时，文字已经改变了颜色，如图1-14所示。

使用vlink可以设置已访问过的超链接颜色，举例如下。

```
<!doctype html>
<html>
<head>
<meta charset="utf-8">
<title>设置链接文字的颜色</title>
</head>
<body link="#993300" alink="#0066FF" vlink="#FF0000">
<center>
  <a href="#">链接的文字</a>
</center>
</body>
</html>
```

在代码中加粗部分的代码标记"vlink="#FF0000""是为链接的文字设置访问后的颜色，在浏览器中预览效果，可以看到单击链接后文字的颜色已经发生改变，如图1-15所示。

图1-14　单击链接文字时的颜色

图1-15　访问后的链接文字的颜色

在网页中，一般文字上的超链接都是蓝色（当然，也可以自己设置成其他颜色），文字下面有一条下划线。当移动鼠标指针到该超链接上时，鼠标指针就会变成一只手的形状，这时候用鼠标左键单击，就可以直接跳到与这个超链接相连接的网页。如果已经浏览过某个超链接，这个超链接的文本颜色就会发生改变。图1-16所示为网页中的超链接文字颜色。

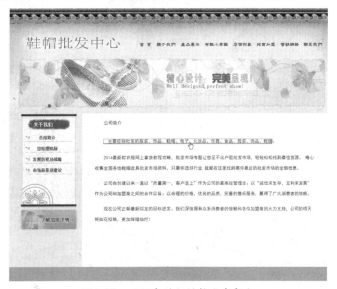

图1-16　网页中的超链接文字颜色

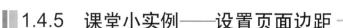

1.4.5　课堂小实例——设置页面边距

有的朋友在做页面的时候，感觉文字或者表格怎么也不能靠在浏览器的最上边和最左边，这是怎么回事呢？因为一般用的制作软件或html语言默认的都是topmargin、leftmargin值等于12，如果把它们的值设为0，就会看到网页的元素与左边距离为0了。

基本语法：

```
<body topmargin=value leftmargin=value rightmargin=value bottomnargin=value>
```

语法说明：

通过设置"topmargin/leftmargin/rightmargin/bottomnargin"不同的属性值来设置显示内容与浏览器的距离：在默认情况下，边距的值以像素为单位。

★　topmargin设置到顶端的距离。

★　leftmargin设置到左边的距离。

★　rightmargin设置到右边的距离。

★　bottommargin设置到底边的距离。

```
<!doctype html>
<html>
<head>
<meta charset="utf-8">
<title>设置页面边距</title>
</head>
<body topmargin="80" leftmargin="80">
<p>设置页面的上边距</p>
<p>设置页面的左边距</p>
</body>
</html>
```

在代码中加粗部分的代码标记"topmargin="80""是设置上边距，"leftmargin="80""是设置左边距，在浏览器中预览效果，可以看出定义的边距效果，如图1-17所示。

图1-17　设置的边距效果

> **提示**
>
> 一般网站的页面左边距和上边距都设置为0，这样看起来页面不会有太多的空白。

1.5　页面头部元素<head>和<!DOCTYPE>

在HTML语言的头部元素中，一般需要包括标题、基础信息和元信息等。HTML的头部元素以<head>为开始标记，以</head>为结束标记。

基本语法：

```
<head>……</head>
```

语法说明：

定义在HTML语言头部的内容都不会在网页上直接显示，而是通过另外的方式起作用。

实例代码：

```
<!doctype html>
<html>
<meta charset="utf-8">
<head>
```

```
文档头部信息
</head>
<body>
文档正文内容
</body>
</html>
```

HTML也有多个不同的版本，只有完全明白页面中使用的确切的HTML版本，浏览器才能完全正确地显示出HTML页面。这就是<!DOCTYPE>的用处。

<!doctype >不是HTML标签。它为浏览器提供一项信息（声明），即HTML是用什么版本编写的。

<!doctype>声明位于文档中的最前面的位置，处于<html>标签之前。此标签可告知浏览器文档使用哪种HTML或XHTML规范。

1.6 页面标题元素<title>

不管是用户或者是搜索引擎，对一个网站最直观的印象往往来自于这个网站的标题。用户通过搜索自己感兴趣的关键字，来到搜索结果页面，决定他是否点击关键字往往在于网站的标题。在网页中设置网页的标题，只要在HTML文件的头部文件的<title></title>中输入标题信息，就可以在浏览器上显示。标题标记以<title>开始，以</title>结束。

基本语法：

```
<head>
<title>……</title>
……</head>
```

语法说明：

页面的标题只有一个，它位于HTML文档的头部，即<head>和</head>之间。

实例代码：

```
<!doctype html>
<html>
<head>
<meta charset="utf-8">
<title>万通科技有限公司</title>
</head>
<body>
</body>
</html>
```

在代码中加粗部分的代码标记"<title>万通科技有限公司</title>"设置网页的标题，在浏览器中预览效果，可以在浏览器标题栏看到网页标题，如图1-18所示。

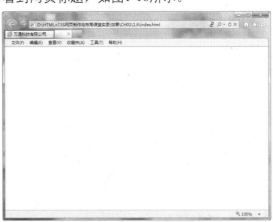

图1-18　页面标题

> **提示**
>
> 了解了网站标题的重要性之后，下面看下如何来设置网站标题。首先应该明确网站的定位，希望对哪类词感兴趣的用户能够通过搜索引擎来到自己的站点，在经过关键字调研之后，选择几个能带来不菲流量的关键字，然后把最具代表性的关键字放在title的最前面。

1.7 元信息元素<meta>

<meta>标记的功能主要是定义页面中的信息，这些信息并不会显示在浏览器中，而只在源代码中显示。<meta>标记通过属性定义文件信息的名称、内容等。<meta>标记能够提供文档的关键字、作者及描述等多种信息，在HTML头部可以包括任意数量的<meta>标记。

name属性用于描述网页，它是以名称/值形式的名称，name属性的值所描述的内容（值）通过content属性表示，便于搜索引擎查找分类。其中最重要的是description，keywords和robots。

http-equiv属性用于提供HTTP协议的响应MIME文档头，它是以名称/值形式的名称，httpequiv属性的值所描述的内容（值）通过content属性表示，通常为网页加载前提供给浏览器等设备使用。其中最重要的是content-type charset提供编码信息，refresh刷新与跳转页面，no-cache页面缓存。

1.7.1　课堂小实例——设置页面描述

描述标签是description，网页的描述标签为搜索引擎提供了关于这个网页的总括性描述。网页的描述元标签是由一两个语句或段落组成的，内容一定要有相关性，描述不能太短、太长或过分重复。

基本语法：

```
<meta name="description" content="设置页面描述">
```

语法说明：

在该语法中，description用于定义网页简短描述。description出现在name属性中，使用content属性提供网页的简短描述。网页简短描述不能太长，应该保持在140～200个字符或者100个左右的汉字即可。

实例代码：

```
<!doctype html>
<html>
<head>
<meta charset="utf-8">
<meta name="description" content="HTML+CSS网页制作与布局课堂实录">
<title>设置页面描述</title>
</head>
<body>
</body>
</html>
```

> **提示**
>
> 在创建描述元标签description时，请注意避免以下几点误区。
> ★ 把网页的所有内容都复制到描述元标签中。
> ★ 与网页实际内容不相符的描述元标签，一定要注意描述和网站主题相关。
> ★ 过于宽泛的描述，比如"这是一个网页"或"关于我们"等。
> ★ 在描述部分堆砌关键字，这不仅不利于排名，而且会受到惩罚。
> ★ 所有的网页或很多网页使用千篇一律的描述元标签，这样不利于网站优化。

1.7.2　课堂小实例——定义页面的搜索方式

可以通过meta中的robots定义网页搜索引擎索引方式。

基本语法：

```
<meta name="robots" content="搜索方式">
```

语法说明：

robots出现在name属性中，使用content属性定义网页搜索引擎索引方式。搜索方式的取值见表1-1。

表1-1　搜索方式的取值

属性值	说　　明
all	表示能搜索当前网页及其链接的网页
index	表示能搜索当前网页
follow	搜索引擎继续通过此网页的链接搜索其他的网页
nofollow	搜索引擎不继续通过此网页的链接搜索其他的网页
noindex	表示不能搜索当前网页
none	搜索引擎将忽略此网页

实例代码：

```
<!doctype html>
```

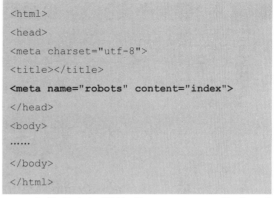

```
<html>
<head>
<meta charset="utf-8">
<title></title>
<meta name="robots" content="index">
</head>
<body>
……
</body>
</html>
```

在代码中加粗的"<meta name="robots" content="index">"标记将网页的搜索方式设置为能搜索当前网页。

1.7.3　课堂小实例——定义页面的跳转

在浏览网页时经常会看到一些欢迎信息的页面，在经过一段时间后，这些页面会自动转到其他页面，这就是网页的跳转。用http-equiv属性中的refresh不仅能够完成页面自身的自动刷新，也可以实现页面之间的跳转过程。通过设置meta对象的http-equiv属性来实现跳转页面。

基本语法：

```
<meta http-equiv="refresh" content="跳转的时间;URL=跳转到的地址">
```

语法说明：

在该语法中，refresh出现在http-equiv属性中，refresh表示网页的刷新，而在content中设置刷新的时间和刷新后的链接地址，时间和链接地址之间用分号相隔。默认情况下，跳转时间以秒为单位。

实例代码：

```
<!doctype html>
<html>
<head>
<meta charset="utf-8">
<meta http-equiv="refresh"
content="10;url=index1.html">
<title>定义网页的跳转</title>
</head>
<body>
10秒后自动跳转
</body>
</html>
```

在代码中加粗部分的标记是设置的网页的定时跳转，这里设置为10秒后跳转到index1.html页面。在浏览器中预览可以看出，跳转前如图1-19所示，跳转后如图1-20所示。

图1-19　跳转前

图1-20　跳转后

1.7.4　课堂小实例——设置页面关键字

关键词是描述网站的产品及服务的词语，选择适当的关键词是建立一个高排名网站的第一步。选择关键词的一个重要的技巧是选取那些常为人们在搜索时所用到的关键词。当用关键词搜索网站时，如果网页中包含该关键词，就可以在搜索结果中列出来。

基本语法：

```
<meta name="keywords"content="输入具体的关键词">
```

语法说明：

在该语法中，"name="keywords""用于定义网页关键词，也就是设置网页的关键词属性，而在content中，则定义具体的关键词。

实例代码：

```
<!doctype html>
<html>
<head>
<meta charset="utf-8">
<meta name="keywords"
content="HTML+CSS网页制作与布局课堂实录">
<title>插入关键字</title>
</head>
<body>
```

```
</body>
</html>
```

在代码中加粗的代码标记为插入关键字。

提示

★ 要选择与网站或页面主题相关的文字，不要给网页定义与网页描述内容无关的关键词。

★ 选择具体的词语，别寄望于行业或笼统的词语。

★ 可以为网页提供多个关键词，多个关键词应该使用空格分开。

★ 不要给网页定义过多关键词，最好保持在10个以下，过多的关键词，搜索引擎将忽略。

★ 揣摩用户会用什么作为搜索词，把这些词放在页面上或直接作为关键字。

★ 关键词可以不止一个，最好根据不同的页面，制定不同的关键词组合，这样页面被搜索到的概率将大大增加。

1.8 综合实战——创建基本的HTML文件。

本课主要学习了HTML文件整体标记的使用，下面就用所学的知识来创建最基本的HTML文件。

01 使用Dreamweaver CC打开网页文档，如图1-21所示。

02 打开拆分视图，在代码"<title>海鲜饺子城</title>"之间输入标题，如图1-22所示。

图1-21　打开原始文档

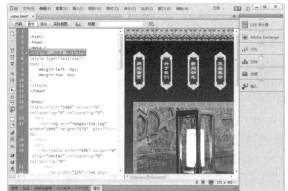

图1-22　设置网页的标题

03 打开拆分视图，在<head>和</head>之间输入如下代码，来定义网页的语言："<meta content="text/html; charset=gb2312" http-equiv=Content-Type>"，如图1-23所示。

04 打开拆分视图，在<body>标签中输入 "text="#5B1E1D"" ，用来定义文字的颜色，如图1-24所示。

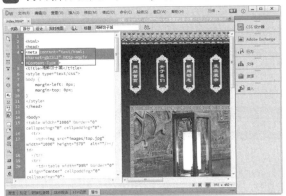

图1-23　定义网页的语言

图1-24　定义文字的颜色

05 保存网页，在浏览器中预览，如图1-25所示。

图1-25　效果图

1.9 课后练习

一、填空题

（1）一个HTML文档总是以_____开始的，以_____结束。_____之间包括文档的头部信息，如文档标题等，若不需头部信息则可省略此标签。_____标签一般不能省略，表示正文内容的开始。

（2）由于HTML语言编写的文件是标准的ASCII文本文件，因此可以使用任意一个文本编辑器来打开并编写HTML文件，例如Windows系统中自带的_____。如果使用_____、_____等软件，则能以可视化的方式进行网页的编辑制作等。

15

二、操作题

（1）用IE浏览器打开网上的任意一个网页，选择"查看"|"源文件"命令，在打开的记事本中查看各代码，并试着与浏览器中的内容进行对照。

（2）分别利用记事本和Dreamweaver创建一个简单的HTML网页。

（3）简述网页设计与开发的一般步骤。

1.10 本课小结 ———————————————————————○

　　　HTML是目前网络上应用最为广泛的语言，也是构成网页文档的基本语言。本课介绍了HTML的基本概念、编写方法和HTML页面基本标签，以及网页设计与开发的基本流程。通过本课的学习，使读者对HTML有个初步的了解，从而为后面设计制作更复杂的网页打下良好的基础。

第2课
用HTML设置文字与段落格式

本课导读

　　文字不仅是网页信息传达的一种常用方式，也是视觉传达最直接的方式，运用经过精心处理的文字材料完全可以制作出效果很好的版面。用户输入完文本内容后，就可以对其进行格式化操作，而设置文本样式是实现快速编辑文档的有效操作，让文字看上去编排有序、整齐美观。通过对本课的学习，读者可以掌握如何在网页中合理地使用文字，如何根据需要选择不同的文字效果。

技术要点

★ 插入其他标记
★ 设置文字的格式
★ 设置段落的排版与换行
★ 水平线的标记
★ 设置滚动文字

实例展示

设置页面及文本段落的效果

2.1 插入其他标记

在网页中除了可以输入汉字、英文和其他语言外，还可以输入一些空格和特殊字符，如￥、$、◎、#等。

2.1.1 课堂小实例——输入空格符号

可以用许多不同的方法来分开文字，包括空格、标签和Enter。这些都被称为空格，因为它们可增加字与字之间的距离。

基本语法：

```
 
```

实例代码：

```
<!doctype html>
<html>
<meta charset="utf-8">
<head>
<title>空格符号</title>
</head>
<body>
         在坚定加盟我公司专卖店之前，我们建议您
做好市场调查研究，我们将根据您调查的数据做出合理科学的建议。
根据不同的品牌，选择最有利于发展扩大的商场位置，我公司对商场位置十分关注并会全力配合您选择最好的位置。 
        单系列品牌店面积120㎡-150㎡，双系列180㎡以上。
         应您的要求我公司将派业务或设计人员上门
丈量场地，拍摄场地相片，请你协助把商场整个层面平面图告诉丈量人员，并指明商场日常顾客流向，以便更好地设计出
专卖店的效果图，我公司指派专职人员和跟单人员为你服务。
         我公司将根据大量结果设计专卖店的平面图
及施工图，同时为你订购装饰品。
</body>
</html>
```

语法说明：

在网页中可以有多个空格，输入一个空格使用"` `"表示，输入多少个空格就添加多少个"` `"。

在代码中加粗部分的标记"` `"为设置空格代码。在浏览器中预览，可以看到浏览器完整地保留了输入的空格代码效果，如图2-1所示。

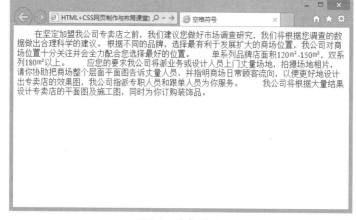

图2-1　空格效果

2.1.2 输入特殊符号

除了空格以外，在网页的制作过程中，还有一些特殊的符号也需要使用代码进行代替。一般情况下，特殊符号的代码由前缀"&"、字符名称和后缀";"组成。使用特殊符号可以将键盘上没有的字符输出来。

基本语法：

```
&amp;……&copy;
```

语法说明：

在需要添加特殊符号的地方添加相应的符号代码即可。常用符号及其对应代码如表2-1所示。

表2-1 特殊符合

特殊符号	符号的代码
"	&quot;
&	&amp;
<	&lt;
>	&gt;
×	&times;
§	&sect;
©	&copy;
®	&reg;
™	&trade;

2.2 设置文字的格式

<font>标记用来控制字体、字号和颜色等属性，它是HTML中最基本的标记之一，掌握好<font>标记的使用是控制网页文本的基础。它可以用来定义文字的字体（Face）、大小（Size）和颜色（Color），也就是它的3个参数。

2.2.1 课堂小实例——设置字体（face）

Face属性规定的是字体的名称，如中文字体的"宋体"、"楷体"、"隶书"等。可以通过字体的face属性设置不同的字体，设置的字体效果必须在浏览器中安装相应的字体后才可以正确浏览，否则有些特殊字体会被浏览器中的普通字体所代替。

基本语法：

```
<font face="字体样式">……</font>
```

语法说明：

face属性用于定义该段文本所采用的字体名称。如果浏览器能够在当前系统中找到该字体，则使用该字体显示。

实例代码：

```
<!doctype html>
<html>
<meta charset="utf-8">
<head>
<title>设置字体</title>
</head>
<body>
<p> <font face="微软雅黑">装修专卖店的同时，请你根据货款汇至我公司账户，以便我公司跟单人员备货，保证专卖店货品一次性到位。</font></p>
<p><font face="楷体">装修完工前两天，请你致电我公司业务人员或我公司相关人员，以便其前往现场核对情况，如装修按图纸要求合格，我公司会立即发货。</font></p>
<p><font face="宋体">货到你处请按照我公司的平面设计图摆场，布置饰品和进行导购员培训，并策划相关市场开拓
```

方案。**</font></p>**

```
</body>
</html>
```

　　在代码中加粗部分的代码标记是设置文字的字体，在浏览器中预览，可以看到不同的字体效果，如图2-2所示。

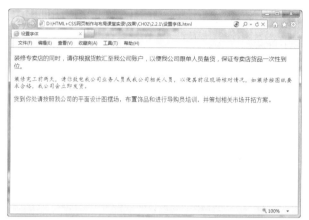

图2-2　字体属性

2.2.2　课堂小实例——设置字号（size）

　　文字的大小也是字体的重要属性之一。除了使用标题文字标记设置固定大小的字号之外，HTML语言还提供了<font>标记的size属性来设置普通文字的字号。

　　基本语法：

```
<font size="文字字号">……</font>
```

　　语法说明：

　　size属性用来设置字体大小，它有绝对和相对两种方式。Size属性有1到7个等级，1级最小，7级的字体最大，默认的字体大小是3号字。可以使用"Size=?"定义字体的大小。

　　实例代码：

```
<!doctype html>
<html>
<meta charset="utf-8">
<head>
<title>设置字号</title>
</head>
<body>
<p><font size="3">装修专卖店的同时，请你根据货款汇至我公司账户，以便我公司跟单人员备货，保证专卖店货品一次性到位。</font></p>
<p><font size="5">装修完工前两天，请你致电我公司业务人员或我公司相关人员，以便其前往现场核对情况，如装修按图纸要求合格，我公司会立即发货。</font></p>
<p><font size="7">货到你处请按照我公司的平面设计图摆场，布置饰品和进行导购员培训，并策划相关市场开拓方案。</font></p>
</body>
</html>
```

　　在代码中加粗部分的标记是设置文字的字号，在浏览器中预览效果，如图2-3所示。

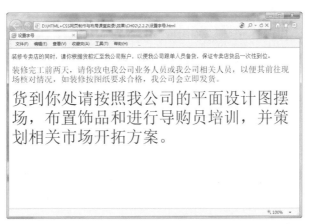

图2-3 设置文字的字号

> **提示**
>
> <font>标记和它的属性可影响周围的文字，该标记可应用于文本段落、句子和单词，甚至单个字母。

2.2.3 设置文字颜色（color）

在HTML页面中，还可以通过不同的颜色表现不同的文字效果，从而增加网页的亮丽色彩，吸引浏览者的注意。

基本语法：

```
<font color="字体颜色">……</font>
```

语法说明：

它可以用浏览器承认的颜色名称和十六进制数值表示。

实例代码：

```
<!doctype html>
<html>
<meta charset="utf-8">
<head>
<title>设置文字颜色</title>
</head>
<body>
<p><font color="#FF0000">装修专卖店的同时，请你根据货款汇至我公司账户，以便我公司跟单人员备货，保证专卖店货品一次性到位。</font></p>
<p><font color="#3333CC">装修完工前两天，请你致电我公司业务人员或我公司相关人员，以便其前往现场核对情况，如装修按图纸要求合格，我公司会立即发货。</font></p>
<p><font color="#03F030">货到你处请按照我公司的平面设计图摆场，布置饰品和进行导购员培训，并策划相关市场开拓方案。</font></p>
</body>
</html>
```

在代码中加粗部分的标记是设置字体的颜色，在浏览器中预览，可以看出字体颜色的效果，如图2-4所示。

> **提示**
>
> 注意字体的颜色一定鲜明，并且和底色配合，想象一下白色背景和灰色的字，或是蓝色的背景红色的字，很难出现好的效果。

21

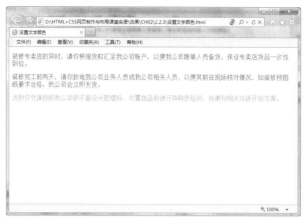

图2-4　设置字体颜色效果

2.2.4　设置粗体、斜体、下划线（b、strong、em、u）

<b>和<strong>是HTML中格式化粗体文本的最基本元素。在<b>和</b>之间的文字或在<strong>和</strong>之间的文字，在浏览器中都会以粗体字体显示。该元素的首尾部分都是必需的，如果没有结尾标记，则浏览器会认为从<b>开始的所有文字都是粗体。

基本语法：

```
<b>加粗的文字</b>
<strong>加粗的文字</strong>
```

语法说明：

在该语法中，粗体的效果可以通过<b>标记来实现，还可以通过<strong>标记来实现。<b>和<strong>是行内元素，它可以插入到一段文本的任何部分。

<i>、<em>和<cite>是HTML中格式化斜体文本的最基本元素。在<i>和</i>之间的文字、在<em>和</em>之间的文字，或在<cite>和</cite>之间的文字，在浏览器中都会以斜体字体显示。

基本语法：

```
<i>斜体文字</i>
<em>斜体文字</em>
<cite>斜体文字</cite>
```

语法说明：

斜体的效果可以通过<i>标记、<em>标记和<cite>标记来实现。一般在一篇以正体显示的文字中用斜体文字起到醒目、强调或者区别的作用。

<u>标记的使用和粗体及斜体标记类似，它作用于需加下划线的文字。

基本语法：

```
<u>下划线的内容</u>
```

语法说明：

该语法与粗体和斜体的语法基本相同。

实例代码：

```
<!doctype html>
<html>
<meta charset="utf-8">
<head>
<title>设置粗体、斜体、下划线</title>
</head>
<body>
<p><strong>一、不达成功誓不休：</strong></p>
<p><em>二、精诚所至，金石为开；　</em></p>
```

```
<p><u>三、形成天才的决定因素应该是勤奋。    ……有几分勤学苦练是成正比例的</u></p>
</body>
</html>
```

在代码中加粗部分的标记<strong>为设置文字的加粗、<em>为设置斜体、<u>为设置下划线的效果，在浏览器中预览效果，如图2-5所示。

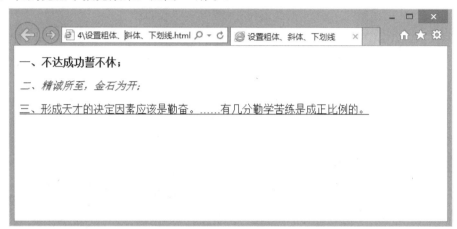

图2-5 文字加粗、斜体、下划线效果

2.2.5 设置上标与下标（sup、sub）

sup上标文本标签、sub下标文本标签都是Html的标准标签，尽管使用的场合比较少，但是数学等式、科学符号和化学公式经常会被用到。

基本语法：

```
<sup>上标内容</sup>
<sub>下标内容</sub>
```

语法说明：

在^{......} 中的内容的高度为前后文本流定义的高度一半显示，sup文字下端和前面文字的下端对齐，但是与当前文本流中文字的字体和字号都是一样的。

在_{......} 中的内容的高度为前后文本流定义的高度一半显示，sup文字上端和前面文字的上端对齐，但是与当前文本流中文字的字体和字号都是一样的。

实例代码：

```
<!doctype html>
<html>
<meta charset="utf-8">
<head>
<title>设置上标与下标</title>
</head>
<body>
<p>A<sup>2</sup>+B<sup>2</sup>=(A+B) <sup>2</sup>-2AB</p>
<p>H<sub>2</sub>SO<sub>4  </sub>化学方程式硫酸分子</p>
</body>
</html>
```

在代码中加粗部分的标记<sup>为设置上标，<sub>为设置下标，在浏览器中预览效果，如图2-6所示。

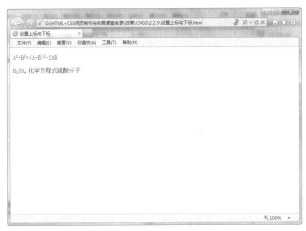

图2-6　上标标记和下标标记

2.2.6　多种标题样式的使用（<h1>～<h6>）

HTML文档中包含有各种级别的标题，各种级别的标题由<h1>到<h6>元素来定义。其中，<h1>代表最高级别的标题，依次递减，<h6>级别最低。

基本语法：

```
<h1>......</h1>
<h2>......</h2>
<h3>......</h3>
<h4>......</h4>
<h5>......</h5>
<h6>......</h6>
```

语法说明：

在该语法中，1级标题使用最大的字号表示，6级标题使用最小的字号表示。

实例代码：

```
<!doctype html>
<html>
<meta charset="utf-8">
<head>
<title>多种标题样式的使用</title>
</head>
<body>
<h1>1级标题</h1>
<h2>2级标题</h2>
<h3>3级标题</h3>
<h4>4级标题</h4>
<h5>5级标题</h5>
<h6>6级标题</h6>
</body>
</html>
```

在代码中加粗的代码标记用于设置6种级别不同的标题，在浏览器中浏览效果，如图2-7所示。

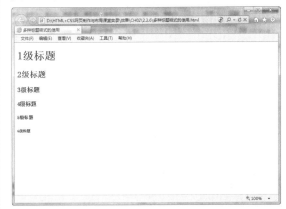

图2-7　设置标题标记

提示

对于不同的浏览器，其确切的尺寸的大小也不相同，但<h1>标题大约是标准文字高度的2~3倍，<h6>标题则比标准字体略小。

2.3 设置段落的排版与换行

在网页制作的过程中，将一段文字分成相应的段落，不仅可以增强网页的美观性，而且使网页层次分明，让浏览者感觉不到拥挤。在网页中如果要把文字有条理地显示出来，离不开段落标记的使用。在HTML中可以通过标记实现段落的效果。

2.3.1 给文字进行分段（p）

HTML标签中最常用最简单的标签是段落标签，也就是\<p>\</p>，说它常用，是因为几乎所有的文档文件都会用到这个标签，说它简单，从外形上就可以看出来，它只有一个字母。虽说是简单，却也非常重要，因为这是一个用来区别段落用的。

基本语法：

```
<p>段落文字<p>
```

语法说明：

段落标记可以没有结束标记\</p>，而每一个新的段落标记开始的同时也意味着上一个段落的结束。

实例代码：

```
<!doctype html>
<html>
<meta charset="utf-8">
<head>
<title>段落标记</title>
</head>
<body>
<p>酒店拥有不同类型的豪华客房229间。每个房间均设置宽带网络接口、卫星电视接收系统、液晶电视、迷你酒吧。站在房间宽大的落地窗前远眺一下，放松一下心情，再加上酒店为你精心配备了中餐厅、咖啡厅、茶馆、商务KTV等休闲康乐设施，细致贴心的服务，让你尽享繁华中的静谧，惬意中的温馨。</p>
</body>
</html>
```

在代码中加粗部分的代码标记\<p>为段落标记，\<p>和\</p>之间的文本是一个段落，效果如图2-8所示。

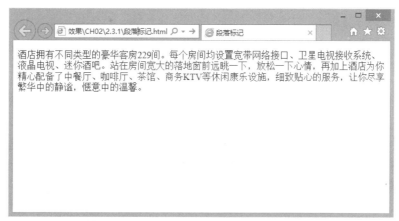

图2-8 段落效果

2.3.2 段落的对齐属性（align）

默认情况下，文字是左对齐的。而在网页制作过程中，常常需要选择其他的对齐方式。关于对齐方式的设置要使用align参数进行设置。

基本语法：

```
<align=对齐方式>
```

语法说明：

在该语法中，align属性需要设置在标题标记的后面，其对齐方式的取值如表2-2所示。

表2-2　对齐方式

属 性 值	含 义
left	左对齐
center	居中对齐
right	右对齐

实例代码：

```
<!doctype html>
<html>
<meta charset="utf-8">
<head>
<title>段落的对齐属性</title>
</head>
<body>
<p align="left">1、我们在梦里走了许多路，醒来后发现自己还在床上。</p>
<p align="center">2、变老并不等于成熟，真正的成熟在于看透。</p>
<p align="right">3、我这一生就只有两样不会，那就是这也不会那也不会！<BR>
</p>
</body>
</html>
```

"align="left""是设置段落为左对齐，"align="center""是设置段落为居中对齐，"align="right""是设置段落为右对齐，在浏览器中预览，效果如图2-9所示。

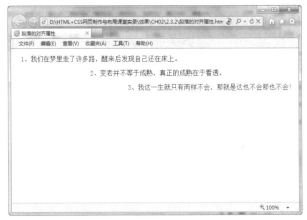

图2-9　段落的对齐效果

2.3.3　不换行标记（nobr）

在网页中如果某一行的文本过长，浏览器会自动对这段文字进行换行处理。可以使用nobr标记来禁止自动换行。

基本语法：

```
<nobr>不换行文字</nobr>
```

语法说明：

nobr标签用于使指定文本不换行。nobr标签之间的文本不会自动换行。

实例代码：

```
<!doctype html>
<html>
```

```
<meta charset="utf-8">
<head>
<title>不换行标记</title>
</head>
<body>
<nobr> 1、我们在梦里走了许多路，醒来后发现自己还在床上，2、变老并不等于成熟，真正的成熟在于看透，3、我这
一生就只有两样不会，那就是这也不会那也不会！</nobr>
</body>
</html>
```

在代码中加粗部分的代码标记<nobr>为不换行标记，在浏览器中预览，可以看到<nobr>和
</nobr>之间的文字不换行一直往后排，如图2-10所示。

图2-10　不换行效果

2.3.4　换行标记（br）

在HTML文本显示中，默认是将一行文字连续地显示出来，如果想把一个句子后面的内容
在下一行显示就会用到换行符
。换行符号标签是个单标签，也叫空标签，不包含任和内
容。在HTML文件中的任何位置只要使用了
标签，当文件显示在浏览器中时，该标签之后
的内容将在下一行显示。

基本语法：

```
<br>
```

语法说明：

一个
标记代表一个换行，连续的多个标记可以实现多次换行。

实例代码：

```
<!doctype html>
<html>
<meta charset="utf-8">
<head>
<title>换行标记</title>
</head>
<body>
"如果你简单，这个世界就对你简单"。<br>简单生活才能幸福生活，人要自足常乐，宽容大度，什么事情都不能想繁
杂，心灵的负荷重了，就会怨天尤人。<br>要定期的对记忆进行一次删除，把不愉快的人和事从记忆中摈弃。
</body>
</html>
```

在代码中加粗部分的代码标记
为设置换行标记，在浏览器中预览，可以看到换行的效果，如图2-11所示。

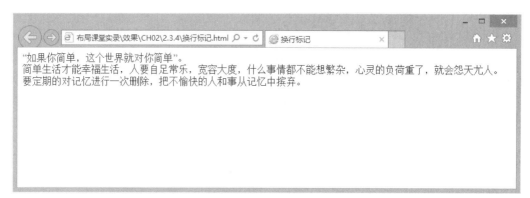

图2-11　换行效果

　　
是唯一可以为文字分行的方法。其他标记如<p>，可以为文字分段。

2.4　水平线标记

　　水平线对于制作网页的朋友来说一定不会陌生，它在网页的版式设计中是非常有作用的，可以用来分隔文本和对象。在网页中常常看到一些水平线将段落与段落之间隔开，这些水平线可以通过插入图片实现，也可以更简单地通过标记来完成。

2.4.1　插入水平线（hr）

　　水平线标记，用于在页面中插入一条水平标尺线，使页面看起来整齐明了。

　　基本语法：

```
<hr>
```

　　语法说明：

　　在网页中输入一个<hr>标记，就添加了一条默认样式的水平线。

　　实例代码：

```
<!doctype html>
<html>
<meta charset="utf-8">
<head>
<title>插入水平线</title>
</head>
<body>
<p> 公司简介</p>
<hr>
<p>多年以来公司不仅拥有国内先进的生产设备、完善的管理、成熟的工艺、齐全精密的检测设备，还以"质量先行，顾客至上，科技创新，持续发展"的宗旨，为客户提供"卓越超群，尽善尽美"的质量和服务。企业荣获中国行业企业信息发布中心颁发的中国电线电缆材料十强企业和中国电线电缆行业用户满意企业，同时也是中国兵工协会、阻燃行业协会和中国电气工业协会电线电缆分会会员单位。</p>
```

```
</body>
</html>
```

在代码中加粗部分的标记为水平线标记，在浏览器中预览，可以看到插入的水平线效果，如图2-12所示。

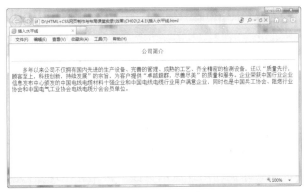

图2-12　插入水平线效果

2.4.2　设置水平线宽度与高度属性（width、size）

默认情况下，水平线的宽度为100%，可以使用width手动调整水平线的宽度。size标记用于改变水平线的高度。

基本语法：

```
<hr width="宽度">
<hr size="高度">
```

语法说明：

在该语法中，水平线的宽度值可以是确定的像素值，也可以是窗口的百分比。水平线的高度只能使用绝对的像素来定义。

实例代码：

```
<!doctype html>
<html>
<meta charset="utf-8">
<head>
<title>设置水平线宽度与高度属性</title>
</head>
<body>
<p>公司简介</p>
<hr width="600"size="2">
<p>多年以来公司不仅拥有国内先进的生产设备、完善的管理、成熟的工艺、齐全精密的检测设备，还以"质量先行，顾客
至上，科技创新，持续发展"的宗旨，为客户提供"卓越超群，尽善尽美"的质量和服务。企业荣获中国行业企业信息发布
中心颁发的中国电线电缆材料十强企业和中国电线电缆行业用户满意企业，同时也是中国兵工协会、阻燃行业协会和中国
电气工业协会电线电缆分会会员单位。</p>
</body>
</html>
```

在代码中加粗部分的标记为设置水平线的宽度和高度，在浏览器中预览，可以看到将宽度设置为600像素，高度设置为2像素的效果，如图2-13所示。

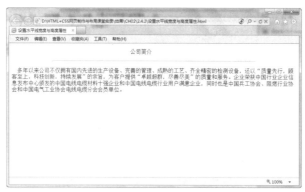

图2-13　设置水平线宽度

2.4.3　设置水平线的颜色（color）

在网页设计过程中，如果随意利用默认水平线，常常会出现插入的水平线与整个网页颜色不协调的情况。设置不同颜色的水平线可以为网页增色不少。

基本语法：

```
<hr color="颜色">
```

语法说明：

颜色代码是十六进制的数值或者颜色的英文名称。

实例代码：

```
<!doctype html>
<html>
<meta charset="utf-8">
<head>
<title>设置水平线的颜色</title>
</head>
<body>
<p>公司简介</p>
<hr width="600"size="2"color="#FF3300">
<p>
多年以来公司不仅拥有国内先进的生产设备、完善的管理、成熟的工艺、齐全精密的检测设备，还以"质量先行，顾客至
上，科技创新，持续发展"的宗旨，为客户提供"卓越超群，尽善尽美"的质量和服务。企业荣获中国行业企业信息发布中
心颁发的中国电线电缆材料十强企业和中国电线电缆行业用户满意企业，同时也是中国兵工协会、阻燃行业协会和中国电
气工业协会电线电缆分会会员单位</p>
</body>
</html>
```

在代码中加粗部分的标记为设置水平线的颜色，在浏览器中预览，可以看到水平线的颜色效果，如图2-14所示。

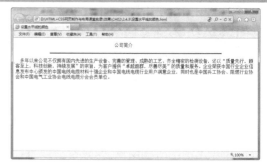

图2-14　水平线的颜色

2.4.4 设置水平线的对齐方式（align）

水平线在默认情况下是居中对齐的，如果想让水平线左对齐或右对齐，就需要设置对齐方式。

基本语法：

```
<hr align="对齐方式">
```

语法说明：

在该语法中对齐方式可以有3种，包括center、left和right，其中center的效果与默认的效果相同。

实例代码：

```
<!doctype html>
<html>
<meta charset="utf-8">
<head>
<title>设置水平线的对齐方式</title>
</head>
<body>
<p>公司简介</p>
<hr width="600"size="2"color="#FF3300"align="center">
<p>多年以来公司不仅拥有国内先进的生产设备、完善的管理、成熟的工艺、齐全精密的检测设备，</p>
<hr width="200"color="#00200"align="left" />
<p>还以"质量先行，顾客至上，科技创新，持续发展"的宗旨，为客户提供"卓越超群，尽善尽美"的质量和服务。企业荣获中国行业企业信息发布中心颁发的中国电线电缆材料十强企业和中国电线电缆行业用户满意企业，</p>
<hr width="150"color="#33CC00"align="right" />
<p>同时也是中国兵工协会、阻燃行业协会和中国电气工业协会电线电缆分会会员单位。</p>
</body>
</html>
```

在代码中加粗部分的标记为设置水平线的排列方式，在浏览器中预览，可以看到水平线不同排列方式的效果，如图2-15所示。

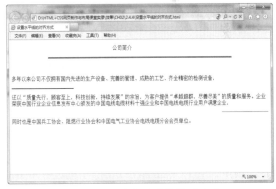

图2-15 设置水平线的排列方式

2.4.5 水平线去掉阴影（noshade）

默认的水平线是空心立体的效果，可以将其设置为实心并且不带阴影的水平线。

基本语法：

```
<hr noshade>
```

语法说明：

noshade是布尔值的属性，它没有属性值，如果在<hr>元素中写上了这个属性，则浏览器不会显示立体形状的水平线，反之则无须设置该属性，浏览器默认显示一条立体形状带有阴影的水平线。

实例代码：

```
<!doctype html>
<html>
<meta charset="utf-8">
<head>
<title>水平线去掉阴影</title>
</head>
<body>
<p>家乡的春节</p>
<hr width="600" color="#FF3300"noshade>
<p>多年以来公司不仅拥有国内先进的生产设备、完善的管理、成熟的工艺、齐全精密的检测设备，还以"质量先行，顾客至上，科技创新，持续发展"的宗旨，为客户提供"卓越超群，尽善尽美"的质量和服务。企业荣获中国行业企业信息发布中心颁发的中国电线电缆材料十强企业和中国电线电缆行业用户满意企业，同时也是中国兵工协会、阻燃行业协会和中国电气工业协会电线电缆分会会员单位。</p>
</body>
</html>
```

在代码中加粗部分的标记为设置无阴影的水平线，在浏览器中预览，可以看到水平线没有阴影的效果，如图2-16所示。

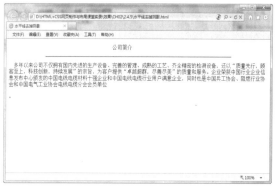

图2-16 设置无阴影的水平线

2.5 设置滚动文字

滚动字幕的使用使得整个网页更有动感，显得很有生气。现在的网站中也越来越多地使用滚动字幕来加强网页的互动性。用JavaScript编程可以实现滚动字幕效果；用层也可以做出非常漂亮的滚动字幕。而用HTML的<marquee>滚动字幕标记所需的代码最少，确实能够以较少的下载时间换来较好的效果。

2.5.1 滚动文字标签——marquee

使用marquee标签可以将文字、图片等设置为动态滚动的效果。

基本语法：

```
<marquee>滚动的文字</marquee>
```

语法说明：

只要在标签之间添加要进行滚动的文字即可。而且可以在标签之间设置这些文字的字体、颜色等。

实例代码：

```
<!doctype html>
<html>
<meta charset="utf-8">
<head>
<title>滚动文字标签</title>
</head>
<body>
<marquee>
<p>公司现有职工300余人，设计开发人员15名，公司已具备了系统化设计、模块化供货的能力；超前开发和同步开发能
力；从设计到验证，从工艺开发到模具开发，再到产品制造的全方位服务能力，公司占地3万多平方米，建筑面积2.6万平
方米，是华北地区最大的汽车内外饰部件生产基地。
我们衷心地希望成为各主机厂的战略供应商，共同为我国的汽车工业发展做出更大的贡献，在企业稳步发展的同时，我们
希望有更多的有识之士前来加盟，来壮大我们的团队，让我们携起手来、共同发展、共创辉煌。  </p>
</marquee>
</body>
</html>
```

在代码中加粗的<marquee>与</marquee>
之间的文字滚动出现，在浏览器中浏览效
果，如图2-17所示。

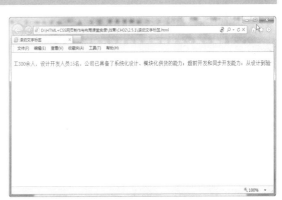

图2-17　设置文字滚动

2.5.2　滚动方向属性——direction

默认情况下，文字滚动的方向是从右向左，可以通过direction标记来设置滚动的方向。

基本语法：

```
<marquee direction="滚动方向">滚动的文字</marquee>
```

语法说明：

在该语法中，滚动方向包括up、down、left和right 4个取值，它们分别表示向上、向下、向
左和向右滚动，其中向左滚动left的效果与默认效果相同。

实例代码：

```
<!doctype html>
<html>
<meta charset="utf-8">
<head>
<title>滚动方向属性</title>
</head>
<body>
```

```
<marquee direction="up">
<p>公司现有职工300余人，设计开发人员15名，公司已具备了系统化设计、模块化供货的能力；超前开发和同步开发能
力；从设计到验证，从工艺开发到模具开发，再到产品制造的全方位服务能力，公司占地3万多平方米，建筑面积2.6万平
方米，是华北地区最大的汽车内外饰部件生产基地。
我们衷心地希望成为各主机厂的战略供应商，共同为我国的汽车工业发展做出更大的贡献，在企业稳步发展的同时，我们
希望有更多的有识之士前来加盟，来壮大我们的团队，让我们携起手来、共同发展、共创辉煌。
</p>
</marquee>
</body>
</html>
```

在代码中加粗的<marquee>与</marquee>之间的文字滚动出现，"direction="up""将文字的滚动方向设置为向上，在浏览器中浏览效果，如图2-18所示。

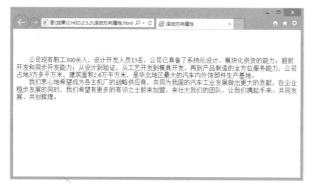

图2-18　设置滚动方向

2.5.3　滚动方式属性——behavior

除了可以设置滚动方向外，还可以通过behavior标记来设置滚动方式，如循环运动等。

基本语法：

```
<marquee behavior="滚动方式">滚动的文字</marquee>
```

语法说明：

behavior标记的取值如表2-3所示。

表2-3　behavior标记的属性

属性值	说　明
scroll	循环滚动，默认效果
slide	只滚动一次就停止
alternate	来回交替进行滚动

实例代码：

```
<!doctype html>
<html>
<meta charset="utf-8">
<head>
<title>滚动方式属性</title>
</head>
<body>
<marquee direction="up" behavior="scroll">
```

```
<p>公司现有职工300余人，设计开发人员15名，公司已具备了系统化设计、模块化供货的能力；超前开发和同步开发能
力；从设计到验证，从工艺开发到模具开发，再到产品制造的全方位服务能力，公司占地3万多平方米，建筑面积2.6万平
方米，是华北地区最大的汽车内外饰部件生产基地。
我们衷心地希望成为各主机厂的战略供应商，共同为我国的汽车工业发展做出更大的贡献，在企业稳步发展的同时，我们
希望有更多的有识之士前来加盟，来壮大我们的团队，让我们携起手来、共同发展、共创辉煌。
 </p>
</marquee>
</body>
</html>
```

在代码中加粗的<marquee>与</marquee>之间的文字滚动出现，"behavior="scroll""将文字的滚动方式设置为循环滚动，在浏览器中浏览效果，如图2-19所示。

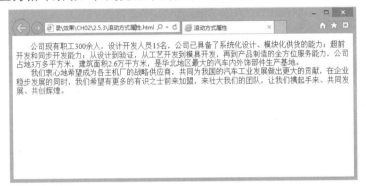

图2-19 设置滚动方式

2.5.4 滚动速度属性——scrollamount

scrollamount标记用于设置文字滚动的快慢。

基本语法：

```
<marquee scrollamount="滚动速度">滚动的文字</marquee>
```

语法说明：

滚动的速度实际上是设置滚动文字每次移动的长度，以像素为单位。

实例代码：

```
<!doctype html>
<html>
<meta charset="utf-8">
<head>
<title>滚动速度属性</title>
</head>
<body>
<marquee direction="up" behavior="scroll" scrollamount="1">
<p>公司现有职工300余人，设计开发人员15名，公司已具备了系统化设计、模块化供货的能力；超前开发和同步开发能
力；从设计到验证，从工艺开发到模具开发，再到产品制造的全方位服务能力，公司占地3万多平方米，建筑面积2.6万平
方米，是华北地区最大的汽车内外饰部件生产基地。
我们衷心地希望成为各主机厂的战略供应商，共同为我国的汽车工业发展做出更大的贡献，在企业稳步发展的同时，我们
希望有更多的有识之士前来加盟，来壮大我们的团队，让我们携起手来、共同发展、共创辉煌。
 </p>
</marquee>
</body>
```

```
</html>
```

在代码中加粗的
<marquee>与</marquee>
之间的文字滚动出现，
"scrollamount="1""将文字滚
动的速度设置为1，在浏览器
中浏览效果，如图2-20所示。

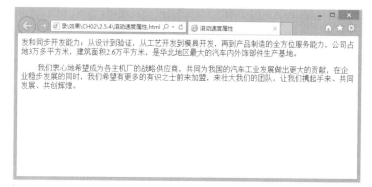

图2-20　设置滚动速度

2.5.5　滚动延迟属性——scrolldelay

scrolldelay标记用于设置滚动文字的时间间隔。

基本语法：

```
<marquee scrolldelay="时间间隔">滚动的文字</marquee>
```

语法说明：

scrolldelay的时间间隔单位是毫秒，如果设置的时间比较长，会产生走走停停的效果。

实例代码：

```
<!doctype html>
<html>
<meta charset="utf-8">
<head>
<title>滚动延迟属性</title>
</head>
<body>
<marquee direction="up" behavior="scroll" scrollamount="1"scrolldelay="60">
<p>公司现有职工300余人，设计开发人员15名，公司已具备了系统化设计、模块化供货的能力；超前开发和同步开发能力；从设计到验证，从工艺开发到模具开发，再到产品制造的全方位服务能力，公司占地3万多平方米，建筑面积2.6万平方米，是华北地区最大的汽车内外饰部件生产基地。
我们衷心地希望成为各主机厂的战略供应商，共同为我国的汽车工业发展做出更大的贡献，在企业稳步发展的同时，我们希望有更多的有识之士前来加盟，来壮大我们的团队，让我们携起手来、共同发展、共创辉煌。
</p>
</marquee>
</body>
</html>
```

在代码中加粗的
<marquee>与</marquee>
之间的文字滚动出现，
"scrolldelay="60""将文字
的滚动延迟设置为60，在浏
览器中浏览效果，如图2-21
所示。

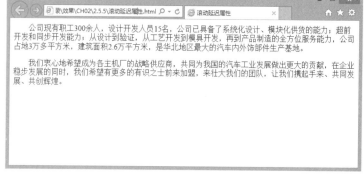

图2-21　设置滚动延迟

2.5.6 滚动循环属性——loop

设置文字滚动后，默认情况下会不断地循环下去，如果希望滚动几次就停止，可以使用loop标记设置滚动的次数。

基本语法：

```
<marquee loop="循环次数">滚动的文字</marquee>
```

实例代码：

```
<!doctype html>
<html>
<head>
<meta charset="utf-8">
<title>滚动循环属性</title>
</head>
<body>
<marquee direction="up" scrolldelay="60" loop="3">
<p>公司现有职工300余人，设计开发人员15名，公司已具备了系统化设计、模块化供货的能力；超前开发和同步开发能力；从设计到验证，从工艺开发到模具开发，再到产品制造的全方位服务能力，公司占地3万多平方米，建筑面积2.6万平方米，是华北地区最大的汽车内外饰部件生产基地。我们衷心地希望成为各主机厂的战略供应商，共同为我国的汽车工业发展做出更大的贡献，在企业稳步发展的同时，我们希望有更多的有识之士前来加盟，来壮大我们的团队，让我们携起手来、共同发展、共创辉煌。 </p>
</marquee>
</body>
</html>
```

在代码中加粗的<marquee>与</marquee>之间的文字滚动出现，"loop="3""将文字滚动的循环次数设置为3，在浏览器中浏览效果，如图2-22所示。

当文字滚动3个循环之后，滚动文字将不再出现，如图2-23所示。

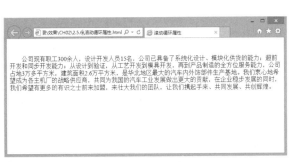

图2-22 设置循环次数

图2-23 滚动文字不再出现

2.5.7 滚动范围属性——width、height

如果不设置滚动背景的面积，默认情况下，水平滚动的文字背景与文字同高、与浏览器窗口同宽，使用width和height标记可以调整其水平和垂直的范围。

基本语法：

```
<marquee width="背景宽度" height ="背景高度">滚动的文字</marquee>
```

语法说明：

以像素为单位设置滚动背景宽度和高度。

实例代码：

```
<!doctype html>
<html>
<meta charset="utf-8">
<head>
<title>滚动范围属性</title>
</head>
<body>
<marquee direction="up" scrollamount="1" width="450" height="280">
<p>公司现有职工300余人，设计开发人员15名，公司已具备了系统化设计、模块化供货的能力；超前开发和同步开发能
力；从设计到验证，从工艺开发到模具开发，再到产品制造的全方位服务能力，公司占地3万多平方米，建筑面积2.6万平
方米，是华北地区最大的汽车内外饰部件生产基地。我们衷心地希望成为各主机厂的战略供应商，共同为我国的汽车工业
发展做出更大的贡献，在企业稳步发展的同时，我们希望有更多的有识之士前来加盟，来壮大我们的团队，让我们携起手
来、共同发展、共创辉煌。 </p>
</marquee>
</body>
</html>
```

在代码中加粗的<marquee>与</marquee>之间的文字滚动出现，"width="450"
height="280""将文字的滚动宽度和高度分别设置为450和280，在浏览器中浏览效果，如图
2-24所示。

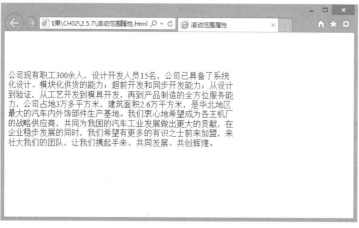

图2-24　设置滚动宽度和高度

2.5.8　滚动背景颜色属性——bgcolor

bgcolor标记用于设置滚动区域的背景颜色，以突出显示某部分。

基本语法：

```
<marquee bgcolor="背景颜色">滚动的文字</marquee>
```

语法说明：

滚动背景颜色可以是一个已命名的颜色，也可以是一个十六进制的颜色值。

实例代码：

```
<!doctype html>
<html>
```

```
<meta charset="utf-8">
<head>
<title>滚动背景颜色属性</title>
</head>
<body>
<marquee direction="up" scrollamount="1" width="450" height="280"
bgcolor="#F3F000">
<p>公司现有职工300余人，设计开发人员15名，公司已具备了系统化设计、模块化供货的能力；超前开发和同步开发能
力；从设计到验证，从工艺开发到模具开发，再到产品制造的全方位服务能力，公司占地3万多平方米，建筑面积2.6万平
方米，是华北地区最大的汽车内外饰部件生产基地。我们衷心地希望成为各主机厂的战略供应商，共同为我国的汽车工业
发展做出更大的贡献，在企业稳步发展的同时，我们希望有更多的有识之士前来加盟，来壮大我们的团队，让我们携起手
来、共同发展、共创辉煌。 </p>
</marquee>
</body>
</html>
```

在代码中加粗的<marquee>与</marquee>之间的文字滚动出现，"bgcolor="#F99000""将
文字滚动区域的背景颜色设置为黄色，在浏览器中浏览效果，如图2-25所示。

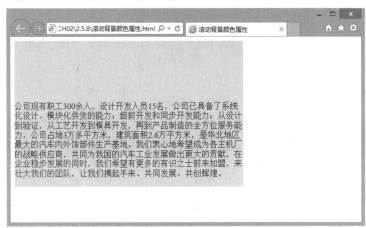

图2-25 设置滚动区域的背景颜色

2.5.9 滚动空间属性——hspace、vspace

hspace和vspac标记用于设置滚动文字周围的文字与滚动背景之间的空白空间。

基本语法：

```
<marquee hspace="水平范围" vspace="垂直范围">滚动的文字</marquee>
```

语法说明：

以像素为单位设置水平范围和垂直范围。

实例代码：

```
<!doctype html>
<html>
<meta charset="utf-8">
<head>
<title>滚动空间属性</title>
</head>
<body>
```

```
<marquee direction="up" scrollamount="1" width="450" height="280"
bgcolor="#F3F000" hspace="40" vspace="20">
<p>公司现有职工300余人，设计开发人员15名，公司已具备了系统化设计、模块化供货的能力；超前开发和同步开发能
力；从设计到验证，从工艺开发到模具开发，再到产品制造的全方位服务能力，公司占地3万多平方米，建筑面积2.6万平
方米，是华北地区最大的汽车内外饰部件生产基地。我们衷心地希望成为各主机厂的战略供应商，共同为我国的汽车工业
发展做出更大的贡献，在企业稳步发展的同时，我们希望有更多的有识之士前来加盟，来壮大我们的团队，让我们携起手
来、共同发展、共创辉煌。</p>
</marquee>
</body>
</html>
```

在代码中加粗的<marquee>与</marquee>之间的文字滚动出现，"hspace="40" vspace="20""
将文字的水平范围和垂直范围分别设置为40和20，在浏览器中浏览效果，如图2-26所示。

图2-26　设置空白空间

2.6 综合实例——设置页面文本及段落

　　文字是人类语言最基本的表达方式，文本的控制与布局在网页设计中
占了很大比例，文本与段落也可以说是最重要的组成部分。本章通过大量实例详细讲述了文本
与段落标记的使用，下面通过实例练习网页文本与段落的设置方法。

01 使用Dreamweaver CC打开网页文档，如图2-27所示。

02 切换到代码视图，在文字的前面输入代码"<font color="#608801" face="宋体"size="4">"，设
置文字的字体、大小、颜色，如图2-28所示。

图2-27　打开网页文档

图2-28　输入代码

03 在代码视图中，在文字的最后面输入代码"</font>"，如图2-29所示。

04 打开代码视图，在文本中输入代码"<p>……</p>"，即可将文字分成相应的段落，如图2-30所示。

图2-29　输入代码

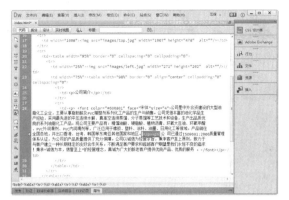

图2-30　输入段落标记

05 在拆分视图中，在第2段文字的前面输入代码"<p align="center">"，设置文本的段落左对齐，如图2-31所示。

06 在拆分视图中，在文字中相应的位置输入" "，设置空格，如图2-32所示。

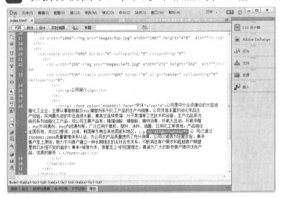

图2-31　输入段落的对齐标记

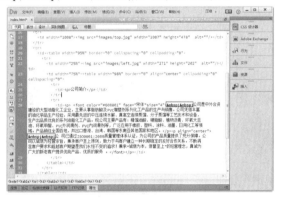

图2-32　输入空格标记

07 保存网页，在浏览器中预览效果，如图2-33所示。

图2-33　设置页面及文本段落的效果

2.7 课后练习

一、填空题

（1）_____标记用来控制字体、字号和颜色等属性，它是HTML中最基本的标记之一。

（2）_____是HTML文档中最常见的标记，_____用来起始一个段落。段落标记可以没有结束标记_____，而每一个新的段落标记开始的同时也意味着上一个段落的结束。

（3）在网页中如果某一行的文本过长，浏览器会自动对这段文字进行换行处理。可以使用_____标记来禁止自动换行。

（4）_____标记代表水平分割模式，并会在浏览器中显示一条线。网页的多媒体元素一般包括动态文字、动态图像、声音以及动画等，其中最简单的就是添加一些滚动效果，使用_____标签可以将文字设置为动态滚动的效果。

二、操作题

设置页面文本及段落的具体实例，如图2-34所示。

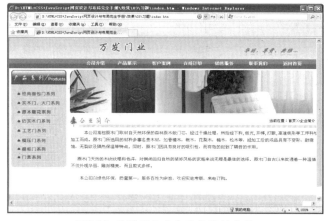

图2-34 设置页面文本及段落的效果

2.8 本课小结

在各种各样的网页中，极少看见没有文字的网页，文字在网页中可以起到信息传递、导航及交互作用。在网页中添加文字并不困难，可主要问题是如何编排这些文字，以及控制这些文字的显示方式，让文字看上去编排有序、整齐美观。本课主要讲述了设置文字格式、设置段落格式、设置水平线的使用。通过本课的学习，读者应对网页中文字格式和段落格式的应用有一个深刻的了解。

第3课
用HTML创建精彩的
图像和多媒体页面

本课导读

　　图像是网页中不可缺少的元素，巧妙地在网页中使用图像可以为网页增色不少。网页美化最简单、最直接的方法就是在网页上添加图像，图像不但使网页更加美观、形象和生动，而且使网页中的内容更加丰富多彩。利用图像创建精美的网页，能够给网页增加生机，从而吸引更多的浏览者。在网页中，除了可以插入文本和图像外，还可以插入动画、声音、视频等媒体元素，如滚动效果、Flash、Applet、ActiveX及Midi声音文件等。通过对本课的学习，读者可以学习到多媒体文件的使用，从而丰富网页的效果，吸引浏览者的注意。

技术要点

- ★　网页中常见的图像格式
- ★　插入图像并设置图像属性
- ★　添加多媒体文件
- ★　添加背景音乐
- ★　创建多媒体网页
- ★　创建图文混合排版网页

实例展示

多媒体效果

图文混合排版

3.1 网页中常见的图像格式

每天在网络上交流的计算机数不胜数，因此使用的图像格式一定能够被每一个操作平台接受，当前万维网上流行的图像格式通常以GIF和JPEG为主。另外还有一种名叫PNG的文件格式，也被越来越多地应用在网络中，下面就对这3种图像格式的特点进行介绍。

1. GIF格式

GIF是英文单词Graphic Interchange Format的缩写，即图像交换格式，文件最多可使用256种颜色，最适合显示色调不连续或具有大面积单一颜色的图像，例如导航条、按钮、图标、徽标或其他具有统一色彩和色调的图像。

GIF格式的最大优点就是可制作动态图像，可以将数张静态文件作为动画帧串联起来，转换成一个动画文件。

GIF格式的另一优点就是可以将图像以交错的方式在网页中呈现。所谓交错显示，就是当图像尚未下载完成时，浏览器会先以马赛克的形式将图像慢慢显示，让浏览者可以大略猜出下载图像的雏形。

2. JPEG格式

JPEG是英文单词Joint Photographic Experts Group的缩写，它是一种图像压缩格式。此文件格式是用于摄影或连续色调图像的高级格式，这是因为JPEG文件可以包含数百万种颜色。随着JPEG文件品质的提高，文件的大小和下载时间也会随之增加。通常可以通过压缩JPEG文件在图像品质和文件大小之间达到良好的平衡。

JPEG格式是一种压缩得非常紧凑的格式，专门用于不含大色块的图像。JPEG图像有一定的失真度，但是在正常的损失下肉眼分辨不出JPEG和GIF图像的区别，而JPEG文件只有GIF文件的1/4。JPEG对图标之类的含大色块的图像不是很有效，不支持透明图和动态图，但它能够保留全真的色调板格式。如果图像需要全彩模式才能表现效果的话，JPEG就是最佳的选择。

3. PNG格式

PNG（Portable Network Graphics）图像格式是一种非破坏性的网页图像文件格式，它提供了将图像文件以最小的方式压缩却又不造成图像失真的技术。它不仅具备了GIF图像格式的大部分优点，而且还支持48-bit的色彩，更快地交错显示，跨平台的图像亮度控制，更多层的透明度设置。

3.2 插入图像并设置图像属性

今天看到的丰富多彩的网页，都是因为有了图像的作用。想一想过去，网络中全部都是纯文本的网页，非常枯燥，就知道图像在网页设计中的重要性了。在HTML页面中可以插入图像，并设置图像属性。

3.2.1 图像标记：img

有了图像文件后，就可以使用img标记将图像插入到网页中，从而达到美化网页的效果。img元素的相关属性如表3-1所示。

表3-1 img元素的相关属性

属　　性	描　　述
src	图像的源文件
alt	提示文字
width，height	宽度和高度
border	边框
vspace	垂直间距
hspace	水平间距
align	排列
dynsrc	设定avi文件的播放
loop	设定avi文件循环播放次数
loopdelay	设定avi文件循环播放延迟

（续表）

属　　性	描　　述
start	设定avi文件播放方式
lowsrc	设定低分辨率图片
usemap	映像地图

基本语法：

```
<img src="图像文件的地址">
```

语法说明：

在语法中，src参数用来设置图像文件所在的路径，这一路径可以是相对路径，也可以是绝对路径。

3.2.2 课堂小实例——设置图像高度（height）

height属性用来定义图片的高度，如果<img>元素不定义高度，图片就会按照它的原始尺寸显示。

基本语法：

```
<img src="图像文件的地址" height="图像的高度">
```

语法说明：

在该语法中，height设置图像的高度。

实例代码：

```
<!doctype html>
<html>
<meta charset="utf-8">
<head>
<title>设置图像高度</title>
</head>
<body>
<img src="images/01.jpg" width="335" height="243" />
<img src="images/01.jpg" width="335" height="158" />
</body>
</html>
```

在代码中加粗部分的第1行标记是使用"height="243""设置图像高度为243，而第2行标记是使用"height="158""调整图像的高度为158，在浏览器中预览，可以看到调整图像的高度，如图3-1所示。

> **提示**
>
> 尽量不要通过height和width属性来缩放图像。如果通过height和width属性来缩小图像，那么用户就必须下载大容量的图像（即使图像在页面上看上去很小）。正确的做法是，在网页上使用图像之前，应该通过软件把图像处理为合适的尺寸。

图3-1 调整图像的高度

3.2.3　课堂小实例——设置图像宽度（width）

width属性用来定义图片的宽度，如果<img>元素不定义宽度，图片就会按照它的原始尺寸显示。

基本语法：

```
<img src="图像文件的地址" width="图像的宽度>
```

语法说明：

在该语法中，width设置图像的宽度。

实例代码：

```
<!doctype html>
<html>
<meta charset="utf-8">
<head>
<title>设置图像宽度</title>
</head>
<body>
<img src="images/01.jpg" width="335" height="243" />
<img src="images/01.jpg" width="215" height="243" />
</body>
</html>
```

在代码中加粗部分的第1行标记是使用"width="335""设置图像宽度为335，而第2行标记是使用"width="215""调整图像的宽度为215，在浏览器中预览，可以看到调整图像的宽度，如图3-2所示。

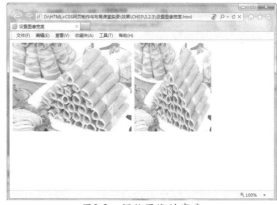

图3-2　调整图像的宽度

> **提示**
>
> 在指定宽高时，如果只给出宽度或高度中的一项，则图像将按原宽高比例进行缩放；否则，图像将按指定的宽度和高度显示。

3.2.4　课堂小实例——设置图像的边框（border）

默认情况下，图像是没有边框的，使用img标记符的border属性，可以定义图像周围的边框。

基本语法：

```
<img src="图像文件的地址" border="图像边框的宽度">
```

语法说明：

在该语法中，border的单位是像素，值越大边框越宽。HTML4.01不推荐使用图像的"border"属性。但是所有主流浏览器均支持该属性。

实例代码：

```
<!doctype html>
<html>
<meta charset="utf-8">
<head>
```

```
<title>设置图像的边框</title>
</head>
<body>
<img src="images/pic4.jpg" width="400" height="300">
<img src="images/pic4.jpg" width="400" height="300" border="5">
</body>
</html>
```

在代码中加粗部分的标记第1行为没有为图像添加边框，第2行是使用"border="5""为图像添加边框，在浏览器中预览，可以看到添加的边框效果为5像素，如图3-3所示。

图3-3　添加图像边框效果

3.2.5　课堂小实例——设置图像水平间距（hspace）

通常浏览器不会在图像和其周围的文字之间留出很多空间。除非创建一个透明的图像边框来扩大这些间距，否则图像与其周围文字之间默认的两个像素的距离，对于大多数设计者来说是太近了。可以在img标记符内使用属性hspace设置图像周围的空白，通过调整图像的边距，可以使文字和图像的排列显得紧凑，看上去更加协调。

基本语法：

```
<img src="图像文件的地址" hspace="水平边距">
```

语法说明：

通过hspace，可以以像素为单位，指定图像左边和右边的文字与图像之间的间距，水平边距hspace属性的单位是像素。

实例代码：

```
<!doctype html>
<html>
<meta charset="utf-8">
<head>
<title>设置图像水平间距</title>
</head>
<body>
<img src="images/tu.jpg" width="320" height="425" hspace="100">
```

```
</body>
</html>
```

在代码中加粗部分的标记"hspace="100""是为图像添加水平边距，在浏览器中预览，可以看到设置的水平边距为100像素，如图3-4所示。

图3-4 设置图像的水平边距效果

3.2.6 课堂小实例——设置图像垂直间距（vspace）

vspace是上面的或下面的文字与图像之间的距离的像素数。

基本语法：

```
<img src="图像文件的地址" vspace="垂直边距">
```

语法说明：

在该语法中，vspace属性的单位是像素。

实例代码：

```
<!doctype html>
<html>
<meta charset="utf-8">
<head>
<title>设置图像垂直间距</title>
</head>
<body>
<img src="images/tu.jpg" width="320" height="425"vspace="50">
</body>
</html>
```

在代码中加粗部分的标记"vspace="50""是为图像添加垂直边距，在浏览器中预览，可以看到设置的垂直边距为50像素，如图3-5所示。

图3-5 设置图像的垂直边距效果

3.2.7 课堂小实例——设置图像的对齐方式（align）

<img>标签的align属性定义了图像相对于周围元素的水平和垂直对齐方式。

基本语法：

```
<img src="图像文件的地址" align="对齐方式">
```

语法说明：

可以通过<img>标签的align属性来控制带有文字包围的图像的对齐方式。HTML和XHTML标准指定了5种图像对齐属性值：left、right、top、middle和bottom。align的取值见表3-2。

表3-2 align的取值

属 性	描 述
bottom	把图像与底部对齐
top	把图像与顶部对齐
middle	把图像与中央对齐
left	把图像对齐到左边
right	把图像对齐到右边

实例代码：

```
<!doctype html>
<html>
<meta charset="utf-8">
<head>
<title>设置图像的对齐方式</title>
</head>
<body>
<p><br />
<br/>
```

风味多样。地域广阔的中华民族，由于各地气候、物产、风俗习惯的差异，自古以来，中华饮食上就形成了许多各不相同的菜系。就地方划分而言，有巴蜀、淮扬、齐鲁、粤闽四大菜系之分。`<img src="images/tu1.jpg"`
`width="300" height="380"` **`align="right"/>`**`<br />`
`</p>`
`<p>`四季有别。一年四季，按季节而调配饮食，是中国烹饪的主要特征。中国一直遵循按季节调味、配菜，冬则味醇浓厚，夏则清淡凉爽。冬多炖焖煨，夏多凉拌冷冻。各种菜蔬更是四时更替，适时而食。`<br />`
`</p>`
`<p>`讲究菜肴的美感。注意食物的色、香、味、形、器的协调一致，对菜肴美感的表现是多方面的，厨师们利用自己的聪明技巧及艺术修养，塑造出各种各样的美食，独树一帜达到色、香、味、形的统一，而且给人以精神和物质高度统一的特殊享受。`</p>`
`<p>`注重情趣。中国烹饪自古以来就注重品味情趣，不仅对饭菜点心的色、香、味、形、器和质量、营养有严格的要求，而且在菜肴的命名、品味的方式、时间的选择、进餐时的节奏、娱乐的穿插等都有一定雅致的要求，立意新颖，风趣盎然。`<br />`
`</p>`
`</body>`
`</html>`

在代码中加粗部分的标记"align="right""是为图像设置对齐方式，在浏览器中预览效果，可以看出图像是右对齐，如图3-6所示。

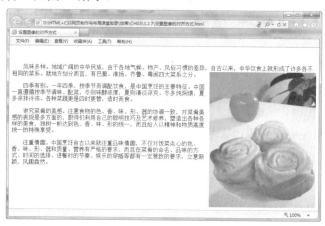

图3-6　图像设置对齐方式

▋3.2.8　课堂小实例——设置图像的替代文字（alt）

`<img>`标签的alt属性指定了替代文本，用于在图像无法显示或者用户禁用图像显示时，代替图像显示在浏览器中的内容。强烈推荐在文档的每个图像中都使用这个属性。这样即使图像无法显示，用户还可以了解到信息。

基本语法：

`<img src="图像文件的地址" alt="提示文字的内容" >`

语法说明：

alt属性的值是一个最多可以包含1024个字符的字符串，其中包括空格和标点。这个字符串必须包含在引号中。这段alt文本中可以包含对特殊字符的实体引用，但它不允许包含其他类别的标记，尤其是不允许有任何样式标签。

实例代码：

`<!doctype html>`

```
<html>
<meta charset="utf-8">
<head>
<title>设置图像的替代文字</title>
</head>
<body>
<p><br/>
<br/>
风味多样。地域广阔的中华民族，由于各地气候、物产、风俗习惯的差异，自古以来，中华饮食上就形成了许多各不相同
的菜系。就地方划分而言，有巴蜀、淮扬、齐鲁、粤闽四大菜系之分。<img src="images/tu1.jpg" width="300"
height="380" align="right" alt="美食"/><br />
</p>
<p>四季有别。一年四季，按季节而调配饮食，是中国烹饪的主要特征。中国一直遵循按季节调味、配菜，冬则味醇浓
厚，夏则清淡凉爽。冬多炖焖煨，夏多凉拌冷冻。各种菜蔬更是四时更替，适时而食。<br />
</p>
<p>讲究菜肴的美感。注意食物的色、香、味、形、器的协调一致，对菜肴美感的表现是多方面的，厨师们利用自己的聪
明技巧及艺术修养，塑造出各种各样的美食，独树一帜达到色、香、味、形的统一，而且给人以精神和物质高度统一的特
殊享受。</p>
<p>注重情趣。中国烹饪自古以来就注重品味情趣，不仅对饭菜点心的色、香、味、形、器和质量、营养有严格的要求，
而且在菜肴的命名、品味的方式、时间的选择、进餐时的节奏、娱乐的穿插等都有一定雅致的要求，立意新颖，风趣盎
然。<br />
</p>
</body>
</html>
```

在代码中加粗部分的标记"alt="美食""是添加图像的提示文字，在浏览器中预览，可以
看到添加的提示文字，如图3-7所示。

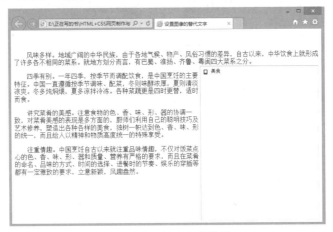

图3-7　添加提示文字效果

3.3 添加多媒体文件

　　如果能在网页中添加音乐或视频文件，可以使单调的网页变得更加生
动，但是如果要正确浏览嵌入这些文件的网页，就需要在客户端的计算机中安装相应的播放软
件，在网页中常见的多媒体文件包括声音文件和视频文件。

3.3.1 课堂小实例——添加多媒体文件标记（embed）

基本语法：

```
<embed src="多媒体文件地址" width="多媒体的宽度" height="多媒体的高度" ></embed>
```

语法说明：

在语法中，width和height一定要设置，单位是像素，否则无法正确显示播放多媒体的软件。

实例代码：

```
<!doctype html>
<html>
<meta charset="utf-8">
<head>
<title>添加多媒体文件标记</title>
</head>
<body>
<embed src="images/1b.swf" width="980" height="280"></embed>
</body>
</html>
```

在代码中加粗部分的代码标记是插入多媒体，在浏览器中预览插入的Flash效果，如图3-8所示。

图3-8　插入多媒体文件效果

3.3.2 课堂小实例——设置自动运行（autostart）

基本语法：

```
<embed src="多媒体文件地址" width="多媒体的宽度" height="多媒体的高度" autostart="是否自动运行"
loop="是否循环播放" ></embed>
```

语法说明：

Autostart的取值有两个，一个是true，表示自动播放；另一个是false，表示不自动播放。loop的取值不是具体的数字，而是true或false，如果取值为true，则表示媒体文件将无限次地循环播放；而如果取值为false，则只播放一次。

实例代码：

```
<!doctype html>
<html>
<meta charset="utf-8">
<head>
<title>添加多媒体文件标记</title>
```

```
</head>
<body>
<embed src="images/lb.swf" width="980" height="280"autostart="true" loop=" true"  ></embed>
</body>
</html>
```

在代码中加粗部分的代码标记是插入多媒体设置自动运行，在浏览器中预览插入的Flash效果，如图3-9所示。

图3-9 插入多媒体设置自动运行效果

3.4 添加背景音乐

许多有特色的网页上放置了背景音乐，随网页的打开而循环播放。在网页中加入一段背景音乐，只要用bgsound标记就可以实现。

3.4.1 课堂小实例——设置背景音乐（bgsound）

在网页中，除了可以嵌入普通的声音文件外，还可以为某个网页设置背景音乐。

基本语法：

```
<bgsound src="背景音乐的地址">
```

语法说明：

src是音乐文件的地址，可以是绝对路径也可以是相对路径。背景音乐的文件可以是avi、mp3等声音文件。

实例代码：

```
<!doctype html>
<html>
<meta charset="utf-8">
<head>
<title>设置背景音乐</title>
</head>
<body >
<img src="images/index.jpg" width="1002" height="610" />
<bgsound src="images/yinyue.wav">
```

```
</body>
</html>
```

在代码中加粗部分的代码标记"<bgsound src="images/yinyue.wav">"是插入背景音乐，在浏览器中预览，可以听到音乐效果，如图3-10所示。在制作网页时，添加一种背景音乐，可以使网页更加引人注意。

图3-10　插入背景音乐效果

3.4.2　课堂小实例——设置循环播放次数（loop）

通常情况下，背景音乐需要不断地播放，可以通过设置loop来实现循环次数的控制。

基本语法：

```
<bgsound src="背景音乐的地址" loop="播放次数">
```

语法说明：

loop是循环次数，-1是无限循环。

实例代码：

```
<!doctype html>
<html>
<meta charset="utf-8">
<head>
<title>设置循环播放次数</title>
</head>
<body >
<img src="images/index.jpg" width="1002" height="610" />
<bgsound src="images/yinyue.wav" loop="5">
</body>
</html>
```

在代码中加粗部分的代码标记"loop="5""设置插入的背景音乐循环播放次数，在浏览器中预览，可以听到背景音乐循环播放5次后，自动停止播放的效果，如图3-11所示。

图3-11　背景音乐循环播放5次后自动停止效果

3.5 综合实例

本课主要讲述了网页中常用的图像格式及如何在网页中插入图像、设置图像属性、在网页中插入多媒体等。下面通过以上所学到的知识讲述两个实例。

3.5.1　实例1——创建多媒体网页

下面将通过具体的实例来讲述创建多媒体网页，具体操作步骤如下。

01 使用Dreamweaver CC打开网页文档，如图3-12所示。

02 打开拆分视图，在相应的位置输入代码"<embed src="images/top.swf" width="978" height="238"></embed>"，如图3-13所示。

图3-12　打开网页文档　　　　　　　　　图3-13　输入代码

03 将光标置于body的后面，输入背景音乐代码"<bgsound src="images/gequ.wav">"，如图3-14所示。

04 在代码中输入播放的次数，"<bgsound src="images/gequ.wav" loop="infinite ">"，如图3-15所示。

图3-14　输入背景音乐代码

图3-15　输入播放次数代码

05 保存文档，按<F12>键在浏览器中预览，效果如图3-16所示。

图3-16　多媒体效果

3.5.2　实例2——创建图文混合排版网页

虽然网页中提供各种图片可以使网页显得更加漂亮，但有时也需要在图片旁边添加一些文字说明。图文混排一般有几种方法，对于初学者而言，可以将图片放置在网页的左侧或右侧，然后将文字内容放置在图片旁边。下面讲述图文混排的方法，具体步骤如下。

01 使用Dreamweaver CC打开网页文档，如图3-17所示。

02 打开代码视图，将光标置于相应的位置，输入图像代码 "<imgsrc="images/ chanpin.jpg" >"，如图3-18所示。

图3-17　打开网页文档

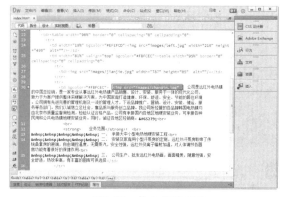

图3-18　输入图像代码

03 在代码视图中输入 "width="300" height="225""，设置图像的高和宽，如图3-19所示。

04 在代码视图中输入 "hspace="10" vspace="5""，设置图像的水平边距和垂直边距，如图3-20所示。

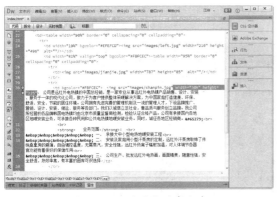

图3-19　设置图像的高和宽

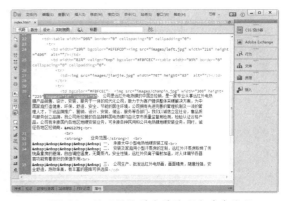

图3-20　设置图像的水平边距和垂直边距

05 在代码视图中输入"align="left""，用来设置图像的对齐方式为"左对齐"，如图3-21所示。

06 保存文档，按<F12>键在浏览器中预览，如图3-22所示。

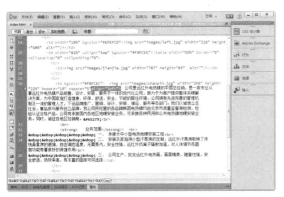

图3-21　设置图像的对齐方式

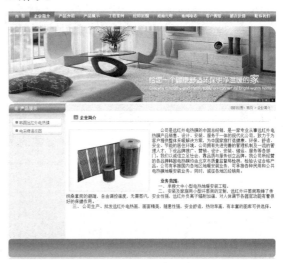

图3-22　图文混合排版效果

3.6 课后练习

一、填空题

（1）当前万维网上流行的图像格式通常以_____和_____为主。另外还有一种名叫_____的文件格式，也被越来越多地应用在网络中。

（2）默认情况下，图像是没有边框的，使用_____标记符的_____属性，可以给图像添加边框效果。

（3）许多有特色的网页上放置了背景音乐，随网页的打开而循环播放。在网页中加入一段背景音乐，只要用_____标记就可以实现。

二、操作题

在网页中插入图像并设置图像属性，如图3-23所示。

图3-23 插入图像

3.7 本课小结

　　在网页中使用图像，可以使网页更加生动和美观，现在几乎在所有的网页中都可以看到大量的图像。本课介绍了在网页中插入多媒体的知识，在HTML代码中插入声音、插入视频等。通过本课的学习，读者可以了解网页图像支持的3种图像格式（GIF、JPEG和PNG），以及插入图像和设置图像的属性，读者应对网页中多媒体的应用有一个深刻的了解和简单的运用，以便在制作自己的网页时利用这些元素为网页生香添色。

第4课
用HTML创建超链接

本课导读

超级链接是HTML文档的最基本特征之一。超级链接的英文名是hyperlink，它能够让浏览者在各个独立的页面之间方便地跳转。每个网站都是由众多的网页组成的，网页之间通常都是通过链接方式相互关联的。各个网页链接在一起后，才能真正构成一个网站。

技术要点

- ★ 链接和路径
- ★ 链接元素a
- ★ 创建图像的超链接
- ★ 创建锚点链接
- ★ 给网页添加链接

实例展示

给网页添加链接

4.1 链接和路径

超链接是网页中最重要的元素之一，是从一个网页或文件到另一个网页或文件的链接，包括图像或多媒体文件，还可以指向电子邮件地址或程序。在网页上加入超链接，就可以把Internet上众多的网站和网页联系起来，构成一个有机的整体。

4.1.1 超链接的基本概念

超级链接由源地址文件和目标地址文件构成，当访问者单击超链接时，浏览器会从相应的目标地址检索网页并显示在浏览器中。如果目标地址不是网页而是其他类型的文件，浏览器会自动调用本机上的相关程序打开所有访问的文件。

链接由以下3个部分组成。

★ 位置点标记<a>，将文本或图片标识为链接。

★ 属性href="..."，放在位置点起始标记中。

★ 地址（称为URL），浏览器要链接的文件。URL用于标识Web或本地磁盘上的文件位置，这些链接可以是指向某个HTML文档，也可以指向文档引用的其他元素，如图形、脚本或其他文件。

4.1.2 课堂小实例——路径url

如果在引用超链接文件时，使用了错误的文件路径，就会导致引用失效，无法浏览链接文件。为了避免这些错误，正确地引用文件，我们需要学习一下HTML路径。

路径URL用来定义一个文件、内容或者媒体等的所在地址，这个地址可以是相对链接，也可以是一个网站中绝对地址，关于路径的写法，因其所用的方式不同有相应的变换。

HTML有两种路径的写法：相对路径和绝对路径。

1．HTML相对路径

相对路径就是指由这个文件所在的路径引起的跟其他文件（或文件夹）的路径关系。使用相对路径可以为我们带来非常多的便利。

（1）同一个目录的文件引用

如果源文件和引用文件在同一个目录里，直接写引用文件名即可。

我们现在建一个源文件about.html，在about.html里要引用index.html文件作为超链接。

假设about.html路径是：c:\Inetpub\wwwroot\sites\news\about.html。

假设index.html路径是：c:\Inetpub\wwwroot\sites\news\index.html。

在about.html加入index.html超链接的代码应该这样写：

```
<a href = "index.html">index.html</a>
```

（2）引用上级目录

../表示源文件所在目录的上一级目录，../../表示源文件所在目录的上上级目录，以此类推。

假设about.html路径是：c:\Inetpub\wwwroot\sites\news\about.html。

假设index.html路径是：c:\Inetpub\wwwroot\sites\index.html。

在about.html加入index.html超链接的代码应该这样写：

```
<a href = "../index.html">index.html</a>
```

（3）引用下级目录

引用下级目录的文件，直接写下级目录文件的路径即可。

假设about.html路径是：c:\Inetpub\wwwroot\sites\news\about.html。

假设index.html路径是：c:\Inetpub\wwwroot\sites\news\html\index.html。

在about.html加入index.html超链接的代码应该这样写：

```
<a href = "html/index.html">index.html</a>
```

2. HTML绝对路径

HTML绝对路径指带域名的文件的完整路径。

比如网站域名是www.baidu.com，如果在www根目录下放了一个文件index.html，这个文件的绝对路径就是：http://www.baidu.com/index.html。

假设在www根目录下建了一个目录叫news，然后在该目录下放了一个文件index.html，这个文件的绝对路径就是http://www.baidu.com/news/index.html。

4.1.3 课堂小实例——HTTP路径

链接到外部网站就是跳转到当前网站外部，这种链接一般情况下需要使用绝对的链接地址，经常使用HTTP协议进行外部链接。HTTP路径，用来链接Web服务器中的文档。

基本语法：

```
<a href="http://网站地址">链接内容</a>
```

语法说明：

在该语法中，http://表明这是关于HTTP协议的外部链接，在其后输入网站的网址即可。

实例代码：

```
<table width="85%" align="center" cellpadding="5" cellspacing="3">
  <tr>
    <td>友情链接</td>
  </tr>
  <tr>
    <td><a href="http://www.baidu.com">百度</a></td>
  </tr>
</table>
```

在代码中加粗的代码标记将文字"百度"的链接设置为"http://www.baidu.com"，在浏览器中浏览效果，如图4-1所示，当单击链接文字"百度"时，就会打开它所链接的百度网站，如图4-2所示。

图4-1 链接到外部网站

图4-2 百度网站

61

4.1.4 课堂小实例——FTP路径

FTP是一种文件传输协议，它是计算机与计算机之间能够相互通信的语言，通过FTP可以获得Internet上丰富的资源。

FTP路径，用来链接FTP（）服务器中的文档，使用FTP路径时，可以在浏览器中直接输入相应的FTP地址，打开相应的目录或下载相关的内容，也可以使用相关的软件，打开FTP地址中相应的目录或者下载相关的内容。

基本语法：

```
<a href="ftp://…/">链接内容</a>
```

实例代码：

```
<!doctype html>
<html>
<meta charset="utf-8">
<head>
<title>ftp链接</title>
</head>
<body>
<p>
这是一个FTP链接: <a href= "ftp://ftp.pku.edu.cn/" >北京大学FTP服务器</a>
</p>
</body>
</html>
```

在代码中加粗部分的标记"<a href="ftp://ftp.pku.edu.cn/" >"是FTP链接，在浏览器中预览效果，如图4-3所示，单击超链接可以链接到北京大学FTP服务器，如图4-4所示。

图4-3 FTP链接

图4-4 链接到FTP服务器

4.1.5 课堂小实例——邮件路径

在网页上创建E-mail链接，可以使浏览者能够快速反馈自己的意见。当浏览者单击E-mail链接时，可以立即打开浏览器默认的E-mail处理程序，收件人邮件地址被E-mail超链接中指定的地址自动更新，无须浏览者输入。

基本语法：

```
<a href="mailto:电子邮件地址">链接内容</a>
```

语法说明：

在该语法中，电子邮件地址后面还可以增加一些参数，见表4-1。

表4-1　邮件的参数

属性值	说明	语法
cc	抄送收件人	\<a href="mailto:电子邮件地址?cc=电子邮件地址">链接内容\</a>
subject	电子邮件主题	\<a href="mailto:电子邮件地址?subject=主题文字">链接内容\</a>
bcc	暗送收件人	\<a href="mailto:电子邮件地址?bcc=电子邮件地址">链接内容\</a>
body	电子邮件内容	\<a href="mailto:电子邮件地址?body=邮件内容">链接内容\</a>

实例代码：

```
<tr>
<td valign=bottom height=35>
<a href="mailto:mailto: sdwdxia@163.com">联系我们</a>
</td>
</tr>
```

在代码中加粗的代码标记"\<a href="mailto:mailto: sdwdxia@163.com">"用于创建E-mail链接，在浏览器中浏览效果，如图4-5所示，当单击链接文字"联系我们"时，会打开默认的电子邮件软件Outlook Express，如图4-6所示。

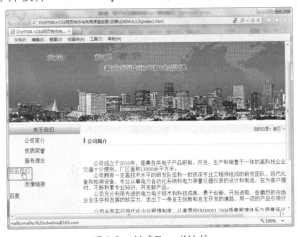

图4-5　创建E-mail链接

图4-6　发送电子邮件

4.2 链接元素\<a>

超链接的范围很广泛，利用它不仅可以进行网页间的相互链接，还可以使网页链接到相关的图像文件、多媒体文件及下载程序等。

4.2.1　课堂小实例——指定路径href

链接标记\<a>在HTML中既可以作为一个跳转其他页面的链接，也可以作为"埋设"在文档中某处的一个"锚定位"，\<a>也是一个行内元素，它可以成对出现在一段文档的任何位置。

基本语法：

```
<a href="链接目标">链接显示文本</a>
```

语法说明：

在该语法中，\<a>标记的属性值如表4-2所示。

表4-2　<a>标记的属性值

属性	说明
href	指定链接地址
name	给链接命名
title	给链接添加提示文字
target	指定链接的目标窗口

实例代码：

```
<!doctype html>
<html>
<meta charset="utf-8">
<head>
<title>指定路径属性</title>
</head>
<body>
<p><a href="1">1、生活是一面镜子。你对它笑，它就对你笑；你对它哭，它也对你哭。</a></p>
<p><a href="2">2、活着一天，就是有福气，就该珍惜。当我哭泣我没有鞋子穿的时候，我发现有人却没有脚。
  </a></p>
<p><a href="3">3、人生是个圆，有的人走了一辈子也没有走出命运画出的圆圈，其实，圆上的每一个点都有一条腾
飞的切线。</a></p>
<p><a href="4">4、千万别迷恋网络游戏，要玩就玩好人生这场大游戏。</a></p>
<p><a href="5">5、命运负责洗牌，但是玩牌的是我们自己！</a></p>
<p><a href="6">6、我们心中的恐惧，永远比真正的危险巨大得多。</a></p>
</body>
</html>
```

在代码中加粗部分的代码标记为设置文档中的超链接，在浏览器中预览，可以看到链接效果，如图4-7所示。我们在网站上也经常看到链接的效果，如图4-8所示。

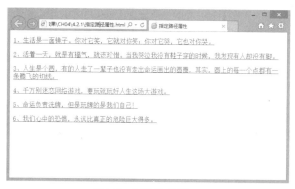

图4-7　超链接效果　　　　　　　　　图4-8　超链接网页

4.2.2　显示链接目标属性target

在创建网页的过程中，默认情况下超链接在原来的浏览器窗口中打开，可以使用target属性来控制打开的目标窗口。

基本语法：

```
<a href="链接目标" target="目标窗口的打开方式">
```

语法说明：

在该语法中，target参数的取值有4种，如表4-3所示。

表4-3　target参数的取值

属性值	含义
-self	在当前页面中打开链接
-blank	在一个全新的空白窗口中打开链接
-top	在顶层框架中打开链接，也可以理解为在根框架中打开链接
-parent	在当前框架的上一层里打开链接

实例代码：

```
<!doctype html>

<html>

<meta charset="utf-8">

<head>

<title>显示链接目标属性</title>

</head>

<body>

<p><a href="1.html">1、生活是一面镜子。你对它笑，它就对你笑；你对它哭，它也对你哭。</a></p>

<p><a href="2">2、活着一天，就是有福气，就该珍惜。当我哭泣我没有鞋子穿的时候，我发现有人却没有脚。
</a></p>

<p><a href="3">3、人生是个圆，有的人走了一辈子也没有走出命运画出的圆圈，其实，圆上的每一个点都有一条腾
飞的切线。</a></p>

<p><a href="4">4、千万别迷恋网络游戏，要玩就玩好人生这场大游戏。</a></p>

<p><a href="5">5、命运负责洗牌，但是玩牌的是我们自己！</a></p>

<p><a href="6">6、我们心中的恐惧，永远比真正的危险巨大得多。</a></p>

</body>

</html>
```

在代码中加粗的代码标记"target="_blank""是设置内部链接的目标窗口，在浏览器中预览单击设置链接的对象，可以打开一个新的窗口，如图4-9和图4-10所示。

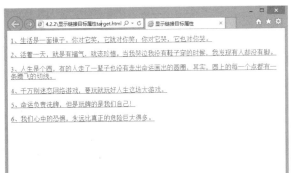

图4-9　设置链接目标窗口

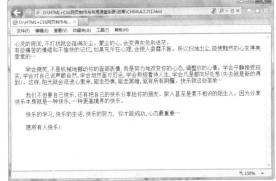

图4-10　打开的目标窗口

4.2.3　链接的热键属性accesskey

HTML教程标签中的AccessKey属性相当于Windows应用程序中的\<Alt\>快捷键。该属性可以设置某个HTML元素的快捷键，这样就可以不用鼠标定位某个页面元素，而只用快捷键\<Alt\>键和某个字母键，就可以快速切换定位到页面对象上。

基本语法：

```
<a href="http://www.xxxx.com/xhtml/" accesskey="h">按住<Alt>键点击键盘上的<h>键，
再按回车键<IE>就可以直接链接到HTML教程.</a>
```

语法说明：

定义了accesskey的链接可以使用快捷键（Alt+字母）访问，主菜单与导航菜单使用accesskey，通常是不错的选择。

实例代码：

```
<!doctype html>
<html>
<meta charset="utf-8">
<head>
<title>链接的热键属性accesskey</title>
</head>
<body>
<p><a href="http://www.xxxx.com/xhtml/" accesskey="h">（按住<Alt>键）点击键盘上的<h>键，
再按回车<IE>就可以直接链接到HTML教程。</a></p>
<h2>各种浏览器下accesskey快捷键的使用方法。</h2>
<p><strong>IE浏览器</strong></p>
<p>按住<Alt>键，点击accesskey定义的快捷键（焦点将移动到链接），再按回车键。</p>
<p><strong>FireFox浏览器</strong></p>
<p>按住<Alt+Shift>键，点击accesskey定义的快捷键。</p>
<p><strong>Chrome浏览器</strong></p>
<p>按住<Alt>键，点击accesskey定义的快捷键。</p>
<p><strong>Opera浏览器</strong></p>
<p>按住<Shift>键，按<Esc>键，出现本页定义的accesskey快捷键列表可供选择。</p>
<p><strong>Safari浏览器</strong></p>
<p>按住<Alt>键，点击accesskey定义的快捷键。</p>
</body>
</html>
```

在代码中加粗的代码标记是设置链接的热键属性，在浏览器中预览效果，如图4-11所示。

图4-11　链接的热键属性

4.3 创建图像的超链接

图像的链接包括为图像元素制作链接和在图像的局部制作链接，其中在图像的局部制作链接比较复杂，将会使用到<map>、<area>等元素及关属性。

4.3.1 课堂小实例——创建链接区域元素<map>

基本语法：

```
<map >
……
</map>
```

语法说明：

创建链接区域元素<map>，用来在图像元素中定义一个链接区域，<map>元素本身并不能指定链接区域的大小和链接目标，<map>元素的主要作用，是用来标记链接区域，页面中的图像元素可以使用<map>元素标记的区域。

实例代码：

```
<td>
<img src="images/huachun.jpg"  alt="" width="1024" height="559" usemap="#Map"/>
</td>
</tr>
</table>
<map >
</map>
```

代码中加粗的部分使用<map>元素标记的区域，如图4-12所示。

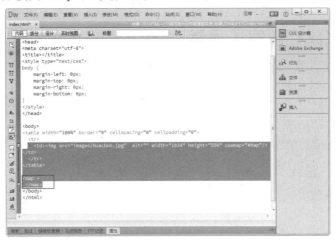

图4-12 输入代码

4.3.2 链接区域的名称属性name

链接区域的名称属性name，用来定义链接区域的名称，方便图像元素的调用。

基本语法：

```
<map name="热区名称">
……
```

```
</map>
```

语法解释:

name属性的取值必须是唯一的。

实例代码:

```
<td>
<img src="images/huachun.jpg"  alt="" width="1024" height="559" usemap="#Map"/>
</td>
</tr>
</table>
<map name="zhongwen">
</map>
```

代码中加粗的部分是设置链接区域的名称，如图4-13所示。

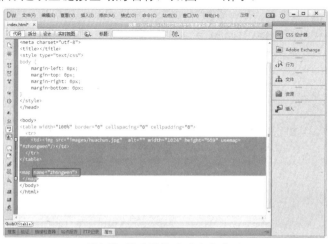

图4-13　设置链接区域名称代码

4.3.3　定义鼠标敏感区元素<area>

定义鼠标敏感区元素<area>，用来定义链接区域的大小和坐标，同时可以指定每个敏感区域的链接目标。语法结构如下所示。

基本语法:

```
<map name="热区名称">
<area shape="热点形状" >
......
</map>
```

语法说明:

在<area>标记中定义了热区的位置和链接，其中shape参数用来定义热区形状，热点的形状包括rect（矩形区域）、circle（椭圆形区域）和poly（多边形区域）3种，对于复杂的热点图像可以选择多边形工具来进行绘制。

实例代码:

```
<td>
<img src="images/huachun.jpg" width="1024" height="559" usemap="#zhongwen"/>
</td>
```

```
</tr>
</table>
<map name="zhongwen">
  <area shape="rect" coords="338,468,402,515" href="#">
  <area shape="circle" coords="455,505,30" href="#">
  <area shape="poly" coords="537,477,569,495,539,503" href="#">
</map>
```

该实例中，在图片中定义了3个链接区域，如图4-14所示。代码运行后，显示效果如图4-15所示。

图4-14　输入代码

图4-15　预览效果

4.3.4　链接的路径属性href、nohref

基本语法：

```
<map name="热区名称">
<area shape="rect" coords="338,468,402,515"href="#" >
......
</map>
```

语法说明：

在<area>标记中定义了热区的位置和链接，其中属性href设置了链接。

实例代码：

```
<td>
<img src="images/huachun.jpg"  width="1024" height="559" usemap="#zhongwen"/>
</td>
</tr>
</table>
<map name="zhongwen">
  <area shape="rect" coords="338,468,402,515" href="zhongwen">
  <area shape="circle" coords="455,505,30" href="yingwen">
  <area shape="poly" coords="537,477,569,495,539,503" href="riyu">
</map>
```

该实例中，在图片中定义了3个链接区域，分别链接到中文版、英文版和日语版的站点首页。在图片的局部制作链接后，对图片的显示效果并没有影响。其代码运行后，显示效果如图4-16所示。

图4-16　链接路径效果

4.3.5　鼠标敏感区坐标属性coords

鼠标敏感区坐标属性coords用来定义鼠标敏感区域的大小和位置。根据敏感区域的形状不同，所使用的坐标数目也会有所变化。语法结构如下所示。

基本语法：

```
<map name="名称"
<area coords="区域坐标组" />
......
</map>
```

语法说明：

对应不同形状的敏感区域，其坐标的具体定义方法如下所述。

（1）矩形区域

定义一个矩形区域要使用4个坐标来实现，其形式如下所示。

```
coords="x1,y1,x2,y2"
```

每个坐标之间用英文的逗号分隔，其中x1、y1表示矩形区域左上角的坐标，x2、y2表示矩形区域右下角的坐标。图片的左上角是坐标的原点，其坐标为"0,0"。

（2）圆形区域

定义一个圆形区域要使用3个坐标来实现，其形式如下所示。

```
coords="x,y,r"
```

每个坐标之间用英文的逗号分隔，其中x、y坐标表示圆形区域圆心的坐标，r表示圆形区域的半径的长度。

（3）多边形区域

定义一个多边形区域要使用和顶点数目相同的坐标组来实现，其形式如下所示。

```
coords="x1,y1, x2,y2…"
```

每个坐标之间用英文的逗号分隔，其中每组x、y坐标表示多边形区域的一个顶点。

实例代码：

```
<td>
<img src="images/huachun.jpg"  width="1024" height="559" usemap="#zhongwen"/>
</td>
  </tr>
</table>
```

```
<map name="zhongwen">
  <area shape="rect" coords="338,468,402,515" href="zhongwen" alt="华春食品">
  <area shape="circle" coords="455,505,30" href="yingwen"alt="华春食品">
  <area shape="poly" coords="537,477,569,495,539,503" href="riyu"alt="华春食品">
</map>
```

其代码运行后，按下<Tab>键，可以激活链接区域，其中第一个矩形区域的显示效果如图4-17所示。按照同样的方法，激活后的圆形区域的显示效果如图4-18所示。

图4-17 矩形区域的显示效果

图4-18 圆形区域的显示效果

4.4 下载文件

如果希望制作下载文件的链接，只需在链接地址处输入文件所在的位置即可。当浏览器用户单击链接后，浏览器会自动判断文件的类型，以做出不同情况的处理。

基本语法：

```
<a href="url">链接内容</a>
```

语法说明：

如果超级链接指向的不是一个网页文件，而是其他文件，例如zip、mp3、exe文件等，单击链接的时候就会下载文件。

> **提示**
>
> 网站中每个下载文件必须对应一个下载链接，而不能为多个文件或一个文件夹建立下载链接，如果需要对多个文件或文件夹提供下载，只能利用压缩软件将这些文件或文件夹压缩为一个文件。

实例代码：

```
<!doctype html>
<html>
<meta charset="utf-8">
<head>
<title>下载文件链接</title>
</head>
<body>
<p>
```

```
这是一本清华社的书，请下载: <a href="qinghua.rar">HTML+CSS网页制作与布局课堂实录</a>
</p>
</body>
</html>
```

这里使用"<a href="qinghua.rar">"创建了一个下载文件的链接，在浏览器中浏览效果，如图4-19所示。

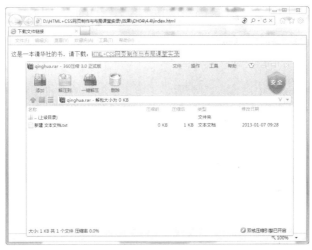

图4-19　下载文件链接

4.5　实战应用——给网页添加链接

通过网页上的超级链接可以实现在网上方便、快捷的访问，它是网页上不可缺少的重要元素，使用超级链接可以将众多的网页链接在一起，形成一个有机整体。本课主要讲述了各种超级链接的创建，下面就用所学的知识来给页面添加各种链接。

01 使用Dreamweaver CC打开网页文档，如图4-20所示。

图4-20　打开网页文档

02 打开代码视图，在<body>和</body>之间相应的位置输入如下代码，设置图像链接，如图4-21所示。

```
<a href="index1">
<img src="images/p2.jpg" width="200" height="150"  alt=""/>
</a>
```

图4-21　设置图像链接

03 打开代码视图，在<body>和</body>之间相应的位置输入如下代码，设置图像的热区链接，如图4-22所示。

```
<area shape="rect" coords="160,90,252,117" href="#">
<area shape="rect" coords="299,84,393,121" href="#">
<area shape="rect" coords="443,85,526,122" href="#">
<area shape="rect" coords="595,84,669,122" href="#">
<area shape="rect" coords="721,82,804,122" href="#">
<area shape="rect" coords="874,78,947,122" href="#">
</map>
```

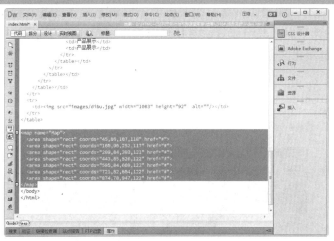

图4-22　设置图像的热区

04 保存网页，在浏览器中预览效果，如图4-23所示。

图4-23　预览效果

4.6 课后练习

一、填空题

（1）HTML有两种路径的写法：_____和_____，_____就是指由这个文件所在的路径引起的跟其他文件（或文件夹）的路径关系。_____指域名文件的完整路径。

（2）在创建网页的过程中，默认情况下超链接在原来的浏览器窗口中打开，可以使用_____属性来控制打开的目标窗口。

（3）在浏览页面时，如果页面篇幅很长，要不断地拖动滚动条，给浏览带来不便，想要浏览者既可以从头阅读到尾，又可以很快寻找到自己感兴趣的特定内容进行部分阅读，这时就可以通过_____链接来实现。

二、操作题

给图4-24所示的网页添加链接。

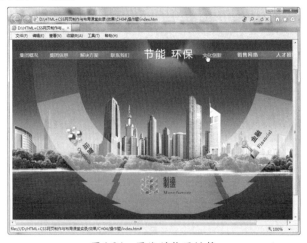

图4-24　图像的热区链接

4.7 本课小结

为了把Internet上众多的网站和网页联系起来，构成一个整体，就要在网页中加入链接，通过单击网页上的链接才能找到自己所需的信息。正是因为有了网页之间的链接，才形成了这纷繁复杂的网络世界。本课的重点是掌握超链接标记，链接元素<a>、创建图像的超链接、创建锚点链接等，最后通过综合实例讲述了超链接特殊效果的创建。

第5课
使用HTML创建强大的表格

本课导读

　　表格是网页制作中使用最多的工具之一，在制作网页时，使用表格可以更清晰地排列数据。但在实际制作过程中，表格更多地用在网页布局定位上。很多网页都是以表格布局的，这是因为表格在文本和图像的位置控制方面都有很强的功能。灵活、熟练地使用表格，在网页制作时会有如虎添翼的感觉。

技术要点

★　创建并设置表格属性

★　表格的结构标记

★　综合实例——使用表格排版网页

实例展示

细线表格

使用表格排列网页

5.1 创建并设置表格属性

表格由行、列和单元格3部分组成。使用表格可以排列页面中的文本、图像及各种对象。行贯穿表格的左右，列则是上下方式的，单元格是行和列交汇的部分，它是输入信息的地方。

5.1.1 课堂小实例——表格的基本标记（table、tr、td）

表格由行、列和单元格3部分组成，一般通过3个标记来创建，分别是表格标记table、行标记tr和单元格标记td。表格的各种属性都要在表格的开始标记<table>和表格的结束标记</table>之间才有效。

★ 行：表格中的水平间隔。

★ 列：表格中的垂直间隔。

★ 单元格：表格中行与列相交所产生的区域。

基本语法：

```
<table>
<tr>
<td>单元格内的文字</td>
<td>单元格内的文字</td>
</tr>
<tr>
<td>单元格内的文字</td>
<td>单元格内的文字</td>
</tr>
</table>
```

语法说明：

<table>标记和</table>标记分别表示表格的开始和结束，而<tr>和</tr>则分别表示行的开始和结束，在表格中包含几组<tr>…</tr>就表示该表格为几行，<td>和</td>表示单元格的起始和结束。

实例代码：

```
<!doctype html>
<html>
<meta charset="utf-8">
<head>
<title>表格的基本标记</title>
</head>
<body>
<table border="1">
<tr>
```

```
<td>第1行第1列单元格</td><td>第1行第2列单元格</td>
</tr>
<tr>
<td>第2行第1列单元格</td><td>第2行第2列单元格</td>
</tr>
</table>
</body>
</html>
```

在代码中加粗部分的代码标记是表格的基本构成，在浏览器中预览，可以看到在网页中添加了一个2行2列的表格，表格没有边框，如图5-1所示。

图5-1 表格的基本构成效果

在制作网页的过程中，一般都使用表格来控制网页的布局，如图5-2所示。

图5-2 使用表格来控制网页的布局

77

5.1.2 课堂小实例——表格宽度和高度（width、height）

width标签用来设置表格的宽度，height标签用来设置表格的高度，以像素或百分比为单位。

基本语法：

```
<table width="表格宽度" height="表格高度">
```

语法说明：

表格高度和表格宽度值可以是像素，也可以为百分比，如果设计者不指定，则默认宽度自适应。

实例代码：

```
<!doctype html>
<html>
<meta charset="utf-8">
<head>
<title>表格宽度和高度</title>
</head>
<body>
<table width="650" height="240">
<tr>
<td>第1行第1列单元格</td><td>第1行第2列单元格</td>
</tr>
<tr>
```

```
<td>第2行第1列单元格</td><td>第2行第2列单元格</td>
</tr>
</table>
</body>
</html>
```

在代码中加粗部分的代码标记"width="650" height="240""是设置表格的宽度为650像素，高度设置为240像素，在浏览器中预览，可以看到效果如图5-3所示。

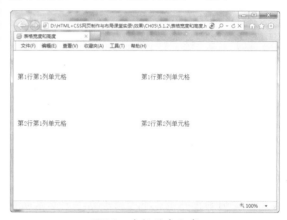

图5-3 表格的宽和高

5.1.3 课堂小实例——表格的标题（caption）

<caption>标签可以为表格提供一个简短的说明，和图像的说明比较类似。默认情况下，大部分可视化浏览器显示表格标题在表格的上方中央。

基本语法：

```
<caption>表格的标题</caption>
```

实例代码：

```
<!doctype html>
<html>
<meta charset="utf-8">
<head>
<title>表格的标题</title>
</head>
<body>
<table width="700" height="150">
<caption>
人才招聘
</caption>
```

```
<tr>
<td width="98">招聘人数</td>
<td width="96">性别</td>
<td width="105">年龄 </td>
<td width="95">学历</td>
<td width="101">专业</td>
<td width="77">薪金</td>
</tr>
<tr>
<td>6</td>
<td>男女不限</td>
<td>不限</td>
<td>大专</td>
<td>市场营销</td>
<td>2500+提成</td>
</tr>
<tr>
<td>7</td>
<td>男女不限</td>
```

```
        <td>不限</td>
        <td>大专</td>
        <td>室内设计</td>
        <td>面议</td>
    </tr>
    <tr>
        <td>8</td>
        <td>男女不限</td>
        <td>25-35岁</td>
        <td>不限</td>
        <td>普通工人</td>
        <td>面议</td>
    </tr>
</table>
</body>
</html>
```

在代码中加粗部分的标记为设置表格的标题为"人才招聘"，在浏览器中预览，可以看到表格的标题，如图5-4所示。

图5-4 表格的标题

> **提示**
>
> 使用<caption>标记创建表格标题的好处是标题定义包含在表格内。如果表格移动或在HTML文件中重定位，标题会随着表格相应地移动。

▌5.1.4 课堂小实例——表格的表头（th）

表头是指表格的第一行或第一列等对表格内容的说明，文字样式居中、加粗显示，通过<th>标记实现。

基本语法：

```
<table >
```

```
<tr>
<th>......</th>
......
</tr>
</table>
```

语法说明：

★ <th>：表示头标记，包含在<tr>标记中。

★ 在表格中，只要把标记<td>改为<th>就可以实现表格的表头。

实例代码：

```
<!doctype html>
<html>
<meta charset="utf-8">
<head>
<title>表格的表头</title>
</head>
<body>
<table width="700" height="150">
    <caption>
        人才招聘
    </caption>
    <tr>
        <th>招聘人数</th>
        <th>性别</th>
        <th>年龄</th>
        <th>学历</th>
        <th>专业</th>
        <th>薪金</th>
    </tr>
    <tr>
        <td>6</td>
        <td>男女不限</td>
        <td>不限</td>
        <td>大专</td>
        <td>市场营销</td>
        <td>2500+提成</td>
    </tr>
    <tr>
        <td>7</td>
        <td>男女不限</td>
        <td>不限</td>
        <td>大专</td>
        <td>室内设计</td>
        <td>面议</td>
    </tr>
```

```
    <tr>
        <td>8</td>
        <td>男女不限</td>
        <td>25-35岁</td>
        <td>不限</td>
        <td>普通工人</td>
        <td>面议</td>
    </tr>
</table></body>
</html>
```

在代码中加粗部分的代码标记为设置表格的表头，在浏览器中预览，可以看到表格

图5-5　表格的表头效果

5.1.5　课堂小实例——表格对齐方式（align）

可以使用表格的align属性来设置表格的对齐方式。

基本语法：

```
<table align="对齐方式" >
```

语法说明：

align的参数取值如表5-1所示。

表5-1　align参数取值

属 性 值	说　明
left	整个表格在浏览器页面中左对齐
center	整个表格在浏览器页面中居中对齐
right	整个表格在浏览器页面中右对齐

实例代码：

```
<!doctype html>
<html>
<meta charset="utf-8">
<head>
<title>表格对齐方式</title>
</head>
<body>
<table width="700"
  height="150" align="center">
  <caption>
    人才招聘
  </caption>
  <tr>
    <th>招聘人数</th>
    <th>性别</th>
    <th>年龄</th>
    <th>学历</th>
    <th>专业</th>
```

```
        <th>薪金</th>
    </tr>
    <tr>
        <td>6</td>
        <td>男女不限</td>
        <td>不限</td>
        <td>大专</td>
        <td>市场营销</td>
        <td>2500+提成</td>
    </tr>
    <tr>
        <td>7</td>
        <td>男女不限</td>
        <td>不限</td>
        <td>大专</td>
        <td>室内设计</td>
        <td>面议</td>
    </tr>
    <tr>
        <td>8</td>
        <td>男女不限</td>
        <td>25-35岁</td>
        <td>不限</td>
        <td>普通工人</td>
        <td>面议</td>
    </tr>
</table></body>
</html>
```

在代码中加粗部分的标记"align="right""设置表格的对齐方式，在浏览器中预览，可以看到表格为右对齐，如图5-6所示。

图5-6 表格的右对齐效果

表格的基本属性在网页制作的过程中应用是非常广泛的，图5-7所示为使用表格排列文字。

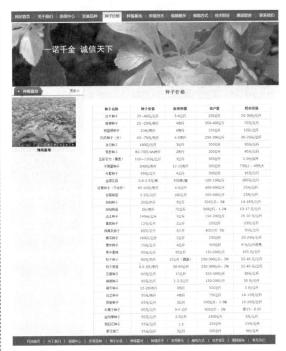

图5-7 使用表格排列文字

提示

虽然整个表格在浏览器页面范围内居中对齐，但是表格里单元格的对齐方式并不会因此而改变。如果要改变单元格的对齐方式，就需要在行、列或单元格内另行定义。

5.1.6 表格的边框宽度（border）

可以通过表格添加border属性，来实现为表格设置边框线及美化表格的目的。默认情况下如果不指定border属性，表格的边框为0，则浏览器将不显示表格边框。

基本语法：

```
<table border="边框宽度">
```

语法说明：

通过border属性定义边框线的宽度，单位为像素。

实例代码：

```
<!doctype html>
<html>
<meta charset="utf-8">
<head>
<title>表格的边框宽度</title>
</head>
<body>
<table width="700" height="150" align="center">
  <caption>
    人才招聘
  </caption>
  <tr>
```

```
    <th>招聘人数</th>
    <th>性别</th>
    <th>年龄</th>
    <th>学历</th>
    <th>专业</th>
    <th>薪金</th>
  </tr>
  <tr>
    <td>6</td>
    <td>男女不限</td>
    <td>不限</td>
    <td>大专</td>
    <td>市场营销</td>
    <td>2500+提成</td>
  </tr>
  <tr>
    <td>7</td>
    <td>男女不限</td>
    <td>不限</td>
    <td>大专</td>
    <td>室内设计</td>
    <td>面议</td>
  </tr>
  <tr>
```

81

```
    <td>8</td>
    <td>男女不限</td>
    <td>25-35岁</td>
    <td>不限</td>
    <td>普通工人</td>
    <td>面议</td>
  </tr>
</table></body>
</html>
```

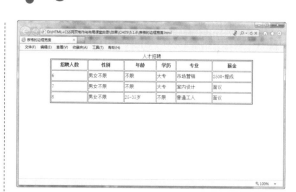

图5-8　表格的边框宽度效果

在代码中加粗部分的标记"border="2""为设置表格的边框宽度，在浏览器中预览，可以看到将表格边框宽度设置为2像素的效果，如图5-8所示。

border属性设置的表格边框只能影响表格四周的边框宽度，而并不能影响单元格之间的边框尺寸。虽然设置边框宽度没有限制，但是一般边框设置不应超过5像素，过于宽大的边框会影响表格的整体美观。

5.1.7　表格边框颜色（bordercolor）

为了美化表格，能为表格设定不同的边框颜色。默认情况下边框的颜色是灰色的，可以使用bordercolor设置边框颜色。但是设置边框颜色的前提是边框的宽度不能为0，否则无法显示出边框的颜色。

基本语法：

```
<table border="边框宽度" bordercolor="边框颜色">
```

语法说明：

定义颜色的时候，可以使用英文颜色名称或十六进制颜色值。

实例代码：

```
<!doctype html>
<html>
<meta charset="utf-8">
<head>
<title>表格边框颜色</title>
</head>
<body>
<table width="500" border="1"
bordercolor="#009900">
  <tr>
    <td>单元格1</td>
```

```
    <td>单元格2</td>
  </tr>
  <tr>
    <td>单元格3</td>
    <td>单元格4</td>
  </tr>
</table>
</body>
</html>
```

在代码中加粗部分的代码标记"bordercolor="#009900""是设置表格边框的颜色，在浏览器中预览，可以看到边框颜色的效果，如图5-9所示。

图5-9　表格边框颜色效果

5.1.8 单元格间距（cellspacing）

表格的单元格和单元格之间，可以设置一定的距离，这样可以使表格显得不会过于紧凑。

基本语法：

```
<table cellspacing="间距值">
```

语法说明：

单元格的间距以像素为单位，默认值是2。

实例代码：

```
<!doctype html>
<html>
<meta charset="utf-8">
<head>
<title>单元格间距</title>
</head>
<body>
<table width="500" border="1" bordercolor="#ff0000" cellspacing="10">
  <tr>
    <td>单元格1</td>
    <td>单元格2</td>
  </tr>
  <tr>
    <td>单元格3</td>
    <td>单元格4</td>
  </tr>
</table>
</body>
</html>
```

在代码中加粗部分的代码标记"cellspacing="10""设置单元格的间距，在浏览器中预览，可以看到单元格的间距为10像素的效果，如图5-10所示。

图5-10 单元格间距效果

5.1.9 单元格边距（cellpadding）

在默认情况下，单元格里的内容会紧贴着表格的边框，这样看上去非常拥挤。可以使用cellpadding来设置单元格边框与单元格里的内容之间的距离。

83

基本语法：

```
<table cellpadding="文字与边框距离值">
```

语法说明：

单元格里的内容与边框的距离以像素为单位，一般可以根据需要设置，但是不能过大。

实例代码：

```
<!doctype html>
<html>
<meta charset="utf-8">
<head>
<title>单元格边距</title>
</head>
<body>
<table width="500" border="1" bordercolor="#FF0000" cellpadding="10">
  <tr>
    <td>单元格1</td><td>单元格2</td>
  </tr>
  <tr>
    <td>单元格3</td><td>单元格4</td>
  </tr>
</table>
</body>
</html>
```

在代码中加粗部分的代码标记"cellpadding="10""设置单元格边距，在浏览器中预览，可以看到文字与边框的距离效果，如图5-11所示。

在制作网页的同时，对表格的边框进行相应的设置，可以很容易地制作出一些细线的表格，图5-12所示为细线表格。

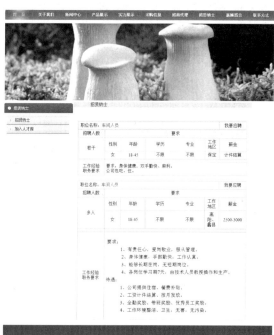

图5-11　单元格边距效果

图5-12　细线表格的效果

5.1.10 表格的背景色（bgcolor）

表格的背景颜色属性bgcolor是针对整个表格的，bgcolor定义的颜色可以被行、列或单元格定义的背景颜色所覆盖。

基本语法：

```
<table bgcolor="背景颜色">
```

语法解释：

定义颜色的时候，可以使用英文颜色名称或十六进制颜色值表现。

实例代码：

```
<!doctype html>
<html>
<meta charset="utf-8">
<head>
<title>表格的背景色</title>
</head>
<body>
<table width="500" border="1"cellpadding="10" cellspacing="10"
bordercolor="#FF0000" bgcolor="#FFFF00">
    <tr>
        <td>单元格1</td>
        <td>单元格2</td>
    </tr>
    <tr>
        <td>单元格3</td>
        <td>单元格4</td>
    </tr>
</table>
</body>
</html>
```

在代码中加粗部分的代码标记
"bgcolor="#FFFF00""为设置表格的背景颜色，在浏览器中预览，可以看到表格设置了黄色的背景，如图5-13所示。

图5-13 设置表格背景颜色效果

表格背景颜色在网页中也比较常见，图

5-14所示的表格就使用了背景颜色。

图5-14 表格使用了背景颜色

5.1.11　表格的背景图像（background）

除了可以为表格设置背景颜色之外，还可以为表格设置更加美观的背景图像。

基本语法：

```
<table background="背景图像地址" >
```

语法说明：

背景图像的地址可以为相对地址，也可以为绝对地址。

实例代码：

```
<!doctype html>
<html>
<meta charset="utf-8">
<head>
<title>表格的背景图像</title>
</head>
<body>
<table width ="500" border="1"cellpadding="10" cellspacing="10"
 bordercolor="#FF0000" background="images/bg4.gif">
  <tr>
    <td>单元格1</td>
    <td>单元格2</td>
  </tr>
  <tr>
    <td>单元格3</td>
    <td>单元格4</td>
  </tr>
</table>
</body>
</html>
```

在代码中加粗部分的代码标记 "background="images/bg4.gif"" 为设置表格的背景图像，在浏览器中预览，可以看到表格设置了背景图像的效果，如图5-15所示。

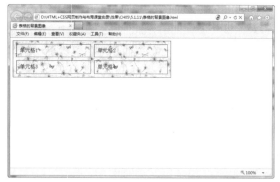

图5-15　设置表格的背景图像效果

在网页中常设置表格的背景图像，如图5-16所示。

图5-16　表格的背景图像

5.2 表格的结构标记

为了在源代码中清楚地区分表格结构，HTML语言中规定了
<thead>、<tdoby>和<tfoot>3个标记，分别对应于表格的表头、表主体和表尾。

5.2.1 课堂小实例——设计表头样式（thead）

表首样式的开始标记是<thead>，结束标记是</thead>。它们用于定义表格最上端表首的样式，可以设置背景颜色、文字对齐方式、文字的垂直对齐方式等。

基本语法：

```
<thead>
……
</thead>
```

语法说明：

在该语法中，bgcolor、align、valign的取值范围与单元格中的设置方法相同。在<thead>标记内还可以包含<td>、<th>和<tr>标记，而一个表元素中只能有一个<thead>标记。

实例代码：

```
<!doctype html>
<html>
<meta charset="utf-8">
<head>
<title>设计表头样式</title>
</head>
<body>
<table width="600" height="138" border="1">
<caption>
    商品价格报表
</caption>
  <thead bgcolor="#FF00FF" align="left">
  <tr>
  <td width="98" height="26">品种</td>
  <td width="96">价格</td>
  <td width="105">单位</td>
  </tr>
  </thead>
    <tr>
    <td>白菜</td>
    <td>1.40</td>
    <td>元/公斤</td>
    </tr>
    <tr>
```

```
    <td>土豆<br></td>
    <td>4.00</td>
    <td>元/公斤</td>
    </tr>
    <tr>
    <td> 豆角<br></td>
    <td>3.70</td>
    <td>元/公斤</td>
    </tr>
    <tr>
    <td>茄子</td>
    <td>1.8</td>
    <td>元/公斤</td>
    </tr>
    <tr>
    <td>黄瓜</td>
    <td>3.40</td>
    <td>元/公斤</td>
    </tr>
    <tr>
    <td colspan="3">注：此表价格由段海批发菜市场提供。</td>
    </tr>
</table>
</body>
</html>
```

在代码中加粗部分的"<thead></thead>"代码之间为设置表格的表头，在浏览器中预览效果，如图5-17所示。

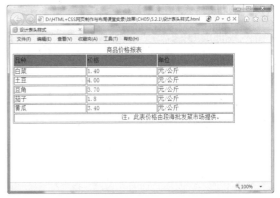

图5-17 设置表格的表头

5.2.2 课堂小实例——设计表主体样式（tbody）

与表首样式的标记功能类似，表主体样式用于统一设计表主体部分的样式，标记为 `<tbody>`。

基本语法：

```
<tbody bgcolor="背景颜色" align="对齐方式">
......
</tbody>
```

语法说明：

在该语法中，bgcolor、align、valign的取值范围与 `<thead>` 标记中的相同。一个表元素中只能有一个 `<tbody>` 标记。

实例代码：

```
<!doctype html>
<html>
<meta charset="utf-8">
<head>
<title>设计表主体样式</title>
</head>
<body>
<table width="600" height="150"
    border="1">
  <caption>
  商品价格报表
  </caption>
    <thead bgcolor="#FF00FF">
    <tr>
    <td width="98">品种</td>
      <td width="96">价格</td>
      <td width="105">单位</td>
    </tr></thead>
    <tbody bgcolor="#E808A8"
      align="center ">
      <tr>
      <td>白菜</td>
      <td>1.40</td>
      <td>元/公斤</td>
    </tr>
      <tr>
      <td>土豆<br></td>
      <td>4.00</td>
      <td>元/公斤</td>
    </tr>
```

```
    <tr>
      <td>豆角</td>
      <td>3.70</td>
      <td>元/公斤</td>
    </tr>
    <tr>
      <td>茄子</td>
      <td>1.8</td>
      <td>元/公斤</td>
    </tr>
    <tr>
      <td>黄瓜</td>
      <td>3.40</td>
      <td>元/公斤</td>
    </tr></tbody>
    <tr>
      <td colspan="3">注: 此表价格由段
        海批发菜市场提供。</td>
    </tr>
</table>
</body>
</html>
```

在代码中加粗部分的代码标记为设置表格的表主体，在浏览器中预览效果，如图5-18所示。

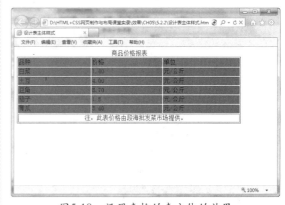

图5-18 设置表格的表主体的效果

5.2.3 课堂小实例——设计表尾样式（tfoot）

`<tfoot>` 标签用于定义表尾样式。

基本语法：

```
< tfoot bgcolor="背景颜色"align="对齐方式
     "valign="垂直对齐方式">
```

```
......
</tfoot>
```

语法说明：

在该语法中，bgcolor、align、valign的取值范围与<thead>标签中的相同。一个表元素中只能有个<tfoot>标签。

实例代码：

```
<!doctype html>
<html>
<meta charset="utf-8">
<head>
<title>设计表尾样式</title>
</head>
<body>
<table width="600" height="150" border="1">
  <caption>
    商品价格报表
  </caption>
  <thead bgcolor="#FF00FF">
    <tr>
      <td width="98">品种</td>
      <td width="96">价格</td>
      <td width="105">单位</td>
    </tr>
  </thead>
  <tbody bgcolor="#E808A8" align="center ">
    <tr>
      <td>白菜</td>
      <td>1.40</td>
      <td>元/公斤</td>
    </tr>
    <tr>
      <td>土豆<br /></td>
      <td>4.00</td>
      <td>元/公斤</td>
    </tr>
    <tr>
      <td>豆角</td>
      <td>3.70</td>
      <td>元/公斤</td>
    </tr>
```

```
    <tr>
      <td>茄子</td>
      <td>1.8</td>
      <td>元/公斤</td>
    </tr>
    <tr>
      <td>黄瓜</td>
      <td>3.40</td>
      <td>元/公斤</td>
    </tr>
  </tbody>
  <tr>
    <tfoot align="right" bgcolor="#00FF00">
    <td colspan="3">注：此表价格由段
        海批发菜市场提供。</td>
</tfoot>
  </tr>
</table>
</body>
</html>
```

在代码中加粗部分的代码标记为设置表尾样式，在浏览器中预览效果，如图5-19所示。

图5-19 设置表尾样式效果

5.3 综合实例——使用表格排版网页

表格在网页版面布局中发挥着非常重要的作用，网页中的很多元素都需要表格来排列。本课主要讲述了表格的常用标签，下面就通过实例讲述表格在整个网页排版布局方面的综合运用。

01 打开Dreamweaver CC，新建一空白文档，如图5-20所示。

```
<!doctype html>
<head>
<meta charset="utf-8">
<title></title>
<style type="text/css">
body {
    margin-left: 0px;
    margin-top: 0px;
    margin-right: 0px;
    margin-bottom: 0px;
    background-color: #F7F1E1;
}
body,td,th {
    font-family: "宋体";
    font-size: 12px;
```

```
    color: #000;
}
</style>
</head>
<body>
</body>
</html>
```

图5-20　新建文档

02 打开代码视图，将光标置于相应的位置，输入如下代码，插入3行1列的表格。此表格记为表格1，如图5-21所示。

图5-21　插入表格1

```
<table width="1007" border="0" cellspacing="0" cellpadding="0">
  <tr>
    <td> </td>
  </tr>
  <tr>
```

```
    <td> </td>
  </tr>
  <tr>
    <td> </td>
  </tr>
</table>
```

03 在表格1的第1行单元格中输入以下代码，如图5-22所示。

图5-22 输入内容

```
<table width="1007" border="0" cellspacing="0" cellpadding="0">
  <tr>
    <td><img src="images/top.jpg" width="1007" height="324"  alt=""/></td>
  </tr>
  <tr>
    <td> </td>
  </tr>
  <tr>
    <td> </td>
  </tr>
</table>
```

04 将光标置于表格1的第2行单元格中，输入以下代码，插入1行2列的表格，此表格记为表格2，如图5-23所示。

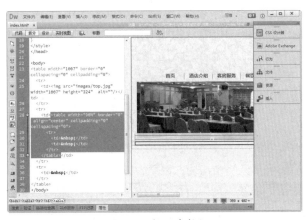

图5-23 插入表格2

```
<table width="98%" border="0" align="center" cellpadding="0" cellspacing="0">
    <tr>
        <td> </td>
        <td> </td>
    </tr>
</table>
```

05 将光标置于表格2的第1列单元格中，输入相应的内容，如图2-24所示。

```
<table width="100%" border="0" cellspacing="0" cellpadding="0">
    <tr>
        <td><img src="images/rmxw.jpg" width="255" height="59"></td>
    </tr>
    <tr>
        <td><table width="100%" border="0" cellspacing="0" cellpadding="0">
            <tr>
                <td><p>    水邑酒店竭诚为您服务!</p>
                    <p>    三八节家庭好"煮"意，"爱心"好礼馈</p>
                    <p>    "三八特惠周" 邀您尊享"女人380"</p>
                    <p>    水邑酒店大堂吧新装亮相</p>
                    <p>    抢房啦！248元水邑特惠客房限时开抢</p>
                    <p>    水邑酒店"圣诞靓影"评比结果新鲜出炉</p></td>
            </tr>
        </table></td>
    </tr>
</table>
```

图5-24　输入内容

06 将光标置于表格2的第2列单元格中，输入以下相应的内容，如图5-25所示。

```
<table width="100%" border="0" cellspacing="0" cellpadding="0">
……
</table>
```

07 将光标置于表格1的第3行单元格中，输入以下代码内容，如图5-26所示。

```
<td><img src="images/dibu.jpg" width="978" height="100"  alt=""/></td>
```

08 保存文档，按<F12>键在浏览器中预览，效果如图5-27所示。

图5-25　输入内容

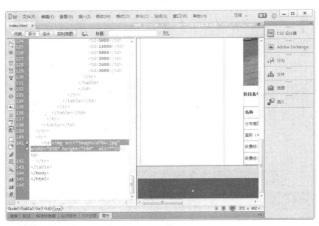

图5-26　输入内容

图5-27　利用表格排版网页效果

5.4 课后练习

一、填空题

（1）表格由_____、_____和_____ 3部分组成，一般通过3个标记来创建，分别是表格标记_____、_____、_____。

（2）_____标签可以为表格提供一个简短的说明，和图像的说明比较类似。默认情况下，大部分可视化浏览器显示表格标题在表格的上方中央。

（3）为了在源代码中清楚地区分表格结构，HTML语言中规定了_____、_____和_____ 3个标记，分别对应于表格的表头、表主体和表尾。

二、选择题

（1）为了美化表格，能为表格设定不同的边框颜色。默认情况下边框的颜色是灰色的，可以使用_____设置边框颜色。

A. bordercolor　　　　　　B. border　　　　　　　　C. background

（2）表首样式的开始标记是_____，结束标记是_____。它们用于定义表格最上端表首的样式，可以设置背景颜色、文字对齐方式、文字的垂直对齐方式等。

A. <tbody> </tbody>　　　B. <thead>、</thead>　　　C. <tfoot></tfoot>

三、操作题

创建利用表格排版网页效果如图5-28所示。

图5-28　利用表格排版网页效果

5.5 本课小结

表格是网页设计制作时不可缺少的重要元素。无论用于排列数据还是在页面上对文本进行排版，表格都表现出了强大的功能。本课主要介绍创建并设置表格属性、表格的结构标记和使用表格排版网页的使用。通过对本课的学习，使读者能够合理地利用表格来排列数据，从而设计出版式漂亮的网页，有助于协调页面结构的均衡。

第6课
创建交换式表单

本课导读

　　表单的用途很多，在制作网页时，特别是制作动态网页时常常会用到，表单的作用就是收集用户的信息，将其提交到服务器，从而实现与客户的交互，它是HTML页面与浏览器端实现交互的重要手段。

技术要点

★ 表单元素
★ 表单的控件
★ 综合实战——用户注册表单页面实例

实例展示

表单网页

6.1 表单元素＜form＞

在网页中＜form＞＜/form＞标记对用来创建一个表单，即定义表单的开始和结束位置，在标记对之间的一切都属于表单的内容。在表单的＜form＞标记中，可以设置表单的基本属性，包括表单的名称、处理程序和传送方法等。一般情况下，表单的处理程序action和传送方法method是必不可少的参数。

6.1.1　课堂小实例——动作属性（action）

action用于指定表单数据提交到哪个地址进行处理。

基本语法：

```
<form action="表单的处理程序">
……
</form>
```

语法说明：

表单的处理程序是表单要提交的地址，也就是表单中收集到的资料将要传递的程序地址。这一地址可以是绝对地址，也可以是相对地址，还可以是一些其他形式的地址。

实例代码：

```
<!doctype html>
<html>
<meta charset="utf-8">
<head>
<title>程序提交</title>
</head>
<body>
欢迎您预定本店的房间，您填写的预订表将被发送到酒店客房预订处，我们会在最短的时间内给您回复。
<form action="mailto:jiudian@.com">
</form>
</body>
</html>
```

在代码中加粗部分的标记action是程序提交标记，这里将表单提交到电子邮件。

6.1.2　课堂小实例——发送数据方式属性（method）

表单的method属性用于指定在数据提交到服务器的时候使用哪种HTTP提交方法，可取值为get或post。

基本语法：

```
<form method="传送方法">
……
</form>
```

语法说明：

传送方法的值只有两种，即get和post。

get：表单数据被传送到action属性指定的URL，然后这个新URL被送到处理程序上。

post：表单数据被包含在表单主体中，然后被送到处理程序上。

实例代码：

```
<!doctype html>
<html>
<meta charset="utf-8">
<head>
<title>传送方法</title>
</head>
<body>
欢迎您预定本店的房间，您填写的预订表将被发送到酒店客房预订处，我们会在最短的时间内给您回复。
<form action="mailto:jiudian@.com" method="post" name="form1">
</form>
</body>
</html>
```

在代码中加粗部分的代码标记"method="post""是传送方法。

6.1.3 课堂小实例——名称属性（name）

name用于给表单命名，这一属性不是表单的必要属性，但是为了防止表单提交到后台处理程序时出现混乱，一般需要给表单命名。

基本语法：

```
<form name="表单名称">
……
</form>
```

语法说明：

表单名称中不能包含特殊字符和空格。

实例代码：

```
<!doctype html>
<html>
<meta charset="utf-8">
<head>
<title>表单名称</title>
</head>
<body>
欢迎您预定本店的房间，您填写的预订表将被发送到酒店客房预订处，我们会在最短的时间内给您回复。
<form action="mailto:jiudian@.com" name="form1">
</form>
</body>
</html>
```

在代码中加粗部分的标记"name="form1""是表单名称标记。

6.2 表单的控件<input>

在网页中插入的表单对象包括文本字段、复选框、单选按钮、提交按钮、重置按钮和图像域等。在HTML表单中，input标记是最常用的表单标记，包括常见的文本字段和按钮都采用这个标记。

基本语法：

```
<form>
<input type="表单对象" name="表单对象的名称">
</form>
```

在该语法中，name是为了便于程序对不同表单对象的区分，type则是确定了这一个表单对象的类型。type所包含的属性值如表6-1所示。

表6-1　type所包含的属性值

属 性 值	说　　明
text	文本字段
password	密码域
radio	单选按钮
checkbox	复选框
button	普通按钮
submit	提交按钮
reset	重置按钮
image	图像域
hidden	隐藏域
file	文件域

6.2.1　课堂小实例——文本域text

text标记用来设置表单中的单行文本框，在其中可输入任何类型的文本、数字或字母，输入的内容以单行显示。

基本语法：

```
<input name="文本字段的名称" type="text" value="文字字段的默认取值" size="文本字段的长度"
 maxlength="最多字符数"/>
```

语法说明：

在该语法中包含了很多参数，它们的含义和取值方法不同，如表6-2所示。

表6-2　文本字段text的参数值

属 性 值	说　　明
name	文字字段的名称，用于和页面中其他控件加以区别。名称由英文或数字及下划线组成，但有大小写之分
type	指定插入哪种表单对象，如type = "text"，即为文字字段
value	设置文本框的默认值
size	确定文本字段在页面中显示的长度，以字符为单位
maxlength	设置文本字段中最多可以输入的字符数

实例代码：

```
<tr>
<td width="134">
<span class="style4">联系人：</span>
</td>
<td width="296">
```

```
<input name="textfield" type="text"  size="25" maxlength="20">
</td>
</tr>
```

在代码中加粗的"<input name="textfield" type="text" size="25" maxlength="20">"标记将文本域的名称设置为textfield，长度设置为25，最多字符数设置为20，在浏览器中浏览效果，如图6-1所示。

图6-1　设置文字字段

6.2.2　课堂小实例——密码区域password

在表单中还有一种文本字段的形式——密码域，输入到其中的文字均以星号"*"或圆点"●"显示。

基本语法：

```
<input name="密码域的名称" type="password" value="密码域的默认取值" ize="密码域的长度"
 maxlength="最多字符数"/>
```

语法说明：

在该语法中包含了很多参数，它们的含义和取值方法不同，如表6-3所示。

表6-3　密码域password的参数值

属 性 值	说　　明
name	密码域的名称，用于和页面中其他控件加以区别。名称由英文或数字及下划线组成，但有大小写之分
type	指定插入哪种表单对象
value	用来定义密码域的默认值，以"*"或"●"显示
size	确定密码域在页面中显示的长度，以字符为单位
maxlength	设置密码域中最多可以输入的文字数

实例代码：

```
<td>
<input name="password" type="password"  size="18"
maxlength="20" id="password">
</td>
```

在代码中加粗的"<input name="password" type="password" size="18" maxlength="20">"标记将密码域的名称设置为password，长度设置为18，最多字符数设置为20，在浏览器中浏览效果，如图6-2所示，当在密码域中输入内容时，将以"●"显示。

图6-2　设置密码域

6.2.3　课堂小实例——提交按钮submit

提交按钮是一种特殊的按钮，单击该类按钮，可以实现表单内容的提交。

基本语法：

```
<input type="submit" name="按钮的名称" value="按钮的取值" />
```

语法说明：

在该语法中，value同样用来设置显示在按钮上的文字。type="submit"表示提交按钮。

实例代码：

```
<td><input type="submit" name="button" value="提交"></td>
```

在代码中加粗的"<input type="submit" name="button" value="提交">"标记将按钮的名称设置为button，取值设置为"提交"，在浏览器中浏览效果，如图6-3所示。

图6-3　设置提交按钮

6.2.4　课堂小实例——复位按钮reset

重置按钮可以清除用户在页面中输入的信息，将其恢复成默认的表单内容。

基本语法：

```
<input type="reset" name="按钮的名称" value="按钮的取值" />
```

语法说明：

在该语法中，value同样用来设置显示在按钮上的文字。type="reset"表示复位按钮。

实例代码：

```
<tr>
<td> </td>
<td><input type="submit" name="button" value="提交">
```

```
<input type="reset" name="button2" value="重置"></td>
</tr>
```

在代码中加粗的"<input type="reset" name="button2" value="重置">"标记将按钮的类型设置为reset，取值设置为"重置"，在浏览器中浏览效果，如图6-4所示。

图6-4 设置重置按钮

6.2.5 课堂小实例——图像按钮image

图像域是指可以用在提交按钮位置的图像，使得这幅图像具有按钮的功能。一般来说，使用默认的按钮形式往往会让人觉得单调，若网页使用了较为丰富的色彩，或者稍微复杂的设计，再使用表单默认的按钮形式甚至会破坏整体的美感。这时，可以使用图像域，从而创建和网页整体效果一致的图像提交按钮。

基本语法：

```
<input name="图像域的名称" type="image" src="图像域的地址" />
```

语法说明：

在语法中，图像的路径可以是绝对的，也可以是相对的。

实例代码：

```
<tr>
<td> </td>
<td><input type="submit" name="button" value="提交">
<input type="reset" name="button2" value="重置">
<input type="image" name="imageField" src="images/no.jpg"></td>
</tr>
```

在代码中加粗的"<input type=image src="images/no.jpg" name=imageField>"标记将图像域的名称设置为Image，地址设置为images/no.jpg，在浏览器中浏览效果，如图6-5所示。

图6-5 设置图像域

6.2.6 课堂小实例——单击按钮button

表单中的按钮起着至关重要的作用，它可以激发提交表单的动作，也可以在用户需要修改表单的时候，将表单恢复到初始的状态，还可以依照程序的需要，发挥其他作用。普通按钮主要是配合JavaScirpt脚本来进行表单处理的。

基本语法：

```
<input type="submit" name="按钮的名称" value="按钮的取值" onclick="处理程序"/>
```

语法说明：

在该语法中，value的取值就是显示在按钮上的文字，在按钮中可以添加onclick来实现一些特殊的功能，onclick是设置当鼠标按下按钮时所进行的处理。

实例代码：

```
<tr>
<td> </td>
<td><input type="submit" name="button" value="提交">
  <input type="reset" name="button2" value="重置">
<input type="submit" name="button" value="关闭窗口"onclick="window.close()"></td>
</tr>
```

在代码中，加粗的"<input type="submit" name="button" value="关闭窗口"onclick="window.close()">"标记将按钮的取值设置为"关闭窗口"，处理程序设置为"window.close()"，在浏览器中浏览效果，如图6-6所示，当单击"关闭窗口"按钮时弹出一个关闭窗口提示框。

图6-6 设置普通按钮

6.2.7 课堂小实例——复选框checkbox

浏览者在填写表单时，有一些内容可以通过做出选择的形式来实现。例如常见的网上调查，表现形式为首先提出调查的问题，然后让浏览者在若干个选项中做出选择。复选框能够实现项目的多项选择功能，以一个方框表示。

基本语法：

```
<input name="复选框的名称" type="checkbox" value="复选框的取值" checked/>
```

语法说明：

在该语法中，checked表示复选框在默认情况下已经被选中，一个选项中可以有多个复选框被选中。

实例代码：

```
<tr class="systr">
        <td align="right">订购规格：</td>
```

```
    <td><input type="checkbox" name="checkbox" value="1">
    规格: 420g/瓶
    <input type="checkbox" name="checkbox2" value="2">
    规格: 250g/瓶
    <input type="checkbox" name="checkbox3" value="3">
    规格: 320g/瓶
    <input type="checkbox" name="checkbox4"value="4">
    规格: 500g/瓶</td>
</tr>
```

在代码中加粗的"<input name="checkbox" type="checkbox" value="1" checked>"标记将复选框的名称设置为checkbox，取值设置为1，并设置为已勾选，"<input name="checkbox2" type="checkbox" value="2">"标记将复选框的名称设置为checkbox2，取值设置为2，"<input name="checkbox3" type="checkbox" value="3">"标记将复选框的名称设置为checkbox3，取值设置为3，"<input name="checkbox4" type="checkbox" value="4">"标记将复选框的名称设置为

checkbox4，取值设置为4，在浏览器中浏览效果，如图6-7所示。

图6-7 设置复选框

6.2.8 课堂小实例——单选按钮radio

在网页中，单选按钮用来让浏览者进行单一选择，在页面中以圆框显示。

基本语法：

```
<input name="单选按钮的名称" type="radio" value="单选按钮的取值" checked/>
```

语法说明：

在该语法中，value用于用户选中单选按钮后，传送到处理程序中的值，checked表示这一单选按钮被选中，而在一个单选按钮组中只有一个单选按钮可以设置为checked。

实例代码：

```
<tr> <td class="style4">性别: </td>
 <td>
<input type="radio" name="radio" value="龙眼蜂蜜" checked>
<span class="style4">龙眼蜂蜜
<input type="radio" name="radio" value="雪脂莲蜂蜜">雪脂莲蜂蜜</span>
</td>
</tr>
```

在代码中加粗的"<input name="radio" type="radio" value="龙眼蜂蜜" checked>"标记

将单选按钮的名称设置为radio，取值设置为"龙眼蜂蜜"，并设置为已勾选，"<input type="radio" name="radio" value="雪脂莲蜂蜜">"标记将单选按钮的名称设置为radio，取值设置为"雪脂莲蜂蜜"，在浏览器中浏览效果，如图6-8所示。

图6-8　设置单选按钮

6.2.9　课堂小实例——隐藏区域hidden

隐藏域在页面中对于用户来说是看不见的，在表单中插入隐藏域的目的在于收集和发送信息，以便于被处理表单的程序所使用。发送表单时，隐藏域的信息也被一起发送到服务器。

基本语法：

```
<input name="隐藏域的名称" type="hidden" value="隐藏域的取值" />
```

语法说明：

通过将type属性设置为hidden，可以根据需要在表单中使用任意多的隐藏域。

实例代码：

```
<tr>
 <td class="style4">密码：</td>
 <td><input name="password" type="password" size="18" maxlength="20" id="password">
   <input type="hidden" name="hiddenField" value="1">
 </td>
</tr>
```

在代码中加粗的"<input name="hiddenField" type="hidden" value="1">"标记将隐藏域的名称设置为hiddenField，取值设置为1，在浏览器中浏览效果，如图6-9所示。

图6-9　设置隐藏域

6.3 综合实战——用户注册表单页面实例

本课前面所讲解的只是表单的基本构成标记，而表单的<form>标记只有和它所包含的具体控件相结合才能真正实现表单收集信息的功能。下面就以一个完整的表单提交网页案例，对表单中各种功能的控件的添加方法加以说明，具体操作步骤如下。

01 使用Dreamweaver CC打开网页文档，如图6-10所示。

图6-10 打开网页文档

02 打开拆分视图，在<body>和</body>之间相应的位置输入代码<form></form>，插入表单，如图6-11所示。

图6-11 输入代码

03 打开拆分视图，在代码中输入代码"<form action=" mailto:gw163@.com" ></form>"，将表单中收集到的内容以电子邮件的形式发送出去，如图6-12所示。

图6-12 输入代码

04 打开拆分视图，在代码中输入代码，在 `<form>` 标记中输入 "method="post" id="form1"" 代码，将表单的传送方式设置为 post，名称设置为 form1，此时的代码如下所示，如图6-13所示。

图6-13　输入代码

```
<form action=" mailto:gw163@.com" " method="post" id="form1"></form>
```

05 在 `<form>` 和 `</form>` 标记之间输入代码 "`<table>......</table>`"，插入6行2列的表格，将表格宽度设置为85%，填充设置为5，如图6-14所示。

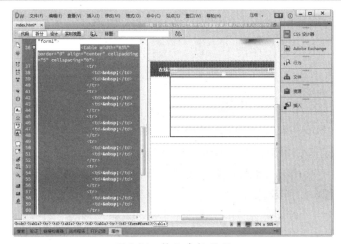

图6-14　输入表格代码

06 打开拆分视图，将光标置于表格的第1行第1列单元格中，在 `<form>` 和 `</form>` 之间相应的位置输入代码 "`<td >姓名：</td>`"，如图6-15所示。

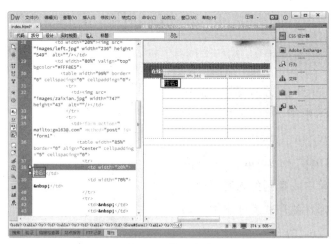

图6-15　输入文字

07 打开拆分视图，将光标置于表格的第1行第2列单元格中，输入文本域代码"<input name="textfield" type="text" id="textfield" size="30" maxlength="25">"，插入文本域，如图6-16所示。

图6-16　输入文本域代码

08 同样在表格的其他相应的单元格中，第1列单元格中输入相应的文字，在第2列单元格中插入文本域代码，如图6-17所示。

图6-17　输入其他的文本域代码

```
<td>联系电话：</td>
<td><input name="textfield2" type="text" id="textfield2" size="20" maxlength="25"></td>
 <tr>
<td>Email: </td>
<td>
<input name="textfield3" type="text" id="textfield3" size="40" maxlength="25">
</td>
```

09 打开拆分视图，将光标置于表格的第4行第1列单元格中，输入文字"<td>性别：</td>"，在第2列单元格中输入单选按钮代码，如图6-18所示。

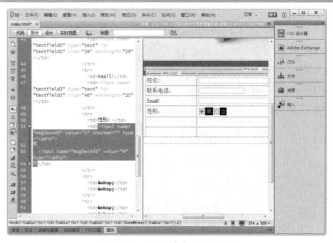

图6-18　输入单选按钮代码

```
<input name="msgSex445" value="1" checked="" type="radio">男
<input name="msgSex445" value="0" type="radio">女
```

10 打开拆分视图，将光标置
于表格的第5行第1列单
元格中，输入文字"婚
姻状况："，在第2列单
元格中输入列表/菜单代
码，如图6-19所示。

图6-19　输入文本区域

```
<td>留言内容: </td>
<td><textarea name="textarea" cols="45" rows="5" id="textarea"></textarea>
</td>
```

11 打开拆分视图，将光标
置于表格的第6行单元格
中，输入按钮代码，如
图6-20所示。

图6-20　插入按钮域代码

```
<td><input type="submit" name="submit" id="submit" value="提交">
<input type="reset" name="reset" id="reset" value="重置"></td>
```

12 保存文档，按<F12>键预览表单效果，如图6-21所示。

图6-21　表单效果

6.4 课后练习

一、填空题

（1）在网页中_____、_____标记对用来创建一个表单，即定义表单的开始和结束位置，在标记对之间的一切都属于表单的内容。

（2）表单的_____属性用于指定在数据提交到服务器的时候使用哪种HTTP提交方法传送方法的值只有两种即_____和_____。

（3）_____标记用来设置表单中的单行文本框，在其中可输入任何类型的文本、数字或字母，输入的内容以单行显示。

二、选择题

（1）表单中的_____起着至关重要的作用，它可以激发提交表单的动作，也可以在用户需要修改表单的时候，将表单恢复到初始的状态，还可以依照程序的需要，发挥其他的作用。普通按钮主要是配合JavaScirpt脚本来进行表单处理的。

A. 按钮　　　　　　B. 文本区域　　　　　　C. 密码域

（2）在网页中，_____用来让浏览者进行单一选择，在页面中以圆框显示。

A. 隐藏域　　　　　B. 复选框　　　　　　　C. 单选按钮

三、操作题

创建利用表格排版网页效果，如图6-22所示。

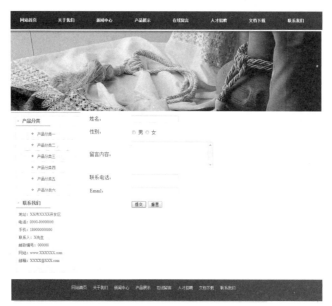

图6-22 表单网页效果

6.5 本课小结

本课主要讲述了表单元素和表单控件。通过对本课的学习，使读者能够更深刻地了解到它在实际中的应用，表单是浏览者与网站之间实现交互的工具，几乎所有的网站都离不开表单。表单可以把用户信息提交给服务器，服务器根据表单处理程序再将这些数据进行处理，并反馈给用户，从而实现用户与网站之间的交互。

第7课
HTML 5的新特性

本课导读

　　HTML 5是一种网络标准，相比现有的HTML 4.01 和XHTML 1.0，可以实现更强的页面表现性能，同时充分调用本地的资源，实现不输于App的功能效果。HTML 5带给了浏览者更好的视觉冲击，同时让网站程序员更好地与HTML语言"沟通"。虽然现在HTML 5还没有完善，但是对于以后的网站建设会起到更好的作用。

技术要点
- ★ 认识HTML 5
- ★ 掌握HTML 5的新特性
- ★ 掌握HTML 5与HTML 4的区别
- ★ 掌握HTML 5新增的元素和废除的元素
- ★ 熟悉新增的属性和废除的属性

7.1 认识HTM 5

HTML 5的发展越来越迈向成熟，很多的应用已经逐渐出现在日常生活中了，不只让传统网站上的互动Flash逐渐被HTML 5的技术取代，更重要的是可以通过HTML 5的技术来开发跨平台的手机软件，让许多开发者感到十分兴奋。

HTML最早是作为显示文档的手段出现的。再加上JavaScript，它其实已经演变成了一个系统，可以开发搜索引擎、在线地图、邮件阅读器等各种Web应用。虽然设计巧妙的Web应用可以实现很多令人赞叹的功能，但开发这样的应用远非易事。多数都得手动编写大量JavaScript代码，还要用到JavaScript工具包，乃至在Web服务器上运行的服务器端Web应用。要让所有这些方面在不同的浏览器中都能紧密配合不出差错是一个挑战。由于各大浏览器厂商的内核标准不一样，使得Web前端开发者通常在兼容性问题而引起的bug上要浪费很多的精力。

HTML 5是2010年正式推出来的，随便就引起了世界上各大浏览器开发商的极大热情，不管是Fire Fox、chrome、IE9等。那HTML 5为什么会如此受欢迎呢？

在新的HTML 5语法规则当中，部分JavaScript代码将被HTML 5的新属性所替代，部分DIV的布局代码也将被HTML 5变为更加语义化的结构标签，这使得网站前段的代码变得更加精炼、简洁和清晰，让代码的开发者也更加一目了然代码所要表达的意思。

HTML 5是一种设计来组织Web内容的语言，其目的是通过创建一种标准和直观的标记语言，来让Web设计和开发变得容易起来。HTML 5提供了各种切割和划分页面的手段，允许你创建的切割组件不仅能用来逻辑地组织站点，而且能够赋予网站聚合的能力。这是HTML 5富于表现力的语义和实用性美学的基础，HTML 5赋予设计者和开发者各种层面的能力来向外发布各式各样的内容，从简单的文本内容到丰富的、交互式的多媒体无不包括在内。如图7-1所示，HTML 5技术用来实现动画特效。

图7-1　HTML 5技术用来实现动画特效

HTML 5提供了高效的数据管理、绘制、视频和音频工具，其促进了Web上和便携式设备的跨浏览器应用的开发。HTML 5有更大的灵活性，支持开发非常精彩的交互式网站。它还引入了新的标签和增强性的功能，其中包括一个优雅的结构、表单的控制、API、多媒体、数据库支持和显著提升的处理速度等。图7-2所示为HTML 5制作的游戏。

图7-2　HTML 5制作的游戏

　　HTML 5中的新标签都是高度关联的，标签封装了它们的作用和用法。HTML的过去版本更多的是使用非描述性的标签。然而，HTML 5拥有高度描述性的、直观的标签，其提供了丰富的能够立刻让人识别出内容的内容标签。例如，被频繁使用的<div>标签已经有了两个增补进来的<section>和<article>标签。<video>、<audio>、<canvas>和<figure>标签的增加也提供了对特定类型内容更加精确的描述。图7-3所示为由HTML 5、CSS 3和JS代码所编写的美观的网站后台界面。

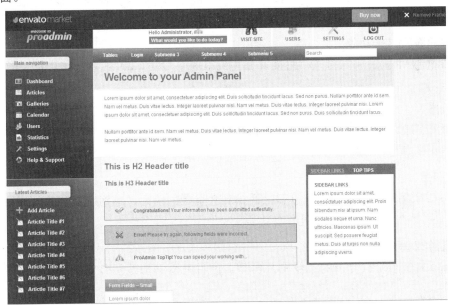

图7-3　由HTML 5、CSS 3和JS编写的网站后台界面

　　HTML 5取消了HTML 4.01的一部分被CSS取代的标记，提供了新的元素和属性。部分元素对于搜索引擎能够更好地索引整理，对于小屏幕的设置和视障人士有更好的帮助。HTML 5还采用了最新的表单的输入对象，还引入了微数据，这一使用机器可以识别的标签标注内容的方法，使语义Web的处理更为简单。

7.2 HTML 5的新特性

HTML 5是一种设计来组织Web内容的语言，其目的是通过创建一种标准和直观的UI标记语言，来把Web设计和开发变得容易起来。HTML 5提供了一些新的元素和属性，例如<nav>和<footer>。除此之外，还有如下一些特点。

1. 取消了一些过时的HTML4标签

HTML 5取消了一些纯粹显示效果的标签，如<font>和<center>，它们已经被CSS取代。HTML 5吸取了XHTML2一些建议，包括一些用来改善文档结构的功能，如新的HTML标签header、footer、dialog、aside、figure等的使用，将使内容创作者更加容易地创建文档。

2. 将内容和展示分离

b和i标签依然保留，但它们的意义已经与之前有所不同，这些标签的意义只是为了将一段文字标识出来，而不是为了设置粗体或斜体式样。u、font、center、strike这些标签则被完全去掉了。

3. 一些全新的表单输入对象

HTML 5增加了日期、URL、Email地址等表单输入对象，还增加了对非拉丁字符的支持。HTML 5还引入了微数据，这一使用机器可以识别的标签标注内容的方法，使语义Web的处理更为简单。总的来说，这些与结构有关的改进使内容创建者可以创建更干净、更容易管理的网页。

4. 更全新、合理的标签

多媒体对象将不再全部绑定在object或embed 标签中，而是视频有视频的标签，音频有音频的标签。

5. 支持音频的播放/录音功能

目前在播放/录制音频的时候，可能需要用到Flash、Quicktime或者Java，而这也是HTML 5的功能之一。

6. 本地数据库

这个功能将内嵌一个本地的SQL数据库，以加速交互式搜索、缓存以及索引功能。同时，那些离线Web程序也将因此获益匪浅，不需要插件的富动画。

7. Canvas对象

Canvas对象将给浏览器带来直接在上面绘制矢量图的能力，这意味着用户可以脱离Flash和Silverlight，直接在浏览器中显示图形或动画。

8. 支持丰富的2D图片

HTML 5内嵌了所有复杂的二维图片类型。同目前网站加载图片的方式相比，它的运行速度要快得多。

9. 支持即时通信功能

在HTML 5中内置了基于Web sockets的即时通信功能，一旦两个用户之间启动了这个功能，就可以保持顺畅的交流。

目前，主流的网页浏览器Firefox 5、Chrome 12和Safari 5都支持许多的HTML 5标准，而且目前最新版的IE 9也支持许多HTML 5标准。

7.3 HTML 5与HTML 4的区别

　　　　HTML 5是最新的HTML标准，HTML 5语言更加精简，解析的规则更加详细。在针对不同的浏览器，即使语法错误也可以显示出同样的效果。下面列出的就是HTML 4和HTML 5之间主要的不同之处。

7.3.1　HTML 5的语法变化

　　HTML的语法是在SGML语言的基础上建立起来的。但是SGML语法非常复杂，要开发能够解析SGML语法的程序也很不容易，所以很多浏览器都不包含SGML的分析器。因此，虽然HTML基本遵从SGML的语法，但是对于HTML的执行，在各浏览器之间并没有一个统一的标准。

　　在这种情况下，各浏览器之间的互兼容性和互操作性在很大程度上取决于网站或网络应用程序的开发者们在开发上所做的共同努力，而浏览器本身始终是存在缺陷的。

　　在HTML 5中提高Web浏览器之间的兼容性是它的一个很大的目标，为了确保兼容性，就要有一个统一的标准。因此，在HTML 5中，就围绕着这个Web标准，重新定义了一套在现有的HTML的基础上修改而来的语法，使它运行在各浏览器时，各浏览器都能够符合这个通用标准。

　　因为关于HTML 5语法解析的算法也都提供了详细的记载，所以各Web浏览器的供应商们可以把HTML 5分析器集中封装在自己的浏览器中。最新的Firefox（默认为4.0以后的版本）与WebKit浏览器引擎中都迅速地封装了供HTML 5使用的分析器。

7.3.2　HTML 5中的标记方法

　　下面我们来看看在HTML 5中的标记方法。

1. 内容类型（ContentType）

　　HTML 5的文件扩展符与内容类型保持不变。也就是说，扩展符仍然为".HTML"或".htm"，内容类型（ContentType）仍然为"text/HTML"。

2. DOCTYPE声明

　　DOCTYPE声明是HTML文件中必不可少的，它位于文件第一行。在HTML 4中，它的声明方法如下：

```
<!DOCTYPE HTML PUBLIC "-//W3C//DTD XHTML 1.0 Transitional//EN"
"http://www.w3.org/TR/xHTML1/DTD/xHTML1-transitional.dtd">
```

　　DOCTYPE声明是HTML 5里众多新特征之一。现在你只需要写<!DOCTYPE HTML>，这就行了。HTML 5中的DOCTYPE声明方法（不区分大小写）如下：

```
<!DOCTYPE HTML>
```

3. 指定字符编码

　　在HTML 4中，使用meta元素的形式指定文件中的字符编码，如下所示：

```
<meta http-equiv="Content-Type" content="text/HTML;charset=UTF-8">
```

　　在HTML中，可以使用对元素直接追加charset属性的方式来指定字符编码，如下所示：

```
<meta charset="UTF-8">
```

　　在HTML 5中这两种方法都可以使用，但是不能同时混合使用两种方式。

7.3.3　HTML 5语法中的3个要点

HTML 5中规定的语法，在设计上兼顾了与现有HTML之间最大限度的兼容性。下面就来看看具体的HTML 5语法。

1. 可以省略标签的元素

在HTML 5中，有些元素可以省略标签，具体来讲有以下3种情况。

（1）必须写明结束标签

area、base、br、col、command、embed、hr、img、input、keygen、link、meta、param、source、track、wbr。

（2）可以省略结束标签

li、dt、dd、p、rt、rp、optgroup、option、colgroup、thead、tbody、tfoot、tr、td、th。

（3）可以省略整个标签

HTML、head、body、colgroup、tbody。

需要注意的是，虽然这些元素可以省略，但实际上却是隐形存在的。

例如："<body>"标签可以省略，但在DOM树上它是存在的，可以永恒访问到"document.body"。

2. 取得boolean值的属性

取得布尔值（Boolean）的属性，例如disabled和readonly等，通过默认属性的值来表达"值为true"。

此外，在写明属性值来表达"值为true"时，可以将属性值设为属性名称本身，也可以将值设为空字符串。

<!--以下的checked属性值皆为true-->

```
<input type="checkbox" checked>
<input type="checkbox" checked="checked">
<input type="checkbox" checked="">
```

3. 省略属性的引用符

在HTML 4中设置属性值时，可以使用双引号或单引号来引用。

在HTML 5中，只要属性值不包含空格、"<"、">"、"'"、"""、"`"、"="等字符，都可以省略属性的引用符。

实例如下：

```
<input type="text">
<input type='text'>
<input type=text>
```

7.3.4　HTML 5与HTML 4在搜索引擎优化的对比

随着HTML 5的到来，传统的<div id="header">和<div id="footer">无处不在的代码方法现在即将变成自己的标签，如<Header>和<footer>。

图7-4所示为传统的DIV+CSS写法，图7-5所示为HTML 5的写法。

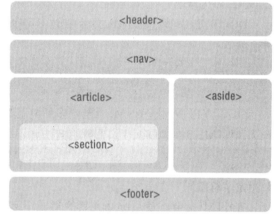

图7-5　HTML 5的写法

从图7-4和图7-5可以看出，HTML 5的代码可读性更高了，也更简洁了，内容的组织相同，但每个元素有一个明确清晰的定义，搜索引擎也可以更容易地抓取网页上的内容。HTML 5标准对于SEO有什么优势呢？

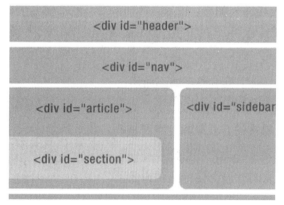

图7-4　传统的DIV+CSS写法

1. 使搜索引擎更加容易抓取和索引

对于一些网站，特别是那些严重依赖于Flash的网站，HTML 5是一个大福音。如果整个网站都是Flash的，就一定会看到转换成HTML 5的好处。首先，搜索引擎的蜘蛛将能够抓取站点内容。所有嵌入到动画中的内容将全部可以被搜索引擎读取。

2. 提供更多的功能

使用HTML 5的另一个好处就是它可以增加更多的功能。对于HTML 5的功能性问题，我们从全球几个主流站点对它的青睐就可以看出。社交网络大亨Facebook已经推出他们期待已久的基于HTML 5的iPad应用平台，每天都不断地有基于HTML 5的网站和HTML 5特性的网站被推出，以保持站点处于新技术的前沿，也可以很好地提高用户的友好体验。

3. 可用性的提高，提高用户的友好体验

最后我们从可用性的角度上看，HTML 5可以更好地促进用户与网站间的互动。多媒体网站可以获得更多的改进，特别是在移动平台上的应用，使用HTML 5可以提供更多高质量的视频和音频流。

7.4 HTML 5新增的元素和废除的元素

本节将详细介绍HTML 5中新增和废除了哪些元素。

▌7.4.1 课堂小实例——新增的结构元素

由于HTML 4缺少结构，即使是形式良好的HTML页面也比较难以处理。必须分析标题的级别，才能看出各个部分的划分方式。边栏、页脚、页眉、导航条、主内容区和各篇文章都由通用的DIV元素来表示。HTML 5添加了一些新元素，专门用来标识这些常见的结构，不再需要为DIV的命名费尽心思，对于手机、阅读器等设备更有语义的好处。

HTML 5增加了新的结构元素来表达这些最常用的结构，如下所述。

★ section：可以表达书本的一部分或一章，或者一章内的一节。

★ header：页面主体上的头部，并非head元素。

★ footer：页面的底部（页脚），可以是一封邮件签名的所在。

★ nav：到其他页面的链接集合。

★ article：blog、杂志、文章汇编等中的一篇文章。

1. section元素

section元素表示页面中的一个内容区块，比如章节、页眉、页脚或页面中的其他部分。它可以与h1、h2、h3、h4、h5、h6等元素结合起来使用，标示文档结构。

HTML 5中代码示例：

```
<section>...</section>
```

2. header元素

header元素表示页面中一个内容区块或整个页面的标题。

HTML 5中代码示例：

```
<header>...</header>
```

3. footer元素

footer元素表示整个页面或页面中一个内容区块的脚注。一般来说，它会包含创作者的姓名、创作日期及创作者联系信息。

HTML 5中代码示例：

```
<footer></footer>
```

4. nav元素

nav元素表示页面中导航链接的部分。

HTML 5中代码示例：

```
<nav></nav>
```

5. article元素

article元素表示页面中的一块与上下文不相关的独立内容，如博客中的一篇文章或报纸中的一篇文章。

HTML 5中代码示例：

```
<article>...</article>
```

下面是一个网站的页面，用HTML 5编写代码如下所示。

实例代码：

```
<<!DOCTYPE HTML>
<HTML>
<head>
<title>HTML5新增结构元素</title>
</head>
<body>
<header>
<h1>新时代科技公司</h1></header>
<section>
<article>
<h2><a href=" " >标题1</a></h2>
<p>内容1...（省略字）</p></article>
<article>
<h2><a href=" " >标题2</a></h2>
<p>内容2在此...（省略字）</p>
</article>
</section>
<footer>
<nav>
<ul>
<li><a href=" " >导航1</a></li>
```

```
<li><a href=" " >导航2</a></li>
 ...</ul>
</nav>
<p>© 2013新时代科技公司</p>
</footer>
</body>
</HTML>
```

运行代码，在浏览器中浏览效果，如图7-6所示。这些新元素的引入，将不再使得布局中都是div，而是通过标签元素就可以识别出来每个部分的内容定位。这种改变对于搜索引擎而言，将带来内容准确度的极大飞跃。

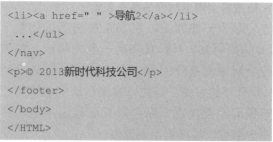

图7-6　HTML5新增结构元素实例

7.4.2　课堂小实例——新增的块级的语义元素

HTML 5还增加了一些纯语义性的块级元素：aside、figure、figcaption、dialog。

★　aside：定义页面内容之外的内容，比如侧边栏。

★　figure：定义媒介内容的分组，以及它们的标题。

★　figcaption：媒介内容的标题说明。

★　dialog：定义对话（会话）。

aside可以用以表达注记、侧栏、摘要、插入的引用等作为补充主体的内容。以下代码表达blog的侧栏。在浏览器中浏览，效果如图7-7所示。

实例代码：

```
<aside>
<h3>最新文章</h3>
<ul>
```

```
<li><a href="#" >文章标题</a></li>
</ul>
</aside>
```

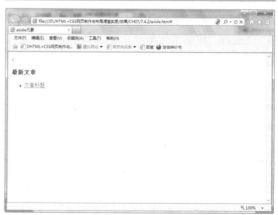

图7-7　aside元素

figure元素表示一段独立的流内容，一般表示文档主题流内容中的一个独立单元。使用figcaption元素为figure元素组添加标题。看看下面给图片添加的标示。

HTML 4中代码示例：

```
<img src="index.jpg" alt="华瑞生物工程有限公司" />

<p>华瑞生物工程有限公司</p>
```

上面的代码文字在p标签里，与img标签各行其道，很难让人联想到这就是标题。

HTML 5中代码示例：

```
<figure>

    <img src="index.jpg" alt="华瑞生物工程有限公司" />

    <figcaption>

        <p>华瑞生物工程有限公司</p>

    </figcaption>

</figure>
```

运行代码，在浏览器中浏览效果，如图7-8所示。HTML 5采用figure元素对此进行了改正。当和figcaption元素组合使用时，我们就可以语义化地联想到这就是图片相对应的标题。

图7-8　figure元素实例

dialog元素用于表达人们之间的对话。在HTML 5中，dt用于表示说话者，而dd则用来表示说话者的内容。

实例代码：

```
<dialog>
<dt>问</dt>
<dd>你们是怎么管理加盟商的？</dd>
<dt>答</dt>
<dd>为加盟商提供门店的管理制度、管理系统、人员配置表，并不断给加盟商带来新的经营理念。解决加盟商在实际经营中出现的种种问题。并定期做加盟商的信息反馈，总结经验，拟定方案，实施方案。</dd>
<dt>问</dt>
<dd>你们提供技术支持吗？</dd>
<dt>答</dt>
<dd>一个成功的品牌必须有强大的实力做后盾，这个实力就是技术水平，公司总部技术研发团队不断追踪最新产品信息，不断研发具有市场竞争力的新产品，为加盟商提供极具说服力的技术支持。</dd>
</dialog>
```

运行代码，在浏览器中浏览如图7-9所示。

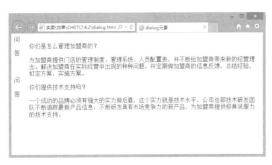

图7-9　dialog元素实例

7.4.3　课堂小实例——新增的行内的语义元素

HTML 5增加了一些行内语义元素：mark、time、meter、progress。

★ mark：定义有记号的文本。

★ time：定义日期/时间。

★ meter：定义预定义范围内的度量。

★ progress：定义运行中的进度。

mark元素用来标记一些不是特别需要强调的文本。

```
<!DOCTYPE HTML>
<HTML>
<head>
<title>mark元素</title>
```

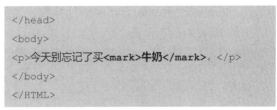

```
</head>
<body>
<p>今天别忘记了买<mark>牛奶</mark>。</p>
</body>
</HTML>
```

运行代码，在浏览器中浏览，效果如图7-10所示，<mark>与</mark>标签之间的文字"牛奶"添加了记号。

图7-10　mark元素实例

time元素用于定义时间或日期。该元素可以代表24小时中的某一时刻，在表示时刻时，允许有时间差。在设置时间或日期时，只需将该元素的属性"datetime"设为相应的时间或日期即可。

实例代码：

```
<p id="p1">
   <time datetime="2014-4-10">今天是2014年4月10日</time>
<p>
<p id="p2">
   <time datetime="2014-4-10T20:00">现在时间是2014年4月10日晚上8点</time>
<p>
<p id="p3">
   <time datetime="2014-12-31">公司最新车型将于今年年底上市</time>
</p>
<p id="p4">
   <time datetime="2014-4-1" pubdate="true">本消息发布于2014年4月1日</time>
</p>
</body>
```

<p>元素ID号为"p1"中的<time>元素表示的是日期。在页面解析时，获取的是属性"datetime"中的值，而标记之间的内容只是用于显示在页面中。

<p>元素ID号为"p2"中的<time>元素表示的是日期和时间，它们之间使用字母"T"进行分隔。

<p>元素ID号为"p3"中的<time>元素表示的是将来时间。

<p>元素ID号为"p4"中的<time>元素表示的是发布日期。为了在文档中将这两个日期进

行区分，在最后一个<time>元素中增加了
"pubdate"属性，表示此日期为发布日期。

运行代码，在浏览器中浏览效果，如
图7-11所示。

图7-11 time元素实例

progress是HTML 5中新增的状态交互元素，用来表示页面中的某个任务完成的进度（进程）。例如下载文件时，文件下载到本地的进度值，可以通过该元素动态展示在页面中，展示的方式既可以使用整数（如1～100），也可以使用百分比（如10%～100%）。

下面通过一个实例介绍progress元素在文件下载时的使用。

```
<!DOCTYPE HTML>
<HTML>
<head>
<meta charset="utf-8" />
<title>progress元素在下载中的使用</title>
<style type="text/css">
body { font-size:13px}
p {padding:0px; margin:0px }
.inputbtn {
border:solid 1px #ccc;
background-color:#eee;
line-height:18px;
font-size:12px
}
</style>
</head>
<body>
<p id="pTip">开始下载</p>
<progress value="0" max="100" id="proDownFile"></progress>
<input type="button" value="下载"          class="inputbtn" onClick="Btn_Click();">
<script type="text/javascript">
var intValue = 0;
var intTimer;
var objPro = document.getElementById('proDownFile');
var objTip = document.getElementById('pTip');    //定时事件
function Interval_handler() {
intValue++;
objPro.value = intValue;
```

```
if (intValue >= objPro.max) {  clearInterval(intTimer);
objTip.innerHTML = "下载完成!"; }
else {
objTip.innerHTML = "正在下载" + intValue + "%";
  }
  }    //下载按钮单击事件
function Btn_Click(){
    intTimer = setInterval(Interval_handler, 100);
    }
    </script>
</body>
</HTML>
```

为了使progress元素能动态展示下载进度，需要通过JavaScript代码编写一个定时事件。在该事件中，累加变量值，并将该值设置为progress元素的"value"属性值；当这个属性值大于或等于progress元素的"max"属性值时，则停止累加，并显示"下载完成！"的字样；否则，动态显示正在累加的百分比数。如图7-12所示。

Meter元素用于表示在一定数量范围中的值，如投票中，候选人各占比例情况及考试分数等。下面通过一个实例介绍meter元素在展示投票结果时的使用。

图7-12　progress元素实例

实例代码：

```
<!DOCTYPE HTML>
<HTML>
<head>
<meta charset="utf-8" />
<title>meter元素</title>
<style type="text/css">
body {   font-size:13px }
</style>
</head>
<body>
<p>共有100人参与投票，投票结果如下：</p>
<p>王兵：
<meter value="0.40" optimum="1"high="0.9" low="1" max="1" min="0"></meter>
<span> 40% </span>
</p>
<p>李明：
<meter value="60" optimum="100"  high="90" low="10" max="100" min="0">
</meter>
<span> 70% </span>
```

```
</p>
</body>
</HTML>
```

候选人"李明"所占的比例是百分制中的60，最低比例可能为0，但实际最低为10；最高比例可能为100，但实际最高为90，如图7-13所示。

图7-13　meter元素实例

7.4.4　课堂小实例——新增的嵌入多媒体元素与交互性元素

HTML 5新增了很多多媒体和交互性元素，如video、 audio。在HTML 4当中如果要嵌入一个视频或是音频的话，需要引入一大段的代码，还有兼容各个浏览器，而HTML 5只需要通过引入一个标签就可以，就像img标签一样方便。

1. video元素

video元素定义视频，如电影片段或其他视频流。

HTML 5中代码示例：

```
<video src="movie.ogg" controls="controls">video元素</video>
```

HTML 4中代码示例：

```
<object type="video/ogg" data="movie.ogv">
<param name="src" value="movie.ogv">
</object>
```

2. audio元素

audio元素定义音频，如音乐或其他音频流。

HTML 5中代码示例：

```
<audio src="someaudio.wav">audio元素</audio>
```

HTML 4中代码示例：

```
<object type="application/ogg" data="someaudio.wav">
<param name="src" value="someaudio.wav">
</object>
```

3. embed元素

embed元素用来插入各种多媒体，格式可以是Midi、Wav、AIFF、AU、MP3等。

HTML 5中代码示例：

```
<embed src="horse.wav" />
```

HTML 4中代码示例：

```
<object data="flash.swf"  type="application/x-shockwave-flash"></object>
```

7.4.5　课堂小实例——新增的input元素的类型

在网站页面的时候，难免会碰到表单的开发，用户输入的大部分内容都是在表单中完成提交到后台的。在HTML 5中，也提供了大量的表单功能。

在HTML 5中，对input元素进行了大幅度的改进，使得我们可以简单地使用这些新增的元素来实现需要JavaScript来实现的功能。

1. url类型

input元素里的url类型是一种专门用来输入url地址的文本框。如果该文本框中内容不是url地址格式的文字，则不允许提交。例如：

```
<form>
  <input name="urls" type="url" value="http://www.linyikongtiao.com "/>
   <input type="submit" value="提交"/>
</form>
```

设置此类型后，从外观上来看与普通的元素差不多，可是如果你将此类型放到表单中之后，当单击"提交"按钮时，如果此输入框中输入的不是一个URL地址，将无法提交，如图7-14所示。

2. Email类型

如果将上面的URL类型的代码中的type修改为email，那么在表单提交的时候，会自动验证此输入框中的内容是否为email格式，如果不是，则无法提交。代码如下：

```
<form>
  <input name="email" type="email" value=" http://www.linyikongtiao.com/"/>
  <input type="submit" value="提交"/>
</form>
```

如果用户在该文本框中输入的不是email地址的话，则会提醒不允许提交，如图7-15所示。

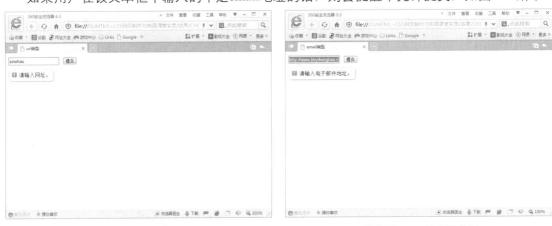

图7-14　url类型实例　　　　　　　　　　　　　图7-15　email类型实例

3. date类型

input元素里的date类型在开发网页过程中是非常多见的。例如我们经常看到的购买日期、发布时间、订票时间。这种date类型的时间是以日历的形式来方便用户输入的。

```
<form>
    <input id="lykongtiao _date" name="linyikongtiao.com" type="date"/>
    <input type="submit" value="提交"/>
</form>
```

在HTML 4中，需要结合使用JavaScript才能实现日历选择日期的效果；在HTML 5中，只需要设置input为date类型即可，提交表单的时候也不需要验证数据了，如图7-16所示。

4. time类型

input里的time类型是专门用来输入时间的文本框。并且会在提交时对输入时间的有效性进行检查。它的外观可能会根据不同类型的浏览器而出现不同表现形式。

```
<form>
    <input id=" linyikongtiao_time" name=" linyikongtiao.com" type="time"/>
    <input type="submit" value="提交"/>
</form>
```

time类型是用来输入时间的，在提交的时候检查是否输入了有效的时间，如图7-17所示。

图7-16 date类型实例   图7-17 time类型实例

5. DateTime类型

Datetime类型是一种专门用来输入本地日期和时间的文本框。同样，它在提交的时候也会对数据进行检查。目前主流浏览器都不支持datetime类型。

```
<form>
    <input id=" linyikongtiao_datetime" name=" linyikongtiao.com" type="datetime"/>
    <input type="submit" value="提交"/>
</form>
```

7.4.6 废除的元素

在HTML 5中废除了很多元素，具体如下。

1. 能使用CSS替代的元素

对于basefont、big、center、font、s、strike、tt、u这些元素，由于它们的功能都是纯粹为

页面样式服务的，而HTML 5中提倡把页面样式性功能放在CSS样式表中编辑，所以将这些元素废除了。

2. 不再使用frame框架

对于frameset元素、frame元素与noframes元素，由于frame框架对网页可用性存在负面影响，在HTML 5中已不支持frame框架，只支持iframe框架，同时将以上这3个元素废除。

3. 只有部分浏览器支持的元素

对于applet、bgsound、blink、marquee等元素，由于只有部分浏览器支持这些元素，特别是bgsound元素及marquee元素，只被Internet Explorer所支持，所以在HTML 5中被废除。其中applet元素可由embed元素或object元素替代，bgsound元素可由audio元素替代，marquee可以由JavaScript编程的方式所替代。

4. 其他被废除的元素

其他被废除元素还有以下各项。

★ 废除acronym元素，使用abbr元素替代。

★ 废除dir元素，使用ul元素替代。

★ 废除isindex元素，使用form元素与input元素相结合的方式替代。

★ 废除listing元素，使用pre元素替代。

★ 废除xmp元素，使用code元素替代。

★ 废除nextid元素，使用GUIDS替代。

★ 废除plaintext元素，使用"text/plian" MIME类型替代。

7.5 新增的属性和废除的属性

HTML 5中，在新增加和废除很多元素的同时，也增加和废除了很多属性。

7.5.1 新增的属性

1. 表单新增相关属性

★ 对input（type=text）、select、textarea与button指定autofocus属性。它以指定属性的方式让元素在画面打开时自动获得焦点。

★ 对input（type=text）、textarea指定placeholder属性，它会对用户的输入进行提示，提示用户可以输入的内容。

★ 对input、output、select、textarea、button与fieldset指定form属性。它声明属于哪个表单，然后将其放置在页面的任何位置，而不是表单之内。

★ 对input（type=text）、textarea指定required属性。该属性表示用户提交时进行检查，检查该元素内必定要有输入内容。

★ 为input标签增加几个新的属性：autocomplete、min、max、multiple、pattern与step。还有list属性与datalist元素配合使用；datalist元素与autocomplete属性配合使用。multiple属性允许上传时一次上传多个文件；pattern属性用于验证输入字段的模式，其实就是正则表达式。step 属性规定输入字段的合法数字间隔（假如 step="3"，则合法数字应该是-3、0、3、6，以此类推），step属性可以与max及min属性配合使用，以创建合法值的范围。

★ 为input、button元素增加formaction、formenctype、formmethod、formnovalidate与formtarget属性。用户重载form元素的action、enctype、method、novalidate与target属性。为fieldset元素增加disabled属性，可以把它的子元素设为disabled状态。

★ 为input、button、form增加novalidate属性，可以取消提交时进行的有关检查，表单可以被无条件地提交。

2. 链接相关属性

★ 为a、area增加media属性。规定目标URL是为什么类型的媒介/设备进行优化的。该属性用于规定目标URL是为特殊设备（如iPhone）、语音或打印媒介设计的。该属性可接受多个值，只能在href属性存在时使用。

★ 为area增加herflang和rel属性。hreflang属性规定在被链接文档中的文本的语言。只有当设置了href属性时，才能使用该属性。rel属性规定当前文档与被链接文档/资源之间的关系。只有当使用href属性时，才能使用rel属性。

★ 为link增加size属性。sizes属性规定被链接资源的尺寸。只有当被链接资源是图标时(rel="icon")，才能使用该属性。该属性可接受多个值，值由空格分隔。

★ 为base元素增加target属性，主要是保持与a元素的一致性。

3. 其他属性

★ 为ol增加reversed属性，它指定列表倒序显示。

★ 为meta增加charset属性。

★ 为menu增加type和label属性。label为菜单定义一个课件的标注，type属性让菜单可以以上下文菜单、工具条与列表菜单3种形式出现。

★ 为style增加scoped属性。它允许我们为文档的指定部分定义样式，而不是整个文档。如果使用"scoped"属性，那么所规定的样式只能应用到style元素的父元素及其子元素。

★ 为script增减属性，它定义脚本是否异步执行。async属性仅适用于外部脚本（只有在使用src属性时）有多种执行外部脚本的方法。

★ 为HTML元素增加manifest，开发离线Web应用程序时它与API结合使用，定义一个URL，在这个URL上描述文档的缓存信息。

★ 为iframe增加3个属性，sandbox、seamless、srcdoc。用来提高页面安全性，防止不信任的Web页面执行某些操作。

7.5.2 废除的属性

HTML 4中一些属性在HTML 5中不再被使用，而是采用其他属性或其他方式进行替代。如表7-1所示。

表7-1 属性替代

HTML 4中使用的属性	使用该属性的元素	在HTML 5中的替代方案
rev	link、a	rel
charset	link、a	在被链接的资源的中使用HTTP Content-type头元素
shape、coords	a	使用area元素代替a元素
longdesc	img、iframe	使用a元素链接到校长描述
target	link	多余属性，被省略

(续表)

HTML 4中使用的属性	使用该属性的元素	在HTML 5中的替代方案
nohref	area	多余属性，被省略
profile	head	多余属性，被省略
version	HTML	多余属性，被省略
name	img	id
scheme	meta	只为某个表单域使用scheme
archive、chlassid、codebose、codetype、declare、standby	object	使用data与type属性类调用插件。需要使用这些属性来设置参数时，使用param属性
valuetype、type	param	返回值类型
axis、abbr	td、th	使用以明确简洁的文字开头、后跟详述文字的形式。可以对更详细内容使用title属性，来使单元格的内容变得简短
scope	td	在被链接的资源中使用HTTP Content-type头元素
align	caption、input、legend、div、h1、h2、h3、h4、h5、h6、p	使用CSS样式表替代
alink、link、text、vlink、background、bgcolor	body	使用CSS样式表替代
align、bgcolor、border、cellpadding、cellspacing、frame、rules、width	table	使用CSS样式表替代
align、char、charoff、height、nowrap、valign	tbody、thead、tfoot	使用CSS样式表替代
align、bgcolor、char、charoff、height、nowrap、valign、width	td、th	使用CSS样式表替代
align、bgcolor、char、charoff、valign	tr	使用CSS样式表替代
align、char、charoff、valign、width	col、colgroup	使用CSS样式表替代
align、border、hspace、vspace	object	使用CSS样式表替代
clear	br	使用CSS样式表替代
compace、type	ol、ul、li	使用CSS样式表替代
compace	dl	使用CSS样式表替代
compace	menu	使用CSS样式表替代
width	pre	使用CSS样式表替代
align、hspace、vspace	img	使用CSS样式表替代
align、noshade、size、width	hr	使用CSS样式表替代

（续表）

HTML 4中使用的属性	使用该属性的元素	在HTML 5中的替代方案
align、frameborder、scrolling、marginheight、marginwidth、autosubmit	iframe menu	使用CSS样式表替代

7.6 课后练习

一、填空题

（1）HTML 5的新特性＿＿＿＿＿＿、＿＿＿＿＿＿、＿＿＿＿＿＿、＿＿＿＿＿＿、

＿＿＿＿＿＿、＿＿＿＿＿＿、＿＿＿＿＿＿、＿＿＿＿＿＿。

（2）HTML 5中的标记方法＿＿＿＿＿＿、＿＿＿＿＿＿和＿＿＿＿＿＿。

（3）HTML 5语法中的3个要点＿＿＿＿＿＿、＿＿＿＿＿＿、＿＿＿＿＿＿。

二、选择题

（1）HTML 5增加了新的结构元素来表达这些最常用的结构：＿＿＿＿＿＿。

A. section、header、footer、nav、article

B. aside、figure、figcaption、dialog

C. mark、time、meter、progress

（2）新增的input元素的类型＿＿＿＿＿＿。

A.（1）url类型　　　　　（2）Email类型　　　　　（3）date类型

　　（4）time类型　　　　　（5）DateTime类型

B.（1）能使用CSS替代的元素　　（2）不再使用frame框架

　　（3）只有部分浏览器支持的元素

C.（1）video元素　　　　　（2）audio元素　　　　　（3）embed元素

7.7 本课小结

本课主要讲述了认识HTML 5、HTML 5的新特性、HTML 5与HTML 4的区别、HTML 5新增的元素和废除的元素、新增的属性和废除的属性。随着HTML 5的迅猛发展，各大浏览器开发公司如Google、微软、苹果和Opera的浏览器开发业务都变得异常繁忙。在这种局势下，学习HTML 5无疑成为Web开发者的一项重要任务，谁先学会HTML 5，谁就掌握了迈向未来Web平台的一把钥匙。

第8课
HTML 5的结构

本课导读

　　在HTML 5的新特性中，新增的结构元素主要功能就是解决之前在HTML 4中Div漫天飞舞的情况，增强网页内容的语义性，这对搜索引擎而言，将更好识别和组织索引内容。合理地使用这种结构元素，将极大地提高搜索结果的准确度和体验。新增的结构元素，从代码上看，很容易看出主要是消除Div，即增强语义，强调HTML的语义化。

技术要点
★ 新增的主体结构元素
★ 新增的非主体结构元素

实例展示

顶部传统网站导航条

左侧导航

8.1 新增的主体结构元素

在HTML 5中，为了使文档的结构更加清晰明确，容易阅读，增加了很多新的结构元素，如页眉、页脚、内容区块等。

8.1.1 课堂小实例——article元素

article元素可以灵活使用，article元素可以包含独立的内容项，所以可以包含一个论坛帖子、一篇杂志文章、一篇博客文章、用户评论等。这个元素可以将信息各部分进行任意分组，而不论信息原来的性质。

作为文档的独立部分，每一个article元素的内容都具有独立的结构。为了定义这个结构，可以利用前面介绍的<header>和<footer>标签的丰富功能。它们不仅仅能够用在正文中，也能够用于文档的各个节中。

下面以一篇文章讲述article元素的使用，具体代码如下。

```
<article>
    <header>
        <h1>不能改变世界，就要改变自己去适应环境</h1>
        <p>发表日期：<time pubdate="pubdate">2014/07/09</time></p>
    </header>
    <p>人生不如意十之八九，我们不能祈望总是一帆风顺。当我们的生活、工作遇到坎坷和挫折时，我们应该如何面对呢？有的人逆境而上，最后取得丰硕的成果；有的人随波逐流，最终碌碌无为。其实这取决于人们各自不同的心态。换一个角度，换一个态度去看问题，你会看到事物的不同方面。
<br>
    一个人要想改变命运，最重要的是要改变自己。在相同的境遇下，不同的人会有不同的命运。要明白，命运不是由上天决定的，而是由你自己决定的。</p>
    <footer>
     <p>
<small>版权所有@英华科技。</small>
</p>
    </footer>
</article>
```

在header元素中嵌入了文章的标题部分，在h1元素中是文章的标题"不能改变世界，就要改变自己去适应环境"，文章的发表日期在p元素中。在标题下部的p元素中是文章的正文，在结尾处的footer元素中是文章的版权。对这部分内容使用了article元素。在浏览器中浏览效果，如图8-1所示。

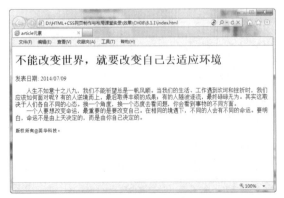

图8-1 article元素

另外，article元素也可以用来表示插件，它的作用是使插件看起来好像内嵌在页面中一样。

```
<article>
<h1>article表示插件</h1>
<object>
<param name="allowFullScreen" value="true">
<embed src="#" width="600" height="395"></embed>
</object>
</article>
```

一个网页中可能有多个独立的article元素，每一个article元素都允许有自己的标题与脚注等从属元素，并允许对自己的从属元素单独使用样式。如一个网页中的样式可能如下所示。

```
header{
display:block;
color:green;
text-align:center;
}
aritcle header{
color:red;
text-align:left;
}
```

8.1.2　课堂小实例——section元素

section元素用于对网站或应用程序中页面上的内容进行分块。一个section元素通常由内容及其标题组成。但section元素也并非一个普通的容器元素，当一个容器需要被重新定义样式或者定义脚本行为的时候，还是推荐使用Div控制。

```
<section>
    <h1>水果</h1>
    <p>水果是指多汁且有甜味的植物果实，不但含有丰富的营养且能够帮助消化。水果有降血压、减缓衰老、减肥瘦身、皮肤保养、明目、抗癌、降低胆固醇等保健作用... ... </p>
</section>
```

下面是一个带有section元素的article元素例子。

```
<article>
    <h1>水果</h1>
    <p>水果是指多汁且有甜味的植物果实，不但含有丰富的营养且能够帮助消化。水果有降血压、减缓衰老、减肥瘦身、皮肤保养、明目、抗癌、降低胆固醇等保健作用... ...</p>
    <section>
        <h2>葡萄</h2>
        <p>香"水晶明珠"是人们对葡萄的爱称，因为它果色艳丽， 汁多味美、营养丰富。果实含糖量达10%～30%，并含有多种微量元素，又有增进人体健康和治疗神经衰弱及过度疲劳的功效；... ...</p>
    </section>
    <section>
```

```
    <h2>橘子</h2>
    <p>橘子有好几种品种，但是一般常见的还是椪柑。这种橘子果实外皮肥厚，由汁泡和种子构成。橘子色彩鲜
艳、酸甜可口，是秋冬季常见的美味佳果。富含丰富的维生素c，对人体有着很大的好处。... ...</p>
   </section>
</article>
```

从上面的代码可以看出，首页整体呈现的是一段完整独立的内容，所有我们要用article元素包起来，这其中又可分为3段，每一段都有一个独立的标题，使用了两个section元素为其分段。这样使文档的结构显得清晰。在浏览器中浏览效果，如图8-2所示。

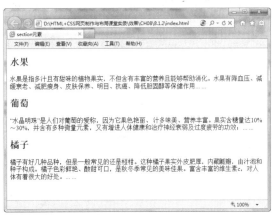

图8-2 带有section元素的article元素实例

article元素和section元素有什么区别呢？在HTML 5中，article元素可以看成是一种特殊种类的section元素，它比section元素更强调独立性。即section元素强调分段或分块，而article强调独立性。如果一块内容相对来说比较独立、完整的时候，应该使用article元素，但是如果想将一块内容分成几段的时候，应该使用section元素。

提示

section元素使用时注意实现如下内容。

（1）不要将section元素用作设置样式的页面容器，选用Div。

（2）如果article元素、aside元素或nav元素更符合使用条件，不要使用section元素。

（3）不要为没有标题的内容区块使用section元素。

8.1.3 课堂小实例——nav元素

nav元素在HTML 5中用于包裹一个导航链接组，用于显式地说明这是一个导航组，在同一个页面中可以同时存在多个nav。

并不是所有的链接组都要被放进nav元素，只需要将主要的、基本的链接组放进nav元素即可。例如，在页脚中通常会有一组链接，包括服务条款、首页、版权声明等，这时使用footer元素是最恰当。

一直以来，习惯于使用形如<div id="nav">或<ul id="nav">这样的代码来编写页面的导航。在HTML 5中，可以直接将导航链接列表放到<nav>标签中：

```
<nav>
<ul>
<li><a href="index.html">Home</a></li>
<li><a href="#">About</a></li>
<li><a href="#">Blog</a></li>
```

```
</ul>
</nav>
```

导航，顾名思义，就是引导的路线，那么具有引导功能的都可以认为是导航。导航可以页与页之间导航，也可以是页内的段与段之间导航。

```
<!doctype html>
<title>页面之间导航</title>
<header>
  <h1>网站页面之间导航<h1>
    <nav>
     <ul>
       <li><a href="index.html">首页</a></li>
       <li><a href="about.html">关于我们</a></li>
       <li><a href="bbs.html">在线论坛</a></li>
     </ul>
     </nav>
  </h1></h1>
  </header>
```

这个实例是页面之间的导航，nav元素中包含了3个用于导航的超级链接，即"首页"、"关于我们"和"在线论坛"。该导航可用于全局导航，也可放在某个段落，作为区域导航。运行代码，效果如图8-3所示。

图8-3　页面之间导航

下面的实例是页内导航，运行代码，效果如图8-4所示。

```
<!doctype html>
<title>段内导航</title>
<header>
</header>
<article>
        <h2>文章的标题</h2>
        <nav>
           <ul>
             <li><a href="#p1">段一</a></li>
             <li><a href="#p2">段二</a></li>
              <li><a href="#p3">段三</a></li>
           </ul>
```

```
        </nav>
        <p id=p1>段一</p>
        <p id=p2>段二</p>
        <p id=p3>段三</p>
</article>
```

nav元素使用在哪行位置呢？

顶部传统导航条。现在主流网站上都有不同层级的导航条，其作用是将当前画面跳转到网站的其他主要页面上去。图8-5所示为顶部传统网站导航条。

图8-4　页内导航

图8-5　顶部传统网站导航条

侧边导航。现在很多企业网站和购物类网站上都有侧边导航，图8-6所示为左侧导航。

页内导航。页内导航的作用是在本页面几个主要的组成部分之间进行跳转，图8-7所示为页内导航。

图8-6　左侧导航

图8-7　页内导航

在HTML 5中不要用menu元素代替nav元素。过去有很多Web应用程序的开发员喜欢用menu元素进行导航，menu元素是用在Web应用程序中的。

8.1.4　课堂小实例——aside元素

aside元素用来表示当前页面或文章的附属信息部分，它可以包含与当前页面或主要内容相关的引用、侧边栏、广告、导航条，以及其他类似的有别于主要内容的部分。

aside元素主要有以下两种使用方法。

★　包含在article元素中作为主要内容的附属信息部分，其中的内容可以是与当前文章有关的参考资料、名词解释等。

```
<article>
 <h1>…</h1>
<p>…</p>
<aside>…</aside>
</article>
```

★　在article元素之外使用作为页面或站点全局的附属信息部分。最典型的是侧边栏，其中的内容可以是友情链接、文章列表、广告单元等。代码如下所示，运行代码，效果如图8-8所示。

```
<aside>
    <h2>新闻资讯</h2>
```

```
<ul>
    <li>企业新闻</li>
    <li>行业信息</li>
</ul>
<h2>经营产品</h2>
<ul>
    <li>上衣外套</li>
    <li>时尚裙子</li>
    <li>裤子鞋帽</li>
</ul>
</aside>
```

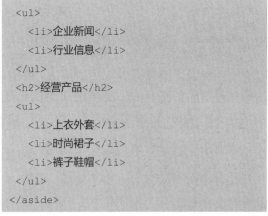

图8-8　aside元素实例

8.2 新增的非主体结构元素

除了以上几个主要的结构元素之外，HTML 5内还增加了一些表示逻辑结构或附加信息的非主体结构元素。

8.2.1　课堂小实例——header元素

header元素是一种具有引导和导航作用的结构元素，通常用来放置整个页面或页面内的一个内容区块的标题，header内也可以包含其他内容，例如表格、表单或相关的Logo图片。

在架构页面时，整个页面的标题常放在页面的开头，header标签一般都放在页面的顶部。可以用如下所示的形式书写页面的标题：

```
<header>
<h1>页面标题</h1>
</header>
```

在一个网页中可以拥有多个header元素，可以为每个内容区块加一个header元素。

```
<header>
    <h1>网页标题</h1>
</header>
<article>
    <header>
        <h1>文章标题</h1>
    </header>
    <p>文章正文</p>
</article>
```

在HTML 5中，一个header元素通常包括至少一个headering元素（h1-h6），也可以包括hgroup、nav等元素。

下面是一个网页中的header元素使用实例，运行代码，效果如图8-9所示。

```html
<header>
  <hgroup>
    <h1> HTML+CSS网页制作与布局课堂实录</h1>
    <p>紧密围绕网页设计师在制作网页过程中的实际需要和应该掌握的技术，全面介绍了使用HTML和CSS进行网页设计和制作的各方面内容和技巧……</p>
  </hgroup>
  <nav>
    <ul>
      <li>本书特点</li>
      <li>本书内容</li>
      <li>读者对象</li>
    </ul>
  </nav>
</header>
```

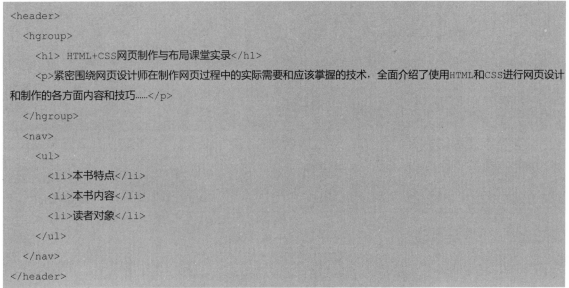

图8-9　header元素使用实例

8.2.2　课堂小实例——hgroup元素

header元素位于正文开头，可以在这些元素中添加<h1>标签，用于显示标题。基本上，<h1>标签已经足够用于创建文档各部分的标题行。但是，有时候还需要添加副标题或其他信息，以说明网页或各节的内容。

hgroup元素是将标题及其子标题进行分组的元素。hgroup元素通常会将h1～h6元素进行分组，一个内容区块的标题及其子标题算一组。

通常，如果文章只有一个主标题，是不需要hgroup元素的。但是，如果文章有主标题，主标题下有子标题，就需要使用hgroup元素了。如下所示为hgroup元素实例代码，运行代码，效果如图8-10所示。

```html
<article>
  <header>
    <hgroup>
      <h1>特色小吃</h1>
      <h2>天津狗不理包子</h2>
```

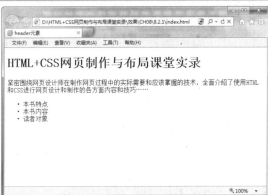

```
        </hgroup>

        <p><time datetime="2014-07-20">2014年07月20日</time></p>
        <p>说到天津特色小吃，狗不理包子是不得不提到的，狗不理包子以其味道鲜美而誉满全国，名扬中外。狗不理包子
铺原名"德聚号"，距今已有百余年的历史。店主叫高贵友，其乳名叫"狗不理"，人们久而久之喊顺了嘴，把他所经营的包
子称作"狗不理包子"，而原店铺字号却渐渐被人们淡忘了。据说，袁世凯当直隶总督时，曾把狗不理包子作为贡品进京献
给慈禧太后，慈禧很爱吃。从此，狗不理包子名声大振，许多地方开设分号。如今，狗不理包子已走向世界，进入许多国
家市场，特色小吃狗不理包子备受宾客欢迎。……</p>
    </header>
</article>
```

如果有标题和副标题，或在同一个<header>元素中加入多个H标题，那么就需要使用
<hgroup>元素。

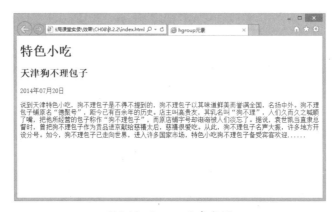

图8-10　hgroup元素实例

8.2.3　课堂小实例——footer元素

footer通常包括其相关区块的脚注信息，如作者、相关阅读链接及版权信息等。footer
元素和header元素使用基本上一样，可以在一个页面中使用多次，如果在一个区段后面加
入footer元素，那么它就相当于该区段的尾部了。

在HTML 5出现之前，通常使用类似下面这样的代码来写页面的页脚：

```
<div id="footer">
    <ul>
        <li>版权信息</li>
        <li>站点地图</li>
        <li>联系方式</li>
    </ul>
<div>
```

在HTML 5中，可以不使用div，而用更加语义化的footer来写：

```
<footer>
    <ul>
        <li>版权信息</li>
        <li>站点地图</li>
```

```
        <li>联系方式</li>
    </ul>
</footer>
```

footer元素既可以用作页面整体的页脚，也可以作为一个内容区块的结尾，例如可以将
<footer>直接写在<section>或是<article>中，如下所示。

在article元素中添加footer元素：

```
<article>
    文章内容
    <footer>
        文章的脚注
    </footer>
</article>
```

在section元素中添加footer元素：

```
<section>
    分段内容
    <footer>
        分段内容的脚注
    </footer>
</section>
```

8.2.4　课堂小实例——address元素

address元素通常位于文档的末尾，address元素用来在文档中呈现联系信息，包括文档
创建者的名字、站点链接、电子邮箱、真实地址、电话号码等。address不只是用来呈现电
子邮箱或真实地址这样的"地址"概念，而应该包括与文档创建人相关的各类联系方式。

下面是address元素实例。

```
<!DOCTYPE html>
<html>
<head>
<meta http-equiv="Content-Type" content="text/html; charset=gb2312" />
        <title>address元素实例</title>
</head>
<body>
        <address>
<a href="mailto:example@example.com">webmaster</a><br />
重庆网站建设公司<br />
xxx区xxx号<br />
</address>
</body>
</html>
```

浏览器中显示地址的方式与其周围的文档不同，IE、Firefox和Safari浏览器以斜体显示地
址，如图8-11所示。

还可以把footer元素、time元素与address元素结合起来使用，具体代码如下。

```
<footer>
    <div>
        <address>
            <a title="文章作者：李杰">
            李杰</a>
        </address>
        发表于<time datetime="2014-07-20">2014年07月20日</time>
    </div>
</footer>
```

在这个示例中，把文章的作者信息放在了address元素中，把文章发表日期放在了time元素中，把address元素与time元素中的总体内容作为脚注信息放在了footer元素中。如图8-12所示。

图8-11　address元素实例

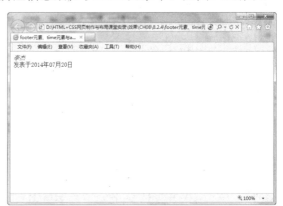

图8-12　footer元素、time元素与address元素结合

8.3 课后练习

一、填空题

（1）_____元素可以包含独立的内容项，所以可以包含一个论坛帖子、一篇杂志文章、一篇博客文章、用户评论等。

（2）_____元素在HTML5中用于包裹一个导航链接组，用于显式地说明这是一个导航组，在同一个页面中可以同时存在多个_____。

二、选择题

（1）_____元素是一种具有引导和导航作用的结构元素，通常用来放置整个页面或页面内的一个内容区块的标题。

A. address　　　　　　　　B. header　　　　　　　　C. aside

（2）_____通常包括其相关区块的脚注信息，如作者、相关阅读链接及版权信息等。

A. hgroup　　　　　　　　B. address　　　　　　　　C. footer

8.4 本课小结

本课主要讲述了新增的主体结构元素和新增的非主体结构元素。通过对本课的学习，使读者认识了新的结构性的标签的标准，让HTML文档更加清晰，可阅读性更强，更利于SEO，也更利于视障人士阅读。它通过一些新标签，新功能的开发，解决了三大问题：浏览器兼容问题、文档结构不明确的问题、Web应用程序功能受限等问题。

第9课
CSS基础知识

本课导读

　　CSS是为了简化Web页面的更新工作而诞生的，它使网页变得更加美观，维护更加方便。CSS在网页制作中起着非常重要的作用，对于控制网页中对象的属性、增加页面中内容的样式、精确地布局定位等都发挥了非常重要的作用，是网页设计师必须熟练掌握的内容之一。

技术要点

★　CSS 3介绍

★　在HTML 5中使用CSS的方法

★　选择器类型

★　编辑和浏览CSS

★　掌握对网页添加CSS样式

9.1 CSS 3介绍

CSS是Cascading Style Sheet的缩写，又称为"层叠样式表"，简称为样式表。它是一种制作网页的新技术，现在已经为大多数浏览器所支持，成为网页设计必不可少的工具之一。

9.1.1 CSS基本概念

网页最初是用HTML标记来定义页面文档及格式，如标题<hl>、段落<p>、表格<table>等。但这些标记不能满足更多的文档样式需求，为了解决这个问题，在1997年W3C颁布HTML 4标准的同时，也公布了有关样式表的第一个标准CSS 1，自CSS 1的版本之后，又在1998年5月发布了CSS 2版本，样式表得到了更多的充实。使用CSS能够简化网页的格式代码，加快下载显示的速度，也减少了需要上传的代码数量，大大减少了重复劳动的工作量。

样式表首要的目的是为网页上的元素精确定位。其次，它把网页上的内容结构和格式控制相分离。浏览者想要看的是网页上的内容结构，而为了让浏览者更好地看到这些信息，就要通过使用格式来控制。内容结构和格式控制相分离，使得网页可以仅由内容构成，而将网页的格式通过CSS样式表文件来控制。

CSS 2.1发布至今已经有7年的历史，在这7年里，互联网的发展已经发生了翻天覆地的变化。CSS 2.1有时候难以满足快速提高性能、提升用户体验的Web应用的需求。CSS 3标准的出现就是增强CSS 2.1的功能，减少图片的使用次数，以及解决HTML页面上的特殊效果。

在HTML 5逐渐成为IT界最热门话题的同时，CSS 3也开始慢慢地普及起来。目前，很多浏览器都开始支持CSS 3部分特性，特别是基于Webkit内核的浏览器，其支持力度非常大。在Android和iOS等移动平台下，正是由于Apple和Google两家公司大力推广HTML5及各自的Web浏览器的迅速发展，CSS 3在移动Web浏览器下都能得到很好的支持和应用。

CSS 3作为在HTML页面担任页面布局和页面装饰的技术，可以更加有效地对页面布局、字体、颜色、背景或其他动画效果实现精确的控制。

目前，CSS 3是移动Web开发的主要技术之一，它在界面修饰方面占有重要的地位。由于移动设备的Web浏览器都支持CSS 3，对于不同浏览器之间的兼容性问题，它们之间的差异非常小。不过对于移动Web浏览器的某些CSS特性，仍然需要做一些兼容性的工作。

9.1.2 CSS的优点

掌握基于CSS的网页布局方式，是实现Web标准的基础。在网页制作时采用CSS技术，可以有效地对页面的布局、字体、颜色、背景和其他效果实现更加精确的控制。只要对相应的代码做一些简单的修改，就可以改变网页的外观和格式。采用CSS有以下优点。

★ 大大缩减页面代码，提高页面浏览速度，缩减带宽成本。

★ 结构清晰，容易被搜索引擎搜索到。

★ 缩短改版时间，只要简单的修改几个CSS文件，就可以重新设计一个有成百上千页面的站点。

★ 强大的字体控制和排版能力。

★ CSS非常容易编写，可以像写html代码一样轻松编写CSS。

★ 提高易用性，使用CSS可以结构化HTML，如<p>标记只用来控制段落，heading标记只用来控制标题，table标记只用来表现格式化的数据等。

★ 表现和内容相分离，将设计部分分离出来放在一个独立样式文件中。

★ 更方便搜索引擎的搜索，用只包含结构化内容的HTML代替嵌套的标记，搜索引擎将更有效地搜索到内容。

★ table布局灵活性不大，只能遵循table、tr、td的格式，而div可以有各种格式。

★ table布局中，垃圾代码会很多，一些修饰的样式及布局的代码混合一起，很不直观。而div更能体现样式和结构相分离，结构的重构性强。

★ 在几乎所有的浏览器上都可以使用。

★ 以前一些非得通过图片转换实现的功能，现在只要用CSS就可以轻松实现，从而更快地下载页面。

★ 使页面的字体变得更漂亮，更容易编排，使页面真正赏心悦目。

★ 可以轻松地控制页面的布局。

★ 可以将许多网页的风格格式同时更新。不用再一页一页地更新了。可以将站点上所有的网页风格都使用一个CSS文件进行控制，只要修改这个CSS文件中相应的行，那么整个站点的所有页面都会随之发生变动。

9.1.3　CSS 3功能

CSS即层叠样式表（Cascading Stylesheet）。在网页制作时采用CSS技术，可以有效地对页面的布局、字体、颜色、背景和其他效果实现更加精确的控制。只要对相应的代码做一些简单的修改，就可以改变同一页面的不同部分，或者页数不同的网页的外观和格式。CSS 3是CSS技术的升级版本，CSS 3语言开发是朝着模块化发展的。以前的规范作为一个模块实在是太庞大而且比较复杂，所以，把它分解为一些小的模块，更多新的模块也被加入进来。这些模块包括：盒子模型、列表模块、超链接方式、语言模块、背景和边框、文字特效、多栏布局等。

例如下面图9-1和图9-2所示的网页分别为使用CSS前后的效果。

图9-1　使用CSS前

图9-2　使用CSS后

9.1.4 CSS 3发展历史

从1990年HTML被发明开始，样式表就以各种形式出现了，不同的浏览器结合了它们各自的样式语言，读者可以使用这些样式语言来调节网页的显示方式。一开始样式表是给读者用的，最初的HTML版本只含有很少的显示属性，读者来决定网页应该怎样被显示。

但随着HTML的成长，为了满足设计师的要求，HTML获得了很多显示功能。随着这些功能的增加，外来定义样式的语言越来越没有意义了。

1. CSS 1

于1994年，哈坤•利和伯特•波斯合作设计CSS。他们在1994年首次在芝加哥的一次会议上第一次展示了CSS的建议。

1996年12月发表的CSS 1的要求有（W3C管理CSS 1要求）如下内容。

★ 支持字体的大小、字形、强调。
★ 支持字的颜色、背景的颜色和其他元素。
★ 支持文章特征如字母、词和行之间的距离。
★ 支持文字的排列、图像、表格和其他元素。

★ 支持边缘、围框和其他关于排版的元素。
★ 支持 id 和 class。

2. CSS 2-2.1

1998年5月W3C发表了CSS 2（W3C管理CSS 2要求），其中包括新的内容如下所述。

★ 绝对的、相对的和固定的定比特素、媒体型的概念、双向文件和一个新的字体。
★ CSS 2.1修改了CSS 2中的一些错误，删除了其中基本不被支持的内容，并增加了一些已有的浏览器的扩展内容。

3. CSS 3

CSS 3分成了不同类型，称为"modules"。而每一个"modules"都有于CSS 2中额外增加的功能，以及向后兼容。CSS 3早于1999年已开始制订，直到2011年6月7日。

4. CSS 4

W3C于2011年9月29日开始了设计CSS 4。直至现时只有极少数的功能被部分网页浏览器支持。

9.2 在HTML 5中使用CSS的方法

添加CSS有4种方法：内嵌样式、行内样式、链接样式和导入样式表，下面分别介绍。

9.2.1 行内样式

行内样式是混合在HTML标记里使用的，用这种方法，可以很简单地对某个元素单独定义样式。行内样式的使用是直接在HTML标记里添加style参数，而style参数的内容就是CSS的属性和值，在style参数后面的引号里的内容相当于在样式表大括号里的内容。

基本语法：

```
<标记 style="样式属性：属性值;样式属性：属性值...">
```

语法说明：

★ 标记：HTML标记，如body、table、p等。
★ 标记的style定义只能影响标记本身。

★ style的多个属性之间用分号分隔。
★ 标记本身定义的style优先于其他所有样式定义。

虽然这种方法比较直接，在制作页面的时候需要为很多的标签设置style属性，所以会导致HTML页面不够纯净，文件体积过大，不利于搜索引擎，从而导致后期维护成本高。因此不推荐使用。

下面是一个行内样式的定义，如：

```
<table style=color:red; margin-right: 120px>
这是个表格
</p>
```

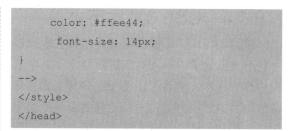

9.2.2　内嵌样式

这种CSS一般位于HTML文件的头部，即<head>与</head>标签内，并且以<style>开始，以</style>结束。内嵌样式允许在它们所应用的HTML文档的顶部设置样式，然后在整个HTML文件中直接调用该样式，这些定义的样式就应用到页面中了。

基本语法：

```
<style type="text/css">
<!--
选择符1（样式属性：属性值；样式属性：属性值；...）
选择符2（样式属性：属性值；样式属性：属性值；...）
选择符3（样式属性：属性值；样式属性：属性值；...）
...
选择符n（样式属性：属性值；样式属性：属性值；...）
-->
```

语法说明：

★　<style>是用来说明所要定义的样式，type属性是指以CSS的语法定义。

★　<!--...-->隐藏标记：避免了因浏览器不支持CSS而导致错误，加上这些标记后，不支持CSS的浏览器，会自动跳过此段内容，避免一些错误。

★　选择符1…选择符n：选择符可以使用HTML标记的名称，所有的HTML标记都可以作为选择符。

★　样式属性如果需要对一个选择符指定多个属性时，使用分号将所有的属性和值分开。

★　属性值设置是对应属性的值。

下面实例就是使用<style>标记创建的内嵌样式。

```
<head>
<style type="text/css">
<!--
body {
    margin-left: 0px;
    margin-top: 0px;
    margin-right: 0px;
    margin-bottom: 0px;
}
.style1 {
```

```
    color: #ffee44;
    font-size: 14px;
}
-->
</style>
</head>
```

9.2.3　链接样式

链接外部样式表就是在网页中调用已经定义好的样式表来实现样式表的应用，它是一个单独的文件，然后在页面中用<link>标记链接到这个样式表文件，这个<link>标记必须放到页面的<head>区内。这种方法最适合大型网站的CSS样式定义。

基本语法：

```
<link type="text/css" rel="stylesheet" href="外部样式表的文件名称">
```

语法说明：

★　链接外部样式表时，不需要使用style元素，只需直接用<link>标记放在<head>标记中就可以了。

★　同样外部样式表的文件名称是要嵌入的样式表文件名称，后缀为.css。

★　CSS文件一定是纯文本格式。

★　在修改外部样式表时，引用它的所有外部页面也会自动地更新。

★　外部样式表中的URL相对于样式表文件在服务器上的位置。

★　外部样式表优先级低于内部样式表。

★　可以同时链接几个样式表，靠后的样式表优先于靠前的样式表。

> **提示**
>
> 外部样式表可以在任何文本编辑器中进行编辑。文件不能包含任何的HTML标签，样式表以.css扩展名进行保存。

链接方式是使用频率最高、最实用的方式，一个链接样式表文件可以应用于多个页面。当改变这个样式表文件时，所有应用该样式的页面都随着改变。在制作大量相同样式页面的网站时，链接样式表非常有用，不仅减少了重复的工作量，而且有利于以后的修改、编辑，浏览时也减少了重复下载代码。

下面是一个链接外部样式表实例。

```
<head>
…
<link rel=stylesheet type=
      text/css href=slstyle.css>
…
</head>
```

上面这个例子表示浏览器从slstyle.css文件中以文档格式读出定义的样式表。"rel=stylesheet"是指在页面中使用外部的样式表，"type=text/css"是指文件的类型是样式表文件，"href=slstyle.css"是文件的名称和位置。

这种方式将HTML文件和CSS文件彻底分成两个或者多个文件，实现了页面框架HTML代码与美工CSS代码的完全分离，使得前期制作和后期维护都十分方便，并且如果要保持页面风格统一，只需要把这些公共的CSS文件单独保存成一个文件，其他的页面就可以分别调用自身的CSS文件，如果需要改变网站风格，只需要修改公共CSS文件就可以了，相当方便。

9.2.4 导入样式

导入外部样式表是指在内部样式表的<style>里导入一个外部样式表，导入时用@import。

基本语法：

```
<style type=text/css>
@import url("外部样式表的文件名称");
</style>
```

语法说明：

★ import语句后的";"一定要加上！

★ 外部样式表的文件名称是要嵌入的样式表文件名称，后缀为.css。

★ @import应该放在style元素的任何其他样式规则前面。

下面是一个导入外部样式表实例。

```
<head>
…
<style type=text/css>
<!—
@import style.css
其他样式表的声明
→
</style>
…
</head>
```

此例中"@import style.css"表示导入style.css样式表，注意使用时外部样式表的路径、方法和链接样式表的方法类似，但导入外部样式表输入方式更有优势。实质上它是相当于存在内部样式表中的。

9.2.5 优先级问题

如果这上面的4种方式中的两种用于同一个页面后，就会出现优先级的问题。

4种样式的优先级别是（从高至低）：行内样式、内嵌样式、链接外部样式、导入样式。

例如，链接外部样式表拥有针对h3选择器的3个属性：

```
h3 {
   color:blue;
   text-align:right;
   font-size:10pt;
   }
```

而内嵌样式表拥有针对h3选择器的两个属性：

```
h3 {
   text-align:left;
   font-size:20pt;
   }
```

假如拥有内嵌样式表的这个页面同时链接外部样式，那么h3得到的样式是：

```
color:blue;
text-align:left;
font-size:20pt;
```

即颜色属性将被继承于外部样式表，而文字排列（text-align）和字体尺寸（font-size）会被内嵌样式表中的样式取代。

9.3　选择器类型

选择器（selector）是CSS中很重要的概念，所有HTML语言中的标签都是通过不同的CSS选择器进行控制的。用户只需要通过选择器对不同的HTML标签进行控制，并赋予各种样式声明，即可实现各种效果。在CSS中，有各种不同类型的选择器，基本选择器有标签选择器、类选择器和ID选择器3种，下面详细介绍。

9.3.1　课堂小实例——标签选择器

一个完整的HTML页面是由很多不同的标签组成。标签选择器是直接将HTML标签作为选择器，可以是p、h1、dl、strong等HTML标签。例如P选择器，下面就是用于声明页面中所有\<p\>标签的样式风格。

```
p{
font-size:14px;
color:093;
}
```

以上这段代码声明了页面中所有的p标签，文字大小均是14px，颜色为#093（绿色），这在后期维护中，如果想改变整个网站中p标签文字的颜色，只需要修改color属性就可以了，就这么容易！

每一个CSS选择器都包含了选择器本身、属性和值，其中属性和值可以设置多个，从而实现对同一个标签声明多种样式风格，如图9-3所示。

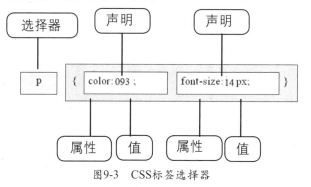

图9-3　CSS标签选择器

9.3.2　课堂小实例——类选择器

类选择器能够把相同的元素分类定义成不同的样式，对XHTML标签均可以使用"class="""的形式对类进行名称指派。定义类型选择器时，在自定义类的名称前面要加一个"."号。

标记选择器一旦声明，则页面中所有该标记都会相应地产生变化，如声明了\<p\>标记为红色时，则页面中所有的\<p\>标记都将显示为红色，如果希望其中的某一个标记不是红色，而是蓝色，则仅依靠标记选择器是远远不够的，所以还需要引入类（class）选择器。定义类选择器时，在自定义类的名称前面要加一个"."号。

类选择器的名称可以由用户自定义，属性和值跟标记选择器一样，也必须符合CSS规范，如图9-4所示。

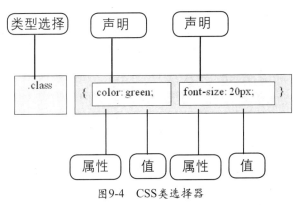

图9-4 CSS类选择器

例如，当页面同时出现3个<P>标签时，如果想让它们的颜色各不相同，就可以通过设置不同的class选择器来实现。一个完整的案例如下所示。

```
<!doctype html>
<html>
<head>
<meta charset="utf-8">
<title>class选择器</title>
<style type="text/css">
.red{ color:red; font-size:18px;}
.green{ color:green; font-size:20px;}
</style>
</head>
<body>
<p class="red">class选择器1</p>
<p class="green">class选择器2</p>
<h3 class="green">h3同样适用</h3>
</body>
</html>
```

其显示效果如图9-5所示。从图中可以看到两个<P>标记分别呈现出了不同的颜色和

字体大小，而且任何一个class选择器都适用于所有HTML标记，只需要用HTML标记的class属性声明即可，例如<H3>标记同样适用了.green这个类别。

图9-5 类选择器实例

从上面的例子仔细观察还会发现，最后一行<H3>标记显示效果为粗字，这是因为在没有定义字体的粗细属性的情况下，浏览器采用默认的显示方式，<P>默认为正常粗细，<H3>默认为粗字体。

9.3.3 课堂小实例——ID选择器

在HTML页面中ID参数指定了某一个元素，ID选择器是用来对这个单一元素定义单独的样式。对于一个网页而言，其中的每一个标签均可以使用"id=""" 的形式对id属性进行名称的指派。ID可以理解为一个标识，没个标识只能用一次。在定义ID选择器时，要在ID名称前加上"#"号。

ID选择器的使用方法跟class选择器基本相同，不同之处在于ID选择器只能在HTML页面中使用一次，因此其针对性更强。在HTML的标记中只需要利用id属性，就可以直接调用CSS中的ID选择器，其格式如图9-6所示。

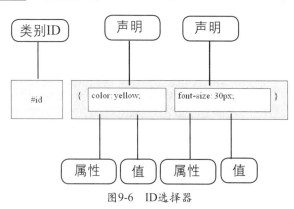

图9-6 ID选择器

类选择器和ID选择器一般情况下是区分大小写的。这取决于文档的语言。HTML和XHTML将类和ID值定义为区分大小写，所以类和ID值的大小写必须与文档中的相应值匹配。

提示

类选择器与ID选择器区别？

区别1：只能在文档中使用一次。

与类不同，在一个HTML文档中，ID选择器会使用一次，而且仅一次。

区别2：不能使用ID词列表。

不同于类选择器，ID选择器不能结合使用，因为ID属性不允许有以空格分隔的词列表。

区别3：ID能包含更多含义。

类似于类，可以独立于元素来选择ID。

下面举一个实际案例，其代码如下。

```html
<!doctype html>
<html>
<head>
<meta charset="utf-8">
<title>ID选择器</title>
<style type="text/css">
<!--
#one{
 }
#two{
        font-size:30px;      /* 字体大小 */
        color:#009900;       /* 颜色 */
}
-->
</style>
    </head>

<body>
        <p id="one">ID选择器1</p>
        <p id="two">ID选择器2</p>
        <p id="two">ID选择器3</p>
```

```html
        <p id="one two">ID选择器3</p>
</body>
</html>
```

显示效果如图9-7所示，第2行与第3行都显示CSS的方案。可以看出，在很多浏览器下，ID选择器可以用于多个标记，即每个标记定义的id不只是CSS可调用，JavaScript等其他脚本语言同样也可以调用。因为这个特性，所以不要将ID选择器用于多个标记，否则会出现意想不到的错误。如果一个HTML中有两个相同的id标记，那么将会导致JavaScript在查找id时出错，例如函数getElementById()。

图9-7 ID选择器实例

正因为JavaScript等脚本语言也能调用HTML中设置的id，所以ID选择器一直被广泛地使用。网站建设者在编写CSS代码时，应该养成良好的编写习惯，一个id最多只能赋予一个HTML标记。

另外从图9-7可以看到，最后一行没有任何CSS样式风格显示，这意味着ID选择器不支持像class选择器那样的多风格同时使用，类似"id="one two""这样的写法是完全错误的语法。

9.4 编辑和浏览CSS

CSS的文件与HTML文件一样，都是纯文本文件，因此一般的文字处理软件都可以对CSS进行编辑。记事本和Dreamweaver等最常用的文本编辑工具对CSS的初学者都很有帮助。

9.4.1 手工编写CSS

CSS是内嵌在HTML文档内的。所以，编写CSS的方法和编写HTML文档的方法是一样的。可以用任何一种文本编辑工具来编写CSS。如Windows下的记事本和写字板可以用来编辑CSS文档。图9-8所示为在记事本中手工编写CSS。

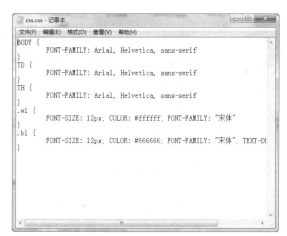

图9-8　在记事本中手工编写CSS

9.4.2 Dreamweaver编写CSS

Dreamweaver CC提供了对CSS的全面支持，在Dreamweaver中可以方便地创建和应用CSS样式表，设置样式表属性。

要在Dreamweaver中添加CSS语法，先在Dreamweaver的主界面中，将编辑界面切换成"拆分"视图，使用"拆分"视图能同时查看代码和设计效果。编辑语法在"代码"视图中进行。

Dreamweaver这款专业的网页设计软件在代码模式下对HMTL、CSS和JavaScript等代码有着非常好的语法着色及语法提示功能，对CSS的学习很有帮助。

在Dreamweaver编辑器中，对于CSS代码，在默认情况下都采用粉红色进行语法着色，而HTML代码中的标记则是蓝色，正文内容在默认情况下为黑色。而且对于每行代码，前面都有行号进行标记，方便对代码的整体规划。

无论是CSS代码还是HTML代码，都有很好的语法提示。在编写具体CSS代码时，按回车键或空格键都可以触发语法提示。例如，当光标移动到"color :#000000;"一句的末尾时，按空格键或者回车键，都可以触发语法提示的功能。如图9-9所示，Dreamweaver会列出所有可以供选择的CSS样式属性，方便设计者快速进行选择，从而提高工作效率。

当已经选定某个CSS样式，例如上例中的color样式，在其冒号后面再按空格键时，Dreamweaver会弹出新的详细提示框，让用户对相应CSS的值进行直接选择。图9-10所示调色板就是其中的一种情况。

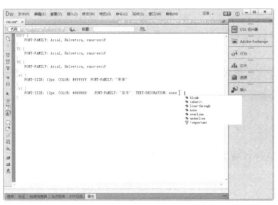

图9-9　代码提示

图9-10　调色板

9.5 使用Dreamweaver设置CSS样式

控制网页元素外观的CSS样式用来定义字体、颜色、边距和字间距等属性，可以使用Dreamweaver来对所有的CSS属性进行设置。CSS属性被分为9大类：类型、背景、区块、方框、边框、列表、定位、扩展和过滤，下面分别进行介绍。

9.5.1　设置文本样式

在Dreamweaver的CSS样式定义对话框左侧的"分类"列表框中选择"类型"选项，在右侧可以设置CSS样式的类型参数，如图9-11所示。可以改变文本的颜色、文本字号、对齐文本、装饰文本、行高等。

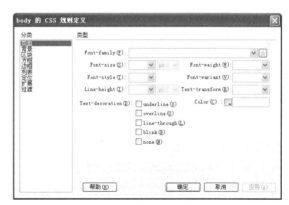

图9-11　选择"类型"选项

知识要点

在CSS的"类型"中各选项参数如下。

★　Font-family：用于设置当前样式所使用的字体。

★　Font-size：定义文本大小。可以通过选择数字和度量单位来选择特定的大小，也可以选择相对大小。

★　Font-style：将"正常"、"斜体"或"偏斜体"指定为字体样式。默认设置是"正常"。

★　Line-height：设置文本所在行的高度。该设置传统上称为"前导"。选择"正常"自动计算字体大小的行高，或输入一个确切的值，并选择一种度量单位。

★　Text-decoration：向文本中添加下划线、上划线或删除线，或使文本闪烁。正常文本的默认设置是"无"。"链接"的默认设置是"下划线"。将"链接"设置为"无"时，可以通过定义一个特殊的类删除链接中的下划线。

★　Font-weight：对字体应用特定或相对的粗体量。"正常"等于400，"粗体"等于700。

★　Font-variant：设置文本的小型大写字母变量。Dreamweaver不在文档窗口中显示该属性。

★　Text-transform：将选定内容中的每个单词的首字母大写，或将文本设置为全部大写或小写。

★　color：设置文本颜色。

下面是一个简单的设置网页文本颜色的实例，代码如下所示。

```
<!doctype html>
<html>
<head>
<meta charset="utf-8">
<head>
<style type="text/css">
body {
        color:red;
        font-size: 26px;
        font-family: "宋体";
        font-style: normal;
        font-weight: bolder;
        text-decoration: underline;
}
h1 {color:#00ff00}
p.ex {color:rgb(0,0,255)}
</style>
</head>
<body>
<h1>这是标题1</h1>
<p>这是一段普通的段落。请注意，该段落的文本是红色的。在 body选择器中定义了本页面中的默认文本颜色、字号、
字体、样式、下划线。</p>
<p class="ex">该段落定义了 class="ex"。该段落中的文本是蓝色的。</p>
</body>
</html>
```

这段代码定义了文本的样式，其CSS"类型"设置如图9-12所示，在浏览器中的网页效果如图9-13所示。

图9-12 CSS"类型"设置

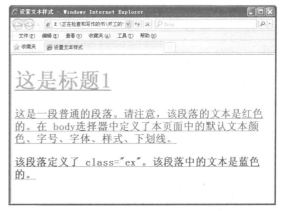

图9-13 设置CSS文本样式实例

9.5.2 设置背景样式

使用"CSS规则定义"对话框的"背景"类别可以定义CSS样式的背景设置。可以对网页中的任何元素应用背景属性，如图9-14所示。CSS允许应用纯色作为背景，也允许使用背景图像创建相当复杂的效果。可以为所有元素设置背景色，这包括body一直到em和a等行内元素。

在CSS的"背景"中各选项参数如下。

★ Background-color：设置元素的背景颜色。

★ Background-image：设置元素的背景图像。可以直接输入图像的路径和文件，也可以单击"浏览"按钮选择图像文件。

★ Background Repeat：确定是否重复以及如何重复背景图像。包含4个选项："不重复"指在元素开始处显示一次图像；"重复"指在元素的后面水平和垂直平铺图像；"横向重复"和"纵向重复"分别显示图像的水平带区和垂直带区。图像被剪辑以适合元素的边界。

★ Background Attachment：确定背景图像是固定在它的原始位置还是随内容一起滚动。

★ Background Position (X)和Background Position (Y)：指定背景图像相对于元素的初始位置，这可以用于将背景图像与页面中心垂直和水平对齐。如果附件属性为"固定"，则位置相对于文档窗口而不是元素。

下面是一个简单的设置网页元素背景颜色实例，代码如下所示。

```html
<!doctype html>
<html>
<head>
<meta charset="utf-8">
<title>设置网页的背景</title>
</head>
<style type="text/css">
body {background-color: yellow}
h1 {background-color: #00ff00}
h2 {background-color: transparent}
p {background-color: rgb(250,0,255)}
p.no2 {background-color: gray; padding: 20px;}
</style>
</head>
<body>
<h1>这是标题 1，背景颜色为绿色</h1>
<h2>这是标题 2，背景颜色为整个网页的背景颜色</h2>
<p>这是段落，背景颜色为粉色</p>
<p class="no2">这个段落设置了内边距。背景颜色为灰色。</p>
</body>
</html>
```

这段代码为不同的元素设置了不同的背景颜色，在浏览器中的网页效果如图9-15所示。

图9-14　选择"背景"选项

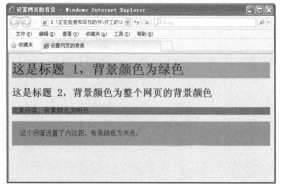

图9-15　设置背景颜色

9.5.3 设置区块样式

使用"CSS规则定义"对话框的"区块"类别,可以定义标签和属性的间距和对齐设置,在对话框中左侧的"分类"列表中选择"区块"选项,在右侧可以设置相应的CSS样式,如图9-16所示。

图9-16 选择"区块"选项

知识要点

在CSS的"区块"中各选项参数如下。

★ Word-spacing:设置单词的间距,若要设置特定的值,在下拉列表框中选择"值"选项,然后输入一个数值,在第二个下拉列表框中选择度量单位。

★ Letter-spacing:增加或减小字母或字符的间距。若要减少字符间距,指定一个负值,字母间距设置覆盖对齐的文本设置。

★ Vertical-align:指定应用它的元素的垂直对齐方式。仅当应用于<img>标签时,Dreamweaver才在文档窗口中显示该属性。

★ Text-align:设置元素中的文本对齐方式。

★ Text-indent:指定第一行文本缩进的程度。可以使用负值创建凸出,但显示取决于浏览器。仅当标签应用于块级元素时,Dreamweaver才在文档窗口中显示该属性。

★ White-space:确定如何处理元素中的空白。从下面3个选项中选择:"正常"指收缩空白;"保留"的处理方式与文本被括在<pre>标签中一样(即保留所有空白,包括空格、制表符和回车);"不换行"指定仅当遇到
标签时文本才换行。Dreamweaver不在文档窗口中显示该属性。

★ Display:指定是否以及如何显示元素。

下面是一个增加段落中单词间的距离实例,代码如下所示。

```
<!doctype html>
<html>
<head>
<meta charset="utf-8">
<title>段落中单词间的距离</title>
<style type="text/css">
p.spd {word-spacing: 40px;}
p.tht {word-spacing: 0em;}
</style>
</head>
<body>
<p class="spd">We are too busy growing up yet we forget that they are already growing old.</p>
<p class="tht">We are too busy growing up yet we forget that they are already growing old.</p>
</body>
</html>
```

这段代码设置了不同的单词间的距离，在浏览器中的网页效果如图9-17所示。

图9-17　设置单词间的距离

9.5.4　设置方框样式

"CSS规则定义"对话框的"方框"类别可以为控制元素在页面上的放置方式的标签和属性定义设置。可以在应用填充和边距设置时，将设置应用于元素的各个边，也可以使用"全部相同"设置将相同的设置应用于元素的所有边。

CSS的"方框"类别可以为控制元素在页面上的放置方式的标签和属性定义设置，如图9-18所示。

图9-18　选择"方框"选项

> **知识要点**
>
> 在CSS的"方框"中各选项参数如下。
>
> ★　Width和Height：设置元素的宽度和高度。
>
> ★　Float：设置其他元素在哪个边围绕元素浮动。其他元素按通常的方式环绕在浮动元素的周围。
>
> ★　Clear：定义不允许AP Div的边。如果清除边上出现AP Div，则带清除设置的元素将移到该AP Div的下方。
>
> ★　Padding：指定元素内容与元素边框（如果没有边框，则为边距）之间的间距，也叫内边距。取消选择"全部相同"选项可设置元素各个边的填充；"全部相同"选项将相同的填充属性应用于元素的Top、Right、Bottom和Left侧。
>
> ★　Margin：指定一个元素的边框（如果没有边框，则为填充）与另一个元素之间的间距，也叫外边距。仅当应用于块级元素（段落、标题和列表等）时，Dreamweaver才在文档窗口中显示该属性。取消选择"全部相同"选项可设置元素各个边的边距；"全部相同"选项将相同的边距属性应用于元素的Top、Right、Bottom和Left侧。

下面是一个设置单元格的内边距实例，代码如下所示。

```
<!doctype html>
<html>
<head>
<meta charset="utf-8">
<title>设置方框样式</title>
<style type="text/css">
td.t1 {padding: 2cm}
```

```
td.t2 {padding: 0.5cm 2cm}

</style>

</head>

<body>

<table border="1">

<tr>

<td class="t1">

这个表格单元的每个边拥有相等的内边距。

</td>

</tr>

</table>

<br/>

<table border="1">

<tr>

<td class="t2">

这个表格单元的上和下内边距是 0.5cm，左和右内边距是3cm。

</td>

</tr>

</table>

</body>

</html>
```

这段代码使用padding设置了不同表格单元的内边距，在浏览器中的网页效果如图9-19所示。

图9-19 内边距

9.5.5 设置边框样式

在HTML中，使用表格来创建文本周围的边框，但是通过使用CSS边框属性，可以创建出效果出色的边框，并且可以应用于任何元素。CSS的"边框"类别可以定义元素周围边框的设置，如图9-20所示。

图9-20 选择"边框"选项

知 识 要 点

在CSS的"边框"中各选项参数如下。

★ Style：设置边框的样式外观。样式的显示方式取决于浏览器。Dreamweaver在文档窗口中将所有样式呈现为实线。取消选择"全部相同"选项可设置元素各个边的边框样式；"全部相同"选项将相同的边框样式属性应用于元素的top、right、bottom和left侧。

★ Width：设置元素边框的粗细。取消选择"全部相同"选项可设置元素各个边的边框宽度；"全部相同"选项将相同的边框宽度应用于元素的top、right、bottom和left侧。

★ Color：设置边框的颜色。可以分别设置每个边的颜色。取消选择"全部相同"选项可设置元素各个边的边框颜色；"全部相同"选项将相同的边框颜色应用于元素的top、right、bottom和left侧。

下面是一个设置4个边框的颜色实例，代码如下所示。

```
<!doctype html>

<html>

<head>

<meta charset="utf-8">

<title>设置边框样式</title>

<head>

<style type=" text/css">

p.one

{

border-style: solid; border-width: thin;

border-color: #0000ff

}

p.two

{
```

157

```
border-style: solid; border-width: thick;
border-color: #ff0000 #0000ff
}
p.three
{
border-style: solid; border-width: thin;
border-color: #ff0000 #00ff00 #0000ff
}
p.four
{
border-style: solid;
border-color: #ff0000 #00ff00 #0000ff rgb(250,0,255)
}
</style>
</head>
<body>
<p class="one">第一个边框颜色和粗细!</p>
<p class="two">第二个边框颜色和粗细!</p>
<p class="three">第三个边框颜色和粗细!</p>
<p class="four">第四个边框颜色!</p>
</body>
</html>
```

这段代码使用border-style设置边框样式，使用border-width设置边框粗细，使用border-color设置边框颜色。"border-width" 属性如果单独使用的话是不会起作用的。首先使用 "border-style" 属性来设置边框。在浏览器中的网页效果如图9-21所示。

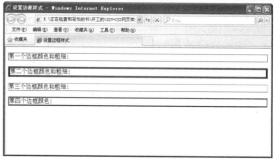

图9-21 设置边框样式

9.5.6 设置列表样式

CSS的"列表"类别为列表标签定义列表设置，如图9-22所示。

图9-22 选择"列表"选项

知 识 要 点

在CSS的"列表"中各选项参数如下。

★ List-style-type：设置项目符号或编号的外观。

★ List-style-image：可以为项目符号指定自定义图像。单击"浏览"按钮选择图像，或输入图像的路径。

★ List-style-position：设置列表项文本是否换行和缩进（外部），以及文本是否换行到左边距（内部）。

下面是一个在有序列表中不同类型的列表项标记实例，代码如下所示。

```
<!doctype html>
<html>
<head>
<meta charset="utf-8">
<title>设置列表样式</title>
<head>
<style type="text/css">
ol.decimal {list-style-type: decimal}
ol.lroman {list-style-type: lower-roman}
ol.uroman {list-style-type: upper-roman}
ol.lalpha {list-style-type: lower-alpha}
ol.ualpha {list-style-type: upper-alpha}
</style>
</head>
<body>
<ol class="decimal">
<li>美国</li>
<li>中国</li>
<li>俄罗斯</li>
</ol>
<ol class="lroman">
<li>美国</li>
<li>中国</li>
<li>俄罗斯</li>
</ol>
<ol class="uroman">
<li>美国</li>
<li>中国</li>
<li>俄罗斯</li>
</ol>
<ol class="lalpha">
<li>美国</li>
<li>中国</li>
<li>俄罗斯</li>
</ol>
<ol class="ualpha">
<li>美国</li>
<li>中国</li>
<li>俄罗斯</li>
</ol>
</body>
</html>
```

这段代码使用list-style-type设置不同类型的列表项标记，在浏览器中的网页效果如图9-23所示。

图9-23　设置不同类型的列表项

9.5.7 设置定位样式

定位属性控制网页所显示的整个元素的位置。例如，如果一个<Div>元素既包含文本又包含图片，则可用CSS文本属性控制<Div>元素中字母和段落间隔；同时，可用CSS定位属性控制整个<Div>元素的位置，包括图片。可将元素放置在网页中的绝对位置处，也可相对于其他元素放置。还可控制元素的高度和宽度，并设置它的Z索引，使其显示在其他元素的前面或后面，如图9-24所示。

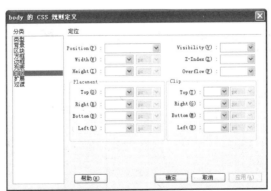

图9-24　选择"定位"选项

在CSS的"定位"中各选项参数如下。

★　Position：在CSS布局中，Position发挥着非常重要的作用，很多容器的定位是用Position来完成。Position属性有4个可选值，它们分别是static、absolute、fixed和relative。

　◆　absolute：能够很准确地将元素移动到你想要的位置，绝对定位元素的位置。

　◆　fixed：相对于窗口的固定定位。

　◆　relative：相对定位是相对于元素默认的位置的定位。

　◆　static：该属性值是所有元素定位的默认情况，在一般情况下，我们不需要特别地去声明它，但有时候遇到继承的情况，我们不愿意见到元素所继承的属性影响本身，因而可以用position:static取消继承，即还原元素定位的默认值。

★　Visibility：如果不指定可见性属性，则默认情况下大多数浏览器都继承父级的值。

★　Placement：指定AP Div的位置和大小。

★　Clip：定义AP Div的可见部分。如果指定了剪辑区域，可以通过脚本语言访问它，并操作属性以创建像擦除这样的特殊效果。通过使用"改变属性"行为可以设置这些擦除效果。

下面是一个使用绝对值来对元素进行定位的实例，代码如下所示。

```
<!doctype html>

<html>

<head>

<meta charset="utf-8">

<title>设置绝对定位</title>

<head>

<style type="text/css">

h2.abs{

position:absolute;

left:200px;

top:200px}

</style>

</head>

<body>

<h2 class="abs">这是带有绝对定位的标题</h2>

<p>通过绝对定位，元素可以放置到页面上的任何位置。下面的标题距离页面左侧 200px，距离页面顶部 200px。</p>

</body>

</html>
```

这段代码使用position:absolute设置了元素的绝对定位，在浏览器中的网页效果如图9-25所示。

图9-25　设置绝对定位

9.5.8 设置扩展样式

"扩展"样式属性包含分页和视觉效果两部分,如图9-26所示。

> **提示**
>
> 在CSS的"扩展"中各选项参数如下。
> ★ Page-break-before:这个属性的作用是为打印的页面设置分页符。
> ★ Page-break-after:检索或设置对象后出现的页分割符。
> ★ Cursor:指针位于样式所控制的对象上时改变指针图像。
> ★ Filter:对样式所控制的对象应用特殊滤镜效果。

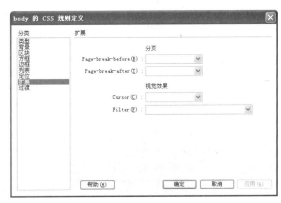

图9-26 选择"扩展"选项

9.5.9 过渡样式的定义

在过去的几年中,大多数用户都是使用JavaScript来实现过渡效果。使用CSS可以实现同样的过渡效果。"过渡"样式属性如图9-27所示。过渡效果最明显的表现就是当用户把鼠标悬停在某个元素上时高亮它们,如链接、表格、表单域、按钮等。过渡可以给页面增加一种非常平滑的外观。

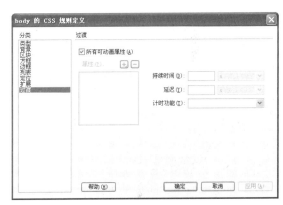

图9-27 "过渡"样式属性

9.6 实战应用——对网页添加CSS样式

通过以上对CSS的一些基本知识的了解和认识,下面将通过具体事例来讲述网页中添加CSS样式的应用,具体步骤如下。

01 打开网页文档,如图9-28所示。

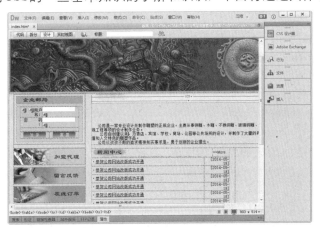

图9-28 打开网页文档

02 选择"窗口"|"CSS设计
器"命令，打开"CSS设
计器"面板，在面板中单
击添加"CSS源"按钮，
在弹出的菜单中选择"附
加现有的CSS文件"选
项，如图9-29所示。

图9-29 选择"附加现有的CSS文件"选项

03 弹出"使用现有的CSS文件"对话框，在对话框中单击"文件/URL"文本框右边的"浏览"按
钮，如图9-30所示。

04 弹出"选择样式表文件"对话框，在对话框中将选择应用的样式，如图9-31所示。

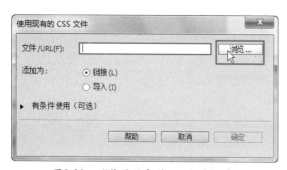

图9-30 "使用现有的CSS文件"对话框

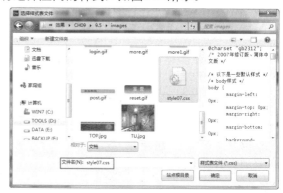

图9-31 "选择样式表文件"对话框

05 单击"确定"按钮，添加到文本框中，如图9-32所示。

06 单击"确定"按钮，链接CSS样式，如图9-33所示。

图 9-32 "使用现有的CSS文件"对话框

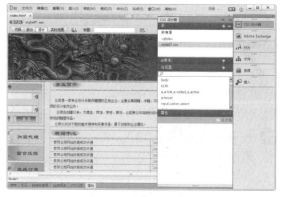

图9-33 链接CSS样式

07 链接的CSS代码如图9-34所示。其代码如下。

```
@charset "gb2312";

/* 以下是一些默认样式 */

/* body样式 */
```

```
body {
    margin-left: 0px;
    margin-top: 0px;
    margin-right: 0px;
    margin-bottom: 0px;
    background-color:#E5E5E5;
    /*background-image: url(../images/back.gif);*/
    /* 自定义滚动条 需要删除DOCTYPE声明
    scrollbar-face-color: #f892cc;              //滚动条凸出部分的颜色
    scrollbar-highlight-color: #f256c6;         //滚动条空白部分的颜色
    scrollbar-shadow-color: #fd76c2;            //立体滚动条阴影的颜色
    scrollbar-3dlight-color: #fd76c2;           //滚动条亮边的颜色
    scrollbar-arrow-color: #fd76c2;             //上下按钮上三角箭头的颜色
    scrollbar-track-color: #fd76c2;             //滚动条的背景颜色
    scrollbar-darkshadow-color: #f629b9;        //滚动条强阴影的颜色
    scrollbar-base-color: #e9cfe0;              //滚动条的基本颜色
    */
}
.........
.systr2
{
 background-color:#FBF7E7;
}
```

08 保存文档，按<F12>键在浏览器中预览效果，如图9-35所示。

图9-34 CSS样式

图9-35 对网页添加CSS样式效果

163

9.7 课后练习

填空题

（1）添加CSS有4种方法：＿＿＿＿＿＿＿、＿＿＿＿＿＿＿、＿＿＿＿＿＿＿、＿＿＿＿＿＿＿。

（2）在CSS中，有各种不同类型的选择器，基本选择器有＿＿＿＿＿＿＿、＿＿＿＿＿＿＿和

＿＿＿＿＿＿＿。

（3）＿＿＿＿＿＿和＿＿＿＿＿＿等最常用的文本编辑工具对CSS的初学者都很有帮助。

9.8 本课小结

　　本课主要讲述了CSS的基础知识，包括CSS的基本概念，使用CSS、CSS基本语法，使用Dreamweaver编辑CSS等。通过对本课的学习，使大家懂得CSS是什么，并能灵活运用CSS技术，制作出具有更多新特性的Web页。

第10课
CSS控制网页文本和段落样式

本课导读

　　浏览网页时，获取信息最直接、最直观的方式就是通过文本。文本是基本的信息载体，不管网页内容如何丰富，文本自始至终都是网页中最基本的元素，因此掌握好文本和段落的使用，对于网页制作来说是最基本的。在网页中添加文字并不困难，主要问题是如何编排这些文字，以及控制这些文字的显示方式，让文字看上去编排有序、整齐美观。本课主要讲述使用CSS设计丰富的文字特效，以及使用CSS排版文本。

实例展示

CSS字体样式

技术要点

★ 通过CSS控制文本样式
★ 通过CSS控制段落格式
★ 滤镜
★ CSS字体样式综合演练

10.1 通过CSS控制文本样式

使用CSS样式表可以定义丰富多彩的文字格式。文字的属性主要有字体、字号、加粗与斜体等。应用多种样式的文字，颜色、大小已经有了变化，但同时也保持了页面的整洁与美观，给人以美的享受。

10.1.1 课堂小实例——字体font-family

font-family属性用来定义相关元素使用的字体。

基本语法：

```
font-family: "字体1","字体2",…
```

语法说明：

font-family属性中指定的字体要受到用户环境的影响。打开网页时，浏览器会先从用户计算机中寻找font-family中的第一个字体，如果计算机中没有这个字体，会向右继续寻找第二个字体，以此类推。如果浏览页面的用户在浏览环境中没有设置相关的字体，则定义的字体将失去作用。

在Dreamweaver的CSS样式规则定义中将"HTML＋CSS网页制作与布局课堂实录"字体设置为微软雅黑，如图10-1所示。

```
<style type="text/css">
.zt {
    font-family: "微软雅黑";
}
</style>
```

在浏览器中浏览网页效果，如图10-2所示。

图10-1　设置字体

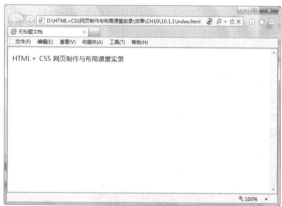

图10-2　浏览网页效果

但是在实际应用中，由于大部分中文操作系统的计算机中并没有安装很多字体，因此建议在设置中文字体属性时，不要选择特殊字体，应选择宋体或黑体。否则当浏览者的计算机中没有安装该字体时，会显示不正常，如果需要安装装饰性的字体，可以使用图片来代替纯文本的显示，如图10-3和图10-4所示。

图10-3　用图片来代替纯文本的显示

图10-4　用图片来代替文本的显示

10.1.2　课堂小实例——字号font-size

字体的大小属性font-size用来定义字体的大小。

基本语法：

```
font-size:大小的取值
```

语法说明：

font-size属性的取值既可以使用长度值，也可以使用百分比值。其中百分比值是相对于父元素的字体大小来计算的。

在CSS中，有两种单位。一种是绝对长度单位，包括英寸（in）、厘米（cm）、毫米（mm）、点（pt）和派卡（pc）。另一种是相对长度单位，包括em、ex和像素（pixel）。由于ex在实际应用中需要获取x大小，因浏览器对此处理方式非常粗糙而被抛弃，所以现在的网页设计中对大小距离的控制使用的单位是em和px（当然还有百分数值，但它必须是相对于另外一个值的）。

Points是确定文字尺寸非常好的单位，因为它在所有的浏览器和操作平台上都适用。从网页设计的角度来说，pixel（像素）是一个非常熟悉的单位，它最大的优点就在于所有的操作平台都支持pixel单位（而对于其他的单位来说，PC机的文字总是显得比MAC机中大一些。而其不利之处在于，当用户使用pixels单位时，网页的屏幕显示不稳定，字体时大时小，甚至有时根本不显示，而points单位则没有这种问题。

字体的大小属性font-size，也可以在Dreamweaver中进行可视化操作。在"Font-size"后面的第1个下拉列表中选择表示字体大小的值，第2个下拉列表中选择单位，如图10-5和10-6所示。

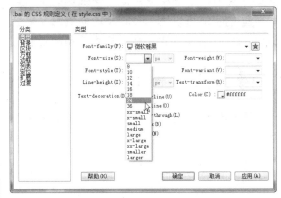

图10-5　设置字体大小

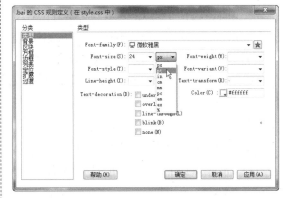

图10-6　选择单位

此时CSS代码如下所示，使用"font-size: 36pt"设置字号为36pt，在浏览器中浏览文字效果如图10-7所示。通过像素设置文本大小，可以对文本大小进行完全控制。

```
<style type="text/css">
.zt {
    font-family: "微软雅黑";
    font-size: 24pt;
}
</style>
```

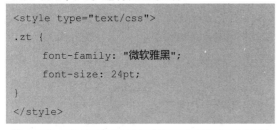

图10-7 设置字号后的效果

一般网页常用的字号大小为12磅左右。较大的字体可用于标题或其他需要强调的地方，小一些的字体可以用于页脚和辅助信息。需要注意的是，小字号容易产生整体感和精致感，但可读性较差。在网页应用中经常使用不同的字号来排版网页，如图10-8所示。

图10-8 使用不同的字号来排版网页

10.1.3 课堂小实例——加粗字体font-weight

在CSS中利用font-weight属性来设置字体的粗细。

基本语法：

font-weight:字体粗度值

语法说明：

font-weight的取值范围包括normal、bold、bolder、lighter、number。其中normal表示正常粗细；bold表示粗体；bolder表示特粗体；lighter表示特细体；number不是真正的取值，其范围是100～900，一般情况下都是整百的数字，如200、300等。

字体的加粗属性font-weight也可以在Dreamweaver中进行可视化操作。在"Font-weight"下拉列表中可以选择具体值，如图10-9所示。

图10-9 设置字体粗细

网页中的标题，比较醒目的文字或需要重点突出的内容一般都会用粗体字，如图10-10所示。

图10-10 标题或醒目的文字使用粗体字

10.1.4 课堂小实例——字体风格font-style

font-style属性用来设置字体是否为斜体。

基本语法：

```
font-style:样式的取值
```

语法说明：

样式的取值有3种：normal是默认正常的字体；italic以斜体显示文字；oblique属于中间状态，以偏斜体显示。

font-style属性也可以在Dreamweaver中进行可视化操作。在style下拉列表中可以选择具体值，如图10-11所示。

图10-11 设置字体样式为斜体

其CSS代码如下，使用"font-style: italic"设置字体为斜体，在浏览器中浏览效果，如图10-12所示。

```
<style type="text/css">

.zt {

    font-family: "微软雅黑";

    font-size: 24pt;

    font-style: italic;

    font-weight: bold;

}

</style>
```

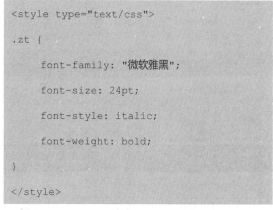

图10-12 设置为斜体效果

斜体文字在网页中应用也比较多，多用于注释、说明、日期或其他信息，如图10-13所示，网页右侧的文字使用了斜体字。

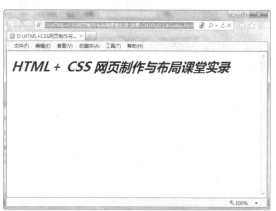

图10-13 使用斜体字的网页

10.1.5 课堂小实例——小写字母转为大写字母font-variant

使用font-variant属性可以将小写的英文字母转变为大写，而且在大写的同时，能够让字母大小保持与小写时一样的尺寸高度。

基本语法：

```
font-variant:变体属性值
```

语法说明：

font-variant属性值如表10-1所示。

表10-1 font-variant属性

属 性 值	描 述
normal	正常值
small-caps	将小写英文字体转换为大写英文字体

font-variant属性也可以在Dreamweaver中进行可视化操作。在"变体"下拉列表中可以选择具体值，如图10-14所示。

图10-14 设置font-variant属性

其CSS代码如下所示，使用"font-variant: small-caps"设置英文字母全部大写，而且在大写的同时，能够让字母大小保持与小写时一样的尺寸高度。在浏览器中浏览效果，如图10-15所示。

```
<style type="text/css">
.zt {
    font-family: "微软雅黑";

    font-size: 24pt;

    font-style: italic;

    font-weight: bold;

    font-variant: small-caps;
}
</style>
```

图10-15 将小写英文字体转换为大写英文字体

大写英文字母在英文网站中的应用很广，如导航栏、LOGO、标题等，如图10-16和图10-17所示。

图10-16 LOGO为大写的英文字母

图10-17 导航栏为大写的英文字母

10.2 通过CSS控制段落格式

文本的段落样式定义整段的文本特性。在CSS中，主要包括单词间距、字母间距、垂直对齐、文本对齐、文字缩进和行高等。

10.2.1 课堂小实例——单词间隔word-spacing

word-spacing可以设置英文单词之间的距离。

基本语法：

```
word-spacing:取值
```

语法说明：

可以使用normal，也可以使用长度值。normal指正常的间隔，是默认选项；长度是设置单词间隔的数值及单位，可以使用负值。

在图10-18所示的"区块"分类中的"word-spacing"下拉列表中可以设置间距的值，设置间距后的效果如图10-19所示。

图10-18 设置"单词间距"

```
<style type="text/css">
.zt {
    font-family: "微软雅黑";
    font-size: 36pt;
    word-spacing: 5em;
}
</style>
```

HTML   CSS   JavaScript

图10-19 设置间距后

单词间隔在实际网页中也比较常见，如图10-20所示，网页下半部分的各个区块中就使用了"word-spacing: 10px;"来设置单词间隔。

图10-20 设置单词间隔

10.2.2 课堂小实例——字符间隔letter-spacing

使用字符间隔可以控制字符之间的间隔距离。

基本语法：

```
letter-spacing:取值
```

语法说明：

可以使用normal，也可以使用长度值。normal指正常的间隔，是默认选项；长度是设置字符间隔的数值及单位，可以使用负值。

在图10-21所示的"区块"分类中的"letter-spacing"下拉列表中，可以设置字符间隔的值，设置字符间隔的效果如图10-22所示。

其CSS代码如下所示。

```
<style type="text/css">
.font {letter-spacing: 3em;}
</style>
```

图10-21 设置"字符间隔"

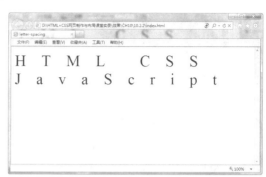

图10-22 字符间隔效果

10.2.3 课堂小实例——文字修饰text-decoration

使用文字修饰text-decoration属性可以对文本进行修饰，如设置下划线、删除线等。

基本语法：

```
text-decoration:取值
```

语法说明：

text-decoration属性值如表10-2所示。

表10-2 text-decoration属性

属 性 值	描 述
none	默认值
underline	对文字添加下划线
overline	对文字添加上划线
line-through	对文字添加删除线
blink	闪烁文字效果

text-decoration属性也可以在Dreamweaver中进行可视化操作。在"Text-decoration"选区中可以选择具体选项，如图10-23所示。

图10-23 设置修饰属性

其CSS代码如下所示，使用"text-decoration: underline"设置文字带有下划线。在浏览器中浏览效果，如图10-24所示。

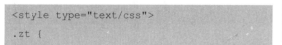
```
<style type="text/css">
.zt {
```

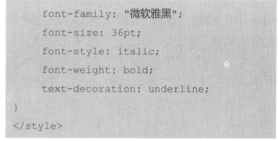
```
    font-family: "微软雅黑";
    font-size: 36pt;
    font-style: italic;
    font-weight: bold;
    text-decoration: underline;
}
</style>
```

图10-24 设置下划线

带有下划线的文字在网页中应用得也比较多，如图10-25所示，右侧下半部分的网页导航文字带有下划线。

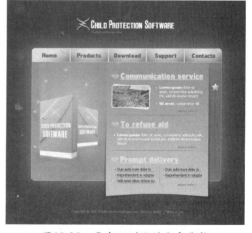

图10-25 带有下划线的文字导航

10.2.4 课堂小实例——垂直对齐方式vertial-align

使用垂直对齐方式可以设置文字的垂直对齐方式。

基本语法：

```
vertical-align:排列取值
```

语法说明：

vertical-align包括以下取值。

★ baseline：浏览器默认的垂直对齐方式。

★ sub：文字的下标。

★ super：文字的上标。

★ top：垂直靠上对齐。

★ text-top：使元素和上级元素的字体向上对齐。

★ middle：垂直居中对齐。

★ text-bottom：使元素和上级元素的字体向下对齐。

在图10-26所示的"区块"分类中的"vertial-align"下拉列表中，可以设垂直对齐方式，在浏览器中浏览效果，如图10-27所示。

其CSS代码如下所示。

```
<style type="text/css">
.ch { vertical-align: super;
    font-family: "宋体";
    font-size: 12px;
```

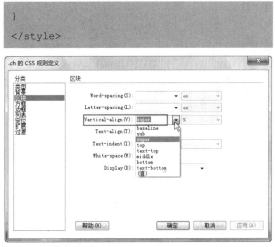

图10-26 设置"垂直对齐方式"

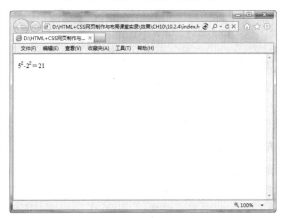

图10-27 纵向排列效果

10.2.5 课堂小实例——文本转换text-transform

text-transform用来转换英文字母的大小写。

基本语法：

```
text-transform:转换值
```

语法说明：

text-transform包括以下取值范围。

★ none：表示使用原始值。

★ lowercase：表示使每个单词的第一个字母大写。

★ uppercase：表示使每个单词的所有字母大写。

★ capitalize：表示使每个字的所有字母小写。

在"text-transform"下拉列表中可以选择"uppercase"选项，如图10-28所示。

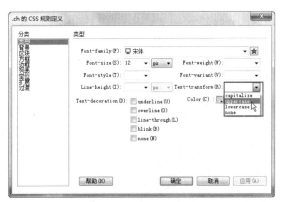

图10-28 设置大小写转换

对网页应用"大写"后，可以看到网页中上半部分的段落英文字母都为大写了，如图10-29所示。

图10-29　转换为"大写"字母

10.2.6　课堂小实例——水平对齐方式text-align

text-align用于设置文本的水平对齐方式。

基本语法：

```
text-align:排列值
```

语法说明：

水平对齐方式取值范围包括left、right、center和justify4种对齐方式。

★　Left：左对齐；

★　Right：右对齐；

★　Center：居中对齐；

★　Justify：两端对齐。

在图10-30所示的"区块"分类中的"text-align"下拉列表中，可以设置文本对齐方式，这里设置为"Left"，设置完成后的效果如图10-31所示。

其CSS代码如下所示。

```
<style type="text/css">
.code {
    font-family: "微软雅黑";
    font-size: 36px;
    font-weight: bold;
    color: #F00;
    text-decoration: underline;
    text-align: left;
}
</style>
```

在网页中，文本的对齐方式一般采用左对齐，标题或导航有时也用居中对齐的方

式，如图10-32所示，网页右侧的导航采用左对齐的方式。

图10-30　设置文本对齐

图10-31　设置文本左对齐后的效果

图10-32　右侧的导航采用左对齐

10.2.7　课堂小实例——文本缩进text-indent

在HTML中只能控制段落的整体向右缩进，如果不进行设置，浏览器则默认为不缩进，而在CSS中可以控制段落的首行缩进及缩进的距离。

基本语法：

```
text-indent:缩进值
```

语法说明：

文本的缩进值可以是长度值或百分比。

在图10-33所示的"区块"分类中的"text-indent"下拉列表中，可以设置缩进的值，设置完成后的效果如图10-34所示。

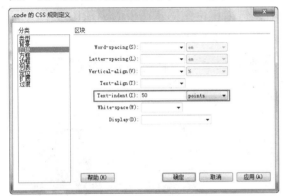

图10-33　设置缩进值

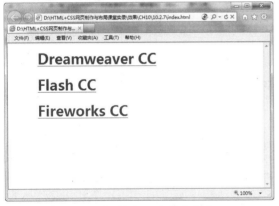

图10-34　文字缩进后的效果

其CSS代码如下所示。

```
<style type="text/css">
.code {
    font-family: "微软雅黑";
    font-size: 36px;
```

```
    font-weight: bold;
    color: #F00;
    text-decoration: underline;
    text-indent: 50pt;
}
</style>
```

文本缩进在网页中比较常见，一般用在网页中段落的开头，图10-35所示的段落使用"text-indent: 30px;"设置了文本缩进。

图10-35　设置了文本缩进

10.2.8　课堂小实例——文本行高line-height

line-height属性可以设置对象的行高，行高值可以为长度、倍数和百分比。

基本语法：

```
line-height:行高值
```

语法说明：

Line-height可以取的值如下所述。

★ Normal：默认。设置合理的行间距。

★ Number：设置数字，此数字会与当前的字体尺寸相乘来设置行间距。

★ Length：设置固定的行间距。

★ %：基于当前字体尺寸的百分比行间距。

★ Inherit：规定应该从父元素继承line-height属性的值。

line-height属性也可以在Dreamweaver中进行可视化操作。在"line-height"后面

的第1个下拉列表中可以输入具体数值，在第2个下拉列表中可以选择单位，如图10-36所示。

图10-36 设置行高属性

其CSS代码如下所示，使用"line-height:"设置行高为200%，设置行高前后在浏览器中的浏览效果，分别如图10-37和图10-38所示。

图10-37 设置行高前

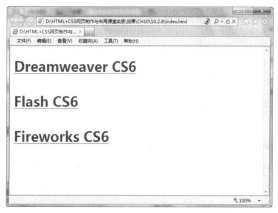

图10-38 设置行高后

```
<style type="text/css">
```

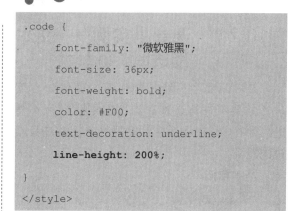

```
.code {
    font-family: "微软雅黑";
    font-size: 36px;
    font-weight: bold;
    color: #F00;
    text-decoration: underline;
    line-height: 200%;
}
</style>
```

行距的变化会对文本的可读性产生很大的影响，一般情况下，接近字体尺寸的行距设置比较适合正文。行距的常规比例为10:12，即用字10点，则行距12点。如"line-height:20pt"、"line-height:150%"。在网页中，行高属性是必不可少的，图10-39所示的网页中的段落文本采用了行距。

图10-39 段落采用了行距

10.2.9 课堂小实例——处理空白white-space

white-space属性用于设置页面内空白的处理方式。

基本语法：

```
white-space:值
```

语法说明：

white-space可以取的值如下所述。

★ normal：是默认属性，即将连续的多个空格合并。

★ Pre：会导致源代码中的空格和换行符被保留，但这一选项只有在Internet Explorer 6中才能正确显示。

★ nowrap：强制在同一行内显示所有文本，直到文本结束或者遇到
标签。

★ pre-wrap：保留空白符序列，但是正常地进行换行。

★ pre-line：合并空白符序列，但是保留换行符。

★ Inherit：规定应该从父元素继承white-space属性的值。

在图10-40所示的"区块"分类中的"white-space"下拉列表中，可以设置属性为pre，white-space，用来处理空白。

其CSS代码如下所示，浏览效果如图10-41所示。

```
<style type="text/css">
.code {
    font-family: "微软雅黑";
    font-size: 36px;
    font-weight: bold;
    color: #F00;
```

```
    text-decoration: underline;
    white-space: pre;
}
</style>
```

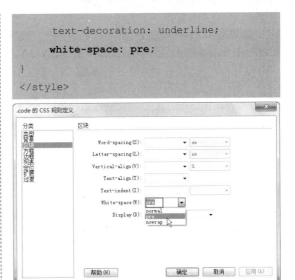

图10-40 设置处理空白

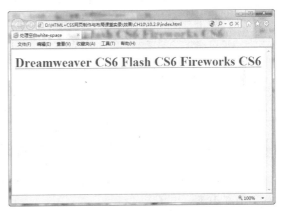

图10-41 设置处理空白

10.3 滤镜

滤镜是对CSS的扩展，与Photoshop中的滤镜相似，它可以用很简单的方法对页面中的文字进行特效处理。使用CSS滤镜属性可以把可视化的滤镜和转换效果添加到一个标准的HTML元素上，例如图片、文本容器，以及其他一些对象。正是由于这些滤镜特效，在制作网页的时候，即使不用图像处理工具对图像进行加工，也可以使文字、图像、按钮鲜艳无比，充满生机。

在"分类"列表中选择"扩展"选项，在Filter右侧的下拉列表中选择要应用的滤镜样式，如图10-42所示。

图10-42 选择Filter样式

IE4.0以上浏览器支持的滤镜属性如表10-3所示。

表10-3　常见的滤镜属性

滤　镜	描　述
Alpha	设置透明度
Blur	建立模糊效果
Chroma	把指定的颜色设置为透明
DropShadow	建立一种偏移的影像轮廓，即投射阴影
FlipH	水平反转
FlipV	垂直反转
Glow	为对象的外边界增加光效
Gray	降低图片的彩色度
Invert	将色彩、饱和度及亮度值完全反转建立底片效果
Light	在一个对象上进行灯光投影
Mask	为一个对象建立透明膜
Shadow	建立一个对象的固体轮廓，即阴影效果
Wave	在X轴和Y轴方向利用正弦波纹打乱图片
Xray	只显示对象的轮廓

10.3.1　课堂小实例——不透明度alpha

Alpha滤镜可以设置图像或文字的不透明度。

基本语法：

```
filter:alpha（参数1=参数值，参数2=参数值，…）
```

语法说明：

alpha滤镜的参数如表10-4所示。

表10-4　alpha属性的参数

参　数	描　述
Opacity	设置对象的不透明度，取值范围为0~100，默认值为0，即完全透明，100为完全不透明
finishopacity	可选项，设置对象透明渐变的结束透明度。取值范围为0~100
style	用于指定渐进的形状，其中0表示无渐进，1为直线渐进，2为圆形渐进，3为矩形渐进
startx	设置透明渐变开始点的水平坐标。其数值作为对象宽度的百分比值处理，默认值为0
starty	设置透明渐变开始点的垂直坐标
finishx	设置透明渐变结束点的水平坐标
finishy	设置透明渐变结束点的垂直坐标

下面通过实例说明Alpha滤镜的使用。

在网页中新建一个样式".a"，在"扩展"分类上的Filter下拉列表中选择Alpha选项，并输入参数值"Alpha(Opacity=100, FinishOpacity=0, Style=3)"，如图10-43所示。

图10-43　Alpha滤镜属性

原始的图像文件如图10-44所示，当样式创建成功以后，应用后的效果如图10-45所示。

图10-44　原始图像

图10-45　设置Style=3效果

10.3.2　课堂小实例——动感模糊blur

假如用手在一幅还没干透的油画上迅速划过，画面就会变得模糊。CSS下的blur属性就会达到这种模糊的效果。

基本语法：

```
filter:blur（add=参数值, direction=参数值，strength=参数值)
```

语法说明：

blur属性中包括的参数如表10-5所示。

表10-5　blur属性的参数

参　数	描　述
add	布尔值，设置滤镜是否激活，它可以取的值包括true和false
direction	用来设置模糊方向，按顺时针的方向以45°为单位进行累积
strength	只能使用整数来指定，代表有多小像素的宽度将受到影响，默认是5个

在"分类"列表中选择"扩展"选项，在"Filter"右侧的下拉列表中选择要应用的滤镜样式Blur，并输入参数值，如图10-46所示。创建完样式后并应用该样式，应用Blur后的效果如图10-47所示。

图10-46　设置Blur滤镜

图10-47　设置Blur滤镜后的效果

其CSS代码如下所示。

```
code {

    filter: Blur(Add=true, Direction=80, Strength=25);

}
```

10.3.3　课堂小实例——对颜色进行透明处理chroma

chroma滤镜用于将对象中指定的颜色显示为透明。

基本语法：

```
filter:chroma(color=颜色代码或颜色关键字)
```

语法说明：

参数color即为要透明的颜色。

在"分类"列表中选择"扩展"选项，在Filter右侧的下拉列表中选择要应用的滤镜Chroma，并输入参数值，如图10-48所示。创建完样式后并应用该样式，应用Chroma后的效果如图10-49所示。

图10-48　设置Chroma滤镜

图10-49　设置Chroma滤镜后的效果

其CSS代码如下所示。

```
<style type="text/css">

.code {filter: Chroma(Color=#ff0000);}

</style>
```

10.3.4 课堂小实例——设置阴影DropShadow

DropShadow属性是为了添加对象的阴影效果。它实现的效果看上去就像使原来的对象离开页面，然后在页面上显示出该对象的投影。

基本语法：

```
dropShadow(color=阴影颜色, offX=参数值, offY=参数值, positive=参数值)
```

语法说明：

dropShadow滤镜的参数如表10-6所示。

表10-6 dropShadow滤镜的参数

参　　数	描　　述
color	设置阴影的颜色
offX	用于设置阴影相对图像移动的水平距离
offY	用于设置阴影相对图像移动的垂直距离
positive	是一个布尔值（0或1），其中0指为透明像素生成阴影，1指为不透明像素生成阴影

在"分类"列表中选择"扩展"选项，在Filter右侧的下拉列表中选择要应用的滤镜dropShadow，并输入参数值，如图10-50所示。创建完样式后并应用该样式，应用dropShadow后的效果如图10-51所示。

图10-50 设置dropShadow滤镜

图10-51 设置dropShadow滤镜后的效果

其CSS代码如下所示。

```
<style type="text/css">
.code {filter: DropShadow(Color=#999999, OffX=10, OffY=20, Positive=5);}
</style>
```

10.3.5　课堂小实例——对象的翻转flipH、flipV

flipH滤镜用于设置沿水平方向翻转对象，flipV滤镜属性用于设置沿垂直方向翻转对象。

基本语法：

```
filter:FlipH
filter:FlipV
```

语法说明：

在"分类"列表中选择"扩展"选项，在Filter右侧的下拉列表中选择要应用的滤镜flipH，用于设置沿水平方向翻转对象，如图10-52所示。在Filter右侧的下拉列表中选择要应用的滤镜flipV，用于设置沿垂直方向翻转对象，如图10-53所示。应用flipH、flipV后的效果如图10-54所示。

图10-52　设置滤镜flipH

图10-53　设置滤镜flipV

其CSS代码如下所示。

```
<style type="text/css">

.p1 {
    filter: FlipH;
```

```
}
.p {
    filter: FlipV;
}
</style>
```

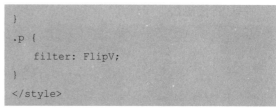

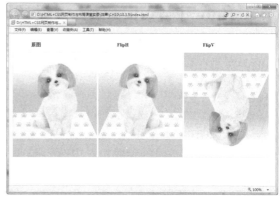

图10-54　对象的翻转效果

10.3.6　课堂小实例——发光效果glow

当对一个对象使用Glow 滤镜后，这个对象的边缘就会产生类似发光的效果。

基本语法：

```
filter:Glow(color=颜色代码, strength=强度值)
```

语法说明：

glow滤镜的参数如表10-7所示。

表10-7　glow滤镜的参数

参　数	描　述
color	设置发光的颜色
strength	设置发光的强度，取值范围为1-255，默认值为5

在"分类"列表中选择"扩展"选项，在Filter右侧的下拉列表中选择要应用的滤镜样式Glow，并输入参数值，如图10-55所示。创建完样式后并应用该样式，应用Glow后的效果如图10-56所示。

其CSS代码如下所示。

```
<style type="text/css">

.p{
    filter: Glow(Color= #F1DB0C, Strength=15);

}

</style>
```

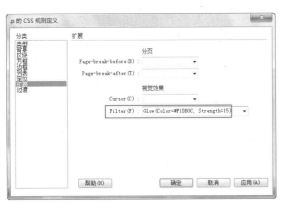

图10-55 应用Glow滤镜

图10-56 应用Glow滤镜后

10.3.7 课堂小实例——灰度处理gray

Gray滤镜可以把一幅图片变成灰度图，它的语法如下所示。

```
filter: Gray;
```

新建一个样式"#apDiv1"，在"CSS规则定义"对话框中选择"扩展"分类。在扩展面板上的Filter下拉列表中选择Gray选项后，如图10-57所示。

图10-57 定义过滤器属性

其CSS代码如下。

```
<style type="text/css">
.p {
    filter: Gray;
}
</style>
```

样式创建成功后，即可应用样式，应用样式前后的效果分别如图10-58和图10-59所示。

图10-58 灰度处理前

图 10-59 灰度处理后

10.3.8　课堂小实例——反相invert

Invert可以把对象的可视化属性全部翻转，包括色彩、亮度值和饱和度。它的语法如下：

```
filter: Invert;
```

在扩展面板上的Filter下拉列表中选择Invert选项后，效果如图10-60所示。

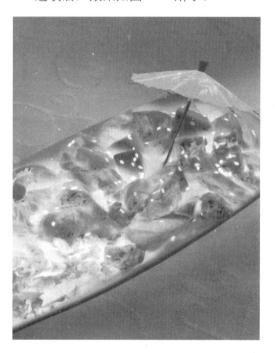

图10-60　反色处理效果

10.3.9　课堂小实例——X光片效果xray

X射线效果属性xray用于加亮对象的轮廓，呈现所谓的"X"光片。

基本语法：

```
filter:xray
```

语法说明：

X光效果滤镜不需要设置参数，是一种很少见的滤镜，它可以像灰色滤镜一样去除对象的所有颜色信息，然后将其反转。

在"分类"列表中选择"扩展"选项，在Filter右侧的下拉列表中选择要应用的滤镜

xray，并输入参数值，如图10-61所示。创建完样式后并应用该样式，应用xray后的效果如图10-62所示。

图10-61　设置xray滤镜

图10-62　设置xray滤镜后的效果

其CSS代码如下所示。

```
.p {
    filter: Xray;
}
```

10.3.10　课堂小实例——波形滤镜wave

wave滤镜属性用于为对象内容建立波浪效果。

基本语法：

```
filter:wave(add=参数值, freq=参数值,
lightstrength=参数值, phase=参数值, strength=
参数值);
```

语法说明：

wave滤镜的参数如表10-8所示。

表10-8 wave滤镜的参数

参 数	描 述
add	是否要把对象按照波形样式打乱，其默认值是true
freq	设置滤镜建立的波浪数目
lightstrength	设置波纹增强光影的效果，取值范围为0~100
phase	设置正弦波开始处的相位偏移
strength	设置对象为基准的在运动方向上的向外扩散距离

在"分类"列表中选择"扩展"选项，在Filter右侧的下拉列表中选择要应用的滤镜wave，并输入参数值，如图10-63所示。创建完样式后并应用该样式，应用wave后的效果如图10-64所示。

图10-63 设置wave滤镜

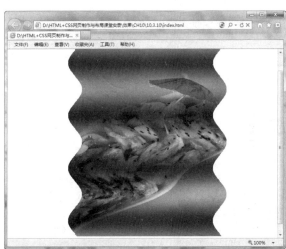

图10-64 设置wave滤镜后的效果

其CSS代码如下所示。

```html
<style type="text/css">
.p {
    filter: Wave(Add=true, Freq=4, LightStrength=80, Phase=20, Strength=20);
}
</style>
```

10.4 实战应用——CSS字体样式综合演练

前面对CSS设置文字的各种效果进行了详细的介绍，下面通过实例，讲述CSS字体样式的综合使用。

01 打开网页文档，选中设置样式的文本，单击鼠标右键，在弹出的快捷菜单中选择"CSS样式"|"新建"命令，如图10-65所示。

02 弹出 "新建CSS规则" 对话框，"选择器类型" 选择 "类"，"选择器名称" 设置为 ".h"，"规则定义" 选择 "仅限该文档"，如图10-66所示。

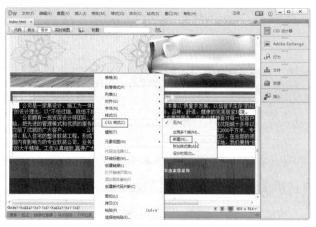

图10-65　打开网页文档

图10-66　"新建CSS规则" 对话框

03 单击 "确定" 按钮。弹出 ".h的CSS规则定义" 对话框，在 "分类" 列表中选择 "类型" 选项，将 "Font-family" 设置为 "宋体"，"Font-size" 设置为12像素，"color" 设置为 "#702102"，"Line-height" 设置为350%，"Text-decoration" 设置为下划线，如图10-67所示。

04 设置完毕，单击 "确定" 按钮。其CSS代码如下所示。

```
.h {
    font-family: "宋体";
    font-size: 12px;
    line-height: 350%;
    color: #702102;
    text-decoration: underline;
}
```

05 设置完毕，单击 "确定" 按钮。选择文档中的文字，在属性面板中的 "目标规则" 下拉菜单中选择新建的样式.h，应用新建的样式，如图10-68所示。

图10-67　".h的CSS规则定义" 对话框

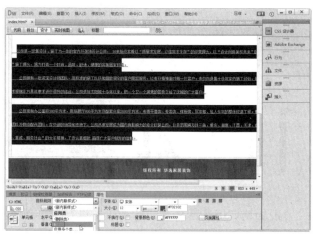

图10-68　对文本应用样式

06 保存文档，在浏览器中预览效果，如图10-69所示。

图10-69　应用CSS样式效果

10.5 课后练习

一、填空题

（1）使用_____属性可以将小写的英文字母转变为大写，而且在大写的同时，能够让字母大小保持与小写时一样的尺寸高度。

（2）文本的段落样式定义整段的文本特性。在CSS中，主要包括_____、_____、_____、_____、_____和_____等。

（3）_____属性是为了添加对象的阴影效果的。它实现的效果看上去就像使原来的对象离开页面，然后在页面上显示出该对象的投影。

二、选择题

（1）字体的大小属性_____用来定义字体的大小。

A. font-family　　　　　　　　B. font-size　　　　　　　　C. font-weight

（2）使用文字修饰_____属性可以对文本进行修饰，如设置下划线、删除线等。

A. text-transform　　　　　　B. word-spacing　　　　　　C. text-decoration

（3）_____可以把对象的可视化属性全部翻转，包括色彩、亮度值和饱和度。

A. Invert　　　　　　　　　　B. flipH　　　　　　　　　　C. Gray

三、操作题

应用CSS样式效果如图10-70所示。

图10-70　应用CSS样式效果

10.6 本课小结

文字是人类语言最基本的表达方式，文本的控制与布局在网页设计中占了很大比例，文本与段落也可以说是最重要的组成部分，在网页中添加文字并不困难，主要问题是如何编排这些文字，以及控制这些文字的显示方式，让文字看上去编排有序、整齐美观。本课主要讲述了设置文字格式、设置段落格式和滤镜的使用。通过本课的学习，读者应对网页中文字格式和段落格式的应用有一个深刻的了解。

第11课
用CSS设计图片和背景

本课导读

　　图像是网页中最重要的元素之一，图像不但能美化网页，而且与文本相比能够更直观地说明问题。美观的网页是图文并茂的，一幅幅图像和一个个漂亮的按钮，不但使网页更加美观、生动，而且使网页中的内容更加丰富。可见，图像在网页中的作用是非常重要的。

技术要点

★ 设置网页的背景
★ 设置背景图片的样式
★ 设置网页图片的样式
★ 给图片添加边框
★ 图文绕排效果

实例展示

网页背景图片与背景颜色类似

图片和文字混排

给图片添加边框

图文绕排效果

11.1 设置网页的背景

背景属性是网页设计中应用非常广泛的一种技术。通过背景颜色或背景图像，能给网页带来丰富的视觉效果。HTML的各种元素基本上都是支持background属性。

11.1.1 课堂小实例——背景颜色

在HTML中，利用<body>标记中的bgcolor属性可以设置网页的背景颜色，而在CSS中使用background-color属性，不但可以设置网页的背景颜色，还可以设置文字的背景颜色。

基本语法：

```
background-color:颜色取值
```

语法说明：

background-color用于设置对象的背景颜色。背景颜色的默认值是透明色，大多数情况下可以不用此方法进行设置。

可取的值如下所示。

★ 颜色名称：规定颜色值为颜色名称的背景颜色，如red。

★ 颜色值：规定颜色值为十六进制值的背景颜色，如#ff00ff。

★ Rgb名称：规定颜色值为rgb代码的背景颜色，如 rgb(255,0,0)。

★ Transparent：默认，背景颜色为透明。

使用"CSS规则定义"对话框的"背景"可以对网页的任何元素应用背景属性。例如，定义一个表格对象的背景颜色，如图11-1所示，背景颜色效果如图11-2所示。

其CSS代码如下：

```
.table {background-color: #0000FF;}
```

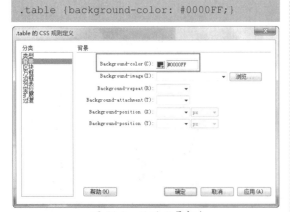

图 11-1 设置背景颜色

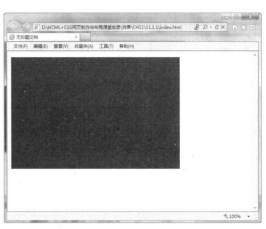

图 11-2 背景颜色效果

background-color属性为元素设置一种纯色。这种颜色会填充元素的内容、内边距和边框区域，扩展到元素边框的外边界。如图11-3所示，网页中经常使用background-color设置背景颜色。

图11-3 网页背景颜色

11.1.2 课堂小实例——背景图片

CSS的背景属性background提供了众多属性值，如颜色、图像、定位等，为网页背景图像的定义提供了极大的便利。背景图片和背景颜色的设置基本相同，使用background-image属性可以设置元素的背景图片。

基本语法:

```
background-image:url(图片地址)
```

语法说明:

图片地址可以是绝对地址,也可以是相对地址。使用"CSS规则定义"对话框的"背景"类别中的"background-image"可以定义CSS样式的背景图片。也可以对页面中的任何元素应用背景属性。

例如定义一个Div对象的背景图片,如图11-4所示,背景图片效果如图11-5所示。

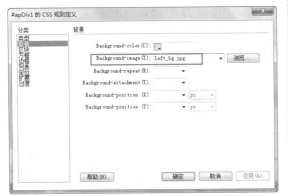

图11-4 设置背景图片

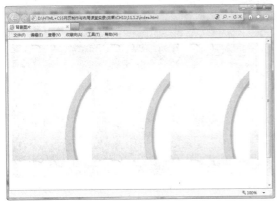

图11-5 背景图片效果

其CSS代码如下:

```
#apdiv1 {background-image: url(left_bg.jpg);}
```

了解并熟悉了以上background属性及属性值之后,很容易地就可以对网页的背景图片做出合适的处理。但是在这里有一个小技巧,那就是在定义了background-image属性之后,应该定义一个与背景图片颜色相近的background-color值,这样在网速缓慢背景图片未加载完成,或是背景图片丢失之后,仍然可以提供很好的文字可识别性。图11-6所示的网页背景图片是一张黄色的底图,那么文字的颜色自然而然会选择浅色调的绿色,如果此时背景图片未加载完成或者图片丢失,就需要定义一个浅黄色的背景颜色,才可以保持文字的可识别性。

图11-6 网页背景图片与背景颜色类似

11.2 设置背景图片的样式

利用CSS可以精确地控制背景图片的各项设置。可以决定是否铺平及如何铺平,背景图片应该滚动还是保持固定,以及将其放在什么位置。

11.2.1 课堂小实例——背景图片重复

使用CSS来设置背景图片同传统的做法一样简单,但相对于传统控制方式,CSS提供了更多的可控选项,图片的重复方式,共有4种平铺选项,分别是no-repeat、repeat、repeat-x、repeat-y。

基本语法：

```
background-repeat: no-repeat | repeat| repeat-x| repeat-y;
```

语法说明：

background-repeat的属性值如表11-1所示。

表11-1　background-repeat的属性值

属 性 值	描 述
no-repeat	背景图像不重复
repeat	背景图像重复排满整个网页
repeat-x	背景图像只在水平方向上重复
repeat-y	背景图像只在垂直方向上重复

背景重复用于设置对象的背景图片是否铺平及如何铺排。必须先指定对象的背景图片。在"背景"类别中的"background-repeat"下拉列表中选择属性值，如图11-7所示，效果如图11-8所示。

图11-7　设置重复属性

图11-8　向重复效果

其CSS代码如下：

```
#apDiv1 {
    background-image: url(tqyb.gif);
    background-repeat: repeat-x;
}
```

平铺选项是在网页设计中能够经常使用到的一个选项，例如网页中常用的渐变式背景。采用传统方式制作渐变式背景，往往需要宽度为1px的背景进行平铺，但为了使纵向不再进行平铺，往往高度设为高于1000px。采用repeat-x方式的话，只需要将渐变背景按需要高度设计就行，不再需要使用超高的图片来平铺了，如图11-9所示。

图11-9　平铺背景图片

11.2.2　课堂小实例——背景图片附件

在网页中，背景图片通常会随网页的滚动而一起滚动。background-attachment属性设置背景图片是否固定或者随着页面的其余部分滚动。

基本语法：

```
background-attachment: scroll|fixed;
```

语法说明：

background-attachment的属性值如表11-2所示。

表11-2 background-attachment的属性值

属性值	描述
scroll	背景图片随对象内容滚动
fixed	当页面的其余部分滚动时，背景图片不会移动

固定背景属性一般都是用于整个网页的背景图片，即<body>标签内容设定的背景图片。在"body的CSS规则定义"对话框的"背景"类别中的"background-attachment"下拉列表中选择fixed选项，即可实现页面滚动时背景图片保持固定，如图11-10所示。

其CSS代码如下：

```
.body {background-attachment: fixed;}
```

固定背景属性在网站中经常用到，一般都是将一幅大的背景图片固定，在页面滚动时，网页中的内容可以浮动在背景图片的不同位置上。如图11-11所示的网页，在浏览器中可以看到页面滚动时，背景图片仍保持固定。

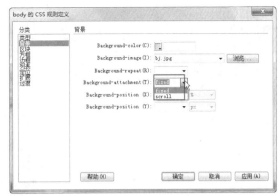

图 11-10 选择fixed选项

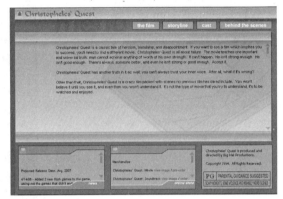

图11-11 固定背景网页

11.2.3 课堂小实例——背景图片定位

除了图片重复方式的设置，CSS还提供了背景图片定位功能。在传统的表格式布局中，即使使用图片，也没有办法提供精确到像素级的定位方式，一般是通过透明GIF图片来强迫图片到目标位置上的。background-position属性设置背景图像的起始位置。

基本语法：

```
background-position:取值;
```

语法说明：

background- position的属性值如表11-3所示。

表11-3 background- position的属性值

属性值	描述
background-position(X)	设置图片水平位置
background- position(Y)	设置图片垂直位置

这个属性设置背景原图片（由background-image定义）的位置，背景图像如果要重复，将从这一点开始。在"背景"类别中的"background- position(X)"和"background-position(Y)"处设置其属性，如图11-12所示，效果如图11-13所示。

图11-12 设置水平垂直属性

图 11-13 背景定位

其CSS代码如下：

```css
body {background-attachment: fixed;
    background-image: url(bj.gif);
    background-repeat: no-repeat;
    background-position: 40px 60px;}
```

背景图片定位功能可以
用于图像和文字的混合排版
中，将背景图片定位在适合
的位置上，以获得最佳的效
果，图11-14所示的网页就是
采用背景图片的定位功能将
图片和文字混排。

图11-14　图片和文字混排

"background-position(X)"和"background-position(Y)"属性的单位可以使用pixels、points、inches、em等，也可以使用比例值来设定背景图片的位置，如图11-15所示。这里设置background-position: 50% 5%，实例效果如图11-16所示。

图11-15　属性的单位

图11-16　50% 5%

其CSS代码如下：

```css
body {background-attachment: fixed;
    background-image: url(bj.gif);
    background-repeat: no-repeat;
    background-position: 50% 5%;}
```

代码"background-position: 50% 5%;"表明背景图像在水平距离左侧50%，垂直距离离顶部5%的位置显示。

在背景定位属性的下拉列表中也提供了top、center、bottom参数值。在"背景"类别中的"background- position(X)"和"background- position(Y)"下拉列表处可以设置这些参数，如图11-17所示。这里设置"background-position: 50% center"，实例效果如图11-18所示。

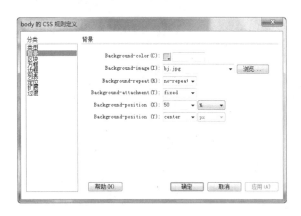

图 11-17　背景定位属性　　　　　　　　　　图11-18　50% center

其CSS代码如下：

```
body {background-attachment: fixed;
    background-image: url(bj.gif);
    background-repeat: no-repeat;
    background-position: 50% center;}
```

11.3　设置网页图片的样式

在网页中恰当地使用图像，能够充分展现网页的主题和增强网页的美感，同时能够极大地吸引浏览者的目光。网页中的图像包括Logo、Banner、广告、按钮及各种装饰性的图标等。CSS提供了强大的图像样式控制能力，以帮助用户设计专业美观的网页。

11.3.1　课堂小实例——设置图片边框

默认情况下，图像是没有边框的，通过"边框"属性可以为图像添加边框线。新建样式"#apDiv1"，在"边框"分类中进行设置，如图11-19所示。定义图像的边框属性后，在图像四周出现了4px宽的实线边框，效果如图11-20所示。

图 11-19　设置边框属性　　　　　　　　　　图11-20　图像边框效果

其CSS代码如下：

```
#apDiv1 {border: 4px solid #FF6633;}
```

在边框分类中的"样式"下拉列表中可以选择边框的样式外观。Dreamweaver在文档窗口中将所有样式呈现为实线。取消选择"全部相同"复选项可设置元素各个边的边框style。"width"设置元素边框的粗细。"color"设置边框的颜色。可以分别设置每条边框的颜色。

例如设置4px的虚线边框，如图11-21所示，实际效果如图11-22所示。

图11-21　设置边框属性

图11-22　虚线效果图

其CSS代码如下：

```
#apDiv1 {border: 4px dashed #FF6633;}
```

通过改变边框style、width和color，可以得到下列各种不同效果。

（1）设置"border: 4px dotted #FF6633;"，效果如图11-23所示。

（2）设置"border: 8px double #FF6633;"，效果如图11-24所示。

图11-23　点划线效果

图11-24　双线效果

（3）设置"border: 30px groove #FF6633;"，效果如图11-25所示。

图11-25　槽状效果

（4）设置"border:30px ridge #FF6633;"，效果如图11-26所示。

（5）设置"border: 30px inset #FF6633;"，效果如图11-27所示。

图 11-26　脊状效果

图 11-27　3D凹陷效果

（6）设置"border: 30px outset #FF6633;"，效果如图11-28所示。

图11-28　3D凸出效果

图11-29所示的网页中的图片就使用了边框样式。

图11-29　图片就使用了边框样式

11.3.2　课堂小实例——图文混合排版

在网页中只有文字是非常单调的，因此在段落中经常会插入图像。在网页构成的诸多要素中，图像是形成设计风格和吸引视觉的重要因素之一。图11-30所示的网页就是图文混排的网页。

图11-30　图文混排网页

可以先插入一个Div标签，再将图像插入Div对象中。新建样式.pic，设置Float属性为right，使文字内容显示在img对象旁边，从而实现文字环绕图像的排版效果，如图11-31所示。

```
float: right;
padding: 10px;}
```

图 11-31　方框属性设置

为了使文字和图像之间保留一定的内边距，还要定义.pic的Padding属性，预览效果如图11-32所示。

其CSS代码如下：

```
.pic {
```

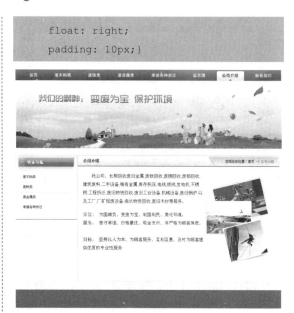

图 11-32　图像居右效果

如果要使图像居左，用同样的方法设置"float: left"　其代码如下：

```
.pic {float: left;
    padding: 10px;}
```

11.4 实战应用

前面几节我们学习了图像和背景的设置，下面我们通过一些实例来具体讲述操作步骤，以达到学以致用的目的。

▌11.4.1　实战1——给图片添加边框

图像是网页中最重要的元素之一，美观的图像会为网站增添生命力，同时也加深用户对网站的印象。下面讲述图像边框的添加，具体操作步骤如下所述。

01 打开网页文档，将光标置于网页文档中要插入图像的位置，如图11-33所示。

02 选择"插入"|"图像"|"图像"命令，弹出"选择图像源文件"对话框，从中选择需要的图像文件，如图11-34所示。

图11-33　打开网页文档

图11-34　"选择图像源文件"对话框

03 单击"确定"按钮，图像就插入到网页中了，如图11-35所示。

图11-35　插入图像

04 新建CSS样式，在".tu的CSS规则定义"对话框中选择"边框"分类选项，在对话框中将Style样式设置为solid，width设置为medium，color设置为#FF5603，如图11-36所示。

```
<style type="text/css">
.tu {
    border: medium solid #FF5603;
}
</style>
```

图11-36　设置边框属性

05 选中图像，打开属性面板，在面板中的Class中选择新建的样式".tu"，应用新建的样式，如图11-37所示。

06 应用样式后，可以清晰地看到图像的线框，预览效果如图11-38所示。

图11-37　应用样式

图1-38　边框效果

11.4.2　实战2——图文绕排效果

利用Dreamweaver制作网页时，在插入图片后，文字会强迫移动到图片的下一列，留的空白过多。可以用CSS语法让文字直接环绕图片而不需要使用图层。

01 打开网页文档，如图11-39所示。

02 新建样式.tw1，打开".tw1的CSS规则定义"对话框，在对话框中选择"方框"选项，在对话框中将Float属性设置为right，为了使文字和图像之间保留一定的内边距，将padding设置为"全部相同"，如图11-40所示。

图11-39　打开网页文档

图11-40　".tw1的CSS规则定义"对话框

其CSS代码如下:

```
.tw1 {
    padding: 5px;
    float: right;
}
```

03 选中要设置图文绕排的图片,打开属性面板,在面板中的Class中的下拉菜单中选择新建的样式,如图11-41所示。

04 新建样式.tw2,打开".tw2的CSS规则定义"对话框,在对话框中选择"方框"选项,将Float属性设置为left,为了使文字和图像之间保留一定的内边距,将padding设置为全部相同,如图11-42所示。

图11-41　应用样式

图11-42　".tw2的CSS规则定义"对话框

其CSS代码如下:

```
.tw2 {padding: 5px;
    float: left;}
```

05 同样我们也选中第二个图片,设置其图文绕排,如图11-43所示。

06 保存文档,按<F12>键,在浏览器中预览效果,如图11-44所示。

图11-43　设置图片属性　　　　　图11-44　图文绕排效果

11.5　课后练习

一、填空题

（1）在HTML中，利用<body>标记中的_____属性可以设置网页的背景颜色，而在CSS中使用_____属性，不但可以设置网页的背景颜色，还可以设置文字的背景颜色。

（2）使用CSS来设置背景图片同传统的做法一样简单，但相对于传统控制方式，CSS提供了更多的可控选项，图片的重复方式，共有4种平铺选项，分别是_____、_____、_____和_____等。

（3）在网页中，背景图片通常会随网页的滚动而一起滚动。_____属性设置背景图片是否固定或者随着页面的其余部分滚动。

二、操作题

应用CSS样式创建图像的边框效果，如图11-45所示。

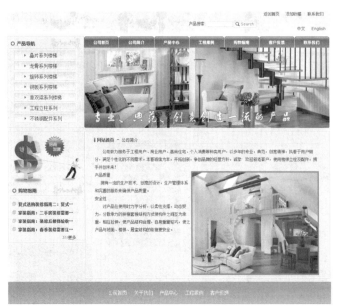

图11-45 应用CSS样式创建图像边框效果

11.6 本课小结

本课主要介绍CSS设置网页的背景和背景图片样式的方法。通过本课的学习，使读者对网页中的图像有了更深刻的认识，不但使网页更加美观、生动，而且使网页中的内容更加丰富。

第12课
用CSS制作实用的菜单和网站导航

本课导读

在HTML文档中，列表用于提供结构化的、容易阅读的消息格式，可以帮助访问者方便地找到信息，并引起访问者对重要信息的注意。本课将介绍多种不同类型的列表，包括无序列表及有序列表等。

技术要点

- ★ 列表控制概述
- ★ 列表样式控制
- ★ 横排导航
- ★ 竖排导航
- ★ 实现背景变换的导航菜单
- ★ 利用CSS制作横向导航
- ★ 制作网页下拉菜单

12.1 列表的使用

列表用于将相关联的信息集合在一起，这样这些相关联的信息就被紧密地相互联系在一起，便于人们阅读。在现代Web开发中，列表是广泛使用的元素，频繁地用于导航和一般内容中。

从文档结构上来看，因为使用列表有助于创建出结构良好、更容易访问且易于维护的Web文档，因此使用列表是很好的选择。此外列表还为你提供了可附加CSS样式的额外元素，有助于应用各种样式。

HTML有3种列表形式：排序列表（Ordered List）；不排序列表（Unordered List）；定义列表（Definition List）。

排序列表（Ordered List）：排序列表中，每个列表项前标有数字，表示顺序。排序列表由<ol>开始，每个列表项由<li>开始。

不排序列表（Unordered List）：不排序列表不用数字标记每个列表项，而采用一个符号标志每个列表项，比如圆黑点。不排序列表由<ul>开始，每个列表项由<li>开始。

定义列表：定义列表通常用于术语的定义。定义列表由<dl>开始。术语由<dt>开始，英文意为Definition Term。术语的解释说明，由<dd>开始，<dd></dd>里的文字缩进显示。

12.2 列表样式控制

列表是一种非常实用的数据排列方式，它以条列式的模式来显示数据，可以帮助访问者方便地找到所需信息，并引起访问者对重要信息的注意

12.2.1 课堂小实例——ul无序列表

无序列表是Web标准布局中最常用的样式，ul用于设置无序列表，在每个项目文字之前，以项目符号作为每条列表项的前缀，各个列表之间没有顺序级别之分。表12-1所示为ul标记的属性。

表12-1　ul标记的属性定义

	属 性 名	说 明
标记固有属性	type = 项目符合	定义无序列表中列表项的项目符号图形样式
可在其他位置定义的属性	id	在文档范围内的识别标志
	class	
	lang	语言信息
	dir	文本方向
	title	标记标题
	style	行内样式信息

基本语法：

```
<ul>
<li>列表</li>
<li>列表</li>
<li>列表</li>
……
```

```
</ul>
```

语法说明：

在该语法中，<ul>和</ul>标记表示无序列表的开始和结束，<li>则表示一个列表项的开始。在"代码"视图中输入如下代码，如图12-1所示。

```html
<table border="0" align="center" cellpadding="0" cellspacing="0">
  <tr>
    <td width="701" height="259" valign="top"><p class="ys">
      <ul>
        <li>优惠政策： </li>
      </p>
      <p>逸景嘉园一期现房，二期准现房清盘盛惠全城公开。户户太阳能、垃圾粉碎、新风系统，三大科技美宅礼献莲城！ 超宽楼间距、完美的户型设计、尽收眼底的春天美景，还在犹豫什么，立刻抢购吧！</p>
        <li>活动时间： </li>
      <p> 2014年7月29日--8月30日</p>
        <li>活动内容： </li>
      </p>
      <p>购买复式的客户，可获得30000元的家电基金；<br>
        <br>
        购买三房的客户，可获得20000元的家电基金；<br>
      <br>
        购买两房的客户，可获得10000元的家电基金；<br>
      </p>
      </ul>
</td>
</tr>
</table>
```

代码中加粗的部分用来设置无序列表，运行代码在浏览器中预览网页，如图12-2所示，每个列表项用圆黑点表示。

图12-1 "代码"视图

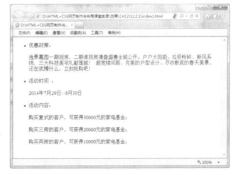

图12-2 设置无序列表

12.2.2 课堂小实例——ol有序列表

有序列表使用编号，而不是项目符号来进行排列，列表中的项目采用数字或英文字母开头，通常各项目之间有先后顺序性。ol标记的属性及其介绍如表12-2所示。

表12-2　ol标记的属性定义

	属 性 名	说 明
标记固有属性	type = 项目符合	有序列表中列表项的项目符号格式
	start	有序列表中列表项的起始数字
可在其他位置定义的属性	id	在文档范围内的识别标志
	lang	语言信息
	dir	文本方向
	title	标记标题
	style	行内样式信息

基本语法：

```
<ol>
<li>列表1</li>
<li>列表2</li>
<li>列表3</li>
......
</ol>
```

语法说明：

在该语法中，<ol>和</ol>标记标志着有序列表的开始和结束，而<li>和</li>标记表示一个列表项的开始。

在"代码"视图中输入如下代码，如图12-3所示。

```
<ol>
<p> 房型名称                价格(单位：元)                早餐</p>
<li>标准房                  1580                        无</li>
<li>豪华房                  1800                        有</li>
<li>普通套房                2300                        有</li>
<li>豪华套房                2500                        有</li>
<li>行政套房                4500                        有</li>
</ol>
```

运行代码在浏览器中预览网页，如图12-4所示。

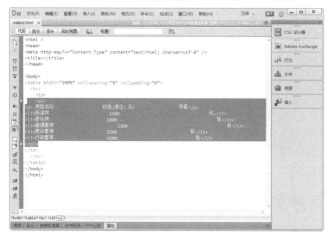

图12-3　输入代码

图12-4　设置有序列表

12.2.3　课堂小实例——dl定义列表

定义列表由两部分组成，包括定义条件和定义描述。定义列表由<dl>元素起始和结尾，<dt>用来指定定义条件，<dd>用来指定定义描述。

基本语法：

```
<dl>
<dt>定义条件</dt>
<dd>定义描述</dd>
… …
</dl>
```

在代码视图中输入如下代码，如图12-5所示。

```
<table width="100%" cellspacing="0" cellpadding="0">
  <tr>
    <td>
    <dl>
<dt>咖啡厅</dt>
<dd>环境优雅、舒适的咖啡厅位于酒店一楼，每日为您提供款式多样、丰盛美味的西式自助早餐。还有品种繁多的美式、
欧陆式、中式早餐零点及中、西式午、晚套餐任您选择。</dd>
  <dt>食府</dt>
  <dd>富丽堂皇的食府位于酒店三楼，室内另设七个包厢。古典的韵味，精致的菜肴，个性化的服务，这一切将给您一种
特别的感受。食府为您提供中国特色菜，选料讲究，做工精细。</dd>
  </dl>
</td>
</tr>
</table>
```

代码中加粗的部分用来设置定义列表，运行代码在浏览器中预览网页，如图12-6所示。

图12-5　代码视图

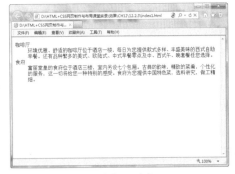

图12-6　设置定义列表

12.2.4 更改列表项目样式

使用start属性可以调整有序列表的起始数值，这个数值可以对数字起作用，也可以作用于英文字母或者罗马数字。

基本语法：

```
<ol start="起始数值">
<li>列表</li>
<li>列表</li>
<li>列表</li>
......
</ol>
```

在"代码"视图中输入如下代码，如图12-7所示。

```
<table width="100%" cellspacing="0" cellpadding="0">
  <tr><td>
  <ol type="1" start="5">
    <p> 房型名称      价格(单位：元)          早餐</p>
    <li>标准房         1580              无</li>
    <li>豪华房         1800              有</li>
    <li>普通套房       2300              有</li>
    <li>豪华套房       2500              有</li>
    <li>行政套房       4500              有</li>
  </ol>
  </td>
  </tr>
</table>
```

在代码中加粗的代码标记将有序列表的起始数值设置为从第5个小写英文字母开始，在浏览器中浏览效果，如图12-8所示。

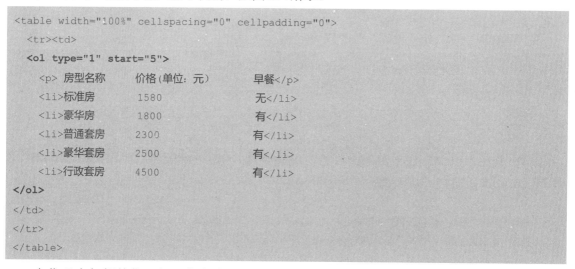

图12-7 代码视图　　　　　　　　　　　　　图12-8 设置有序列表的起始数值

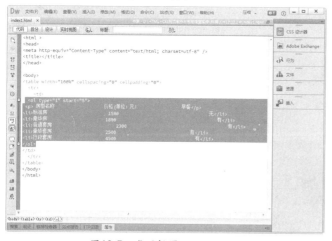

提示

网页在不同浏览器中的显示可能不一样，HTML标准没有指定网页浏览器应如何格式化列表，因此使用旧浏览器的用户看到的缩进可能与在这里看到的不同。

12.3 横排导航

　　网站导航都含有超链接，因此，一个完整的网站导航需要创建超链接样式。导航栏就好像一本书的目录，对整个网站有着很重要的作用。

12.3.1 课堂小实例——文本导航

　　横排导航一般位于网站的顶部，是一种比较重要的导航形式。图12-9所示是一个用表格式布局制作的横排导航。

　　根据表格式布局的制作方法，图12-9所示的导航一共由6个栏目组成，所以需要在网页文档中插入1个1行6列的表格，在每行单元格td标签内添加导航文本，其代码如下。

图12-9　横排导航

```
<table width="480" border="1" cellpadding="5" cellspacing="3"
bgcolor="#FFFFCC">
  <tr>
    <td><a href="index.htm">首页</a></td>
    <td><a href="about.htm">关于我们</a></td>
    <td><a href="product.htm">产品介绍</a></td>
    <td><a href="technical.htm">技术支持</a></td>
    <td><a href="bbs.htm">客户服务</a></td>
    <td><a href="we.htm">联系我们</a></td>
  </tr>
</table>
```

　　可以使用ul列表来制作导航。实际上导航也是一种列表，可以理解为导航列表，导航中的每个栏目就是一个列表项。用列表实现导航的XHTML源代码如下。

```
<ul id="nav">
    <li><a href="index.htm">首页</a></li>
    <li><a href="about.htm">关于我们</a></li>
    <li><a href="product.htm">产品介绍</a></li>
    <li><a href="technical.htm">技术支持</a></li>
    <li><a href="bbs.htm">客户服务</a></li>
    <li><a href="we.htm">联系我们</a></li>
</ul>
```

　　其中，#nav对象是列表的容器，列表效果如图12-10所示。

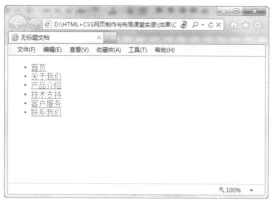

图12-10　列表效果

定义无序列表nav的边距，及填充均为零，并设置字体大小为12px。

```
#nav { font-size:12px;
    margin:0;
    padding:0;
    white-space:nowrap; }
```

不希望菜单还未结束就另起一行，强制在同一行内显示所有文本，直到文本结束或者遇到br对象。

```
#nav li {display:inline;
    list-style-type: none;}
#nav li a { padding:5px 8px;
    line-height:22px;}
```

★ "display:inline;"：内联（行内），将li限制在一行来显示。

★ "list-style-type: none;"：列表项预设标记为无。

★ "padding:5px 8px;"：设置链接的填充，上下为5px左右为8px。

★ "line-height:22px;"：设置链接的行高为22px。

```
#navlia:link,#navlia:visited{color:#fff;
    text-decoration:none;
    background:#06f;}
#navlia:hover{background-color: #090;}
```

定义链接的link、visited。

★ "color:#fff;"：字体颜色为白色；

★ "text-decoration:none;"：去除了链接文字的下划线；

★ "background:#06f;"：链接在link、visited状态下背景色为蓝色。

★ "a:hover"状态下"background-color: #090;"：鼠标激活状态链接的背景色为绿色。

至此就完成了这个实例，CSS横向文本导航最终效果如图12-11所示。

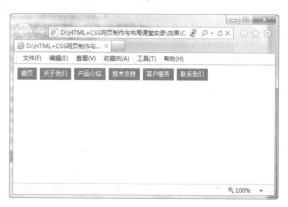

图12-11　文本导航

利用CSS制作的横向文本导航在网页上比较常见，图12-12所示为网页顶部的横排文本导航。

图12-12　网页顶部的横排文本导航

12.3.2　课堂小实例——标签式导航

在横排导航设计中经常会遇见一种类似文件夹标签的样式。这种样式的导航不仅美观，而且能够让浏览者清楚地知道目前处在哪一个栏目，因为当前栏目标签会呈现与其他栏目标签不同的颜色或背景。图12-13所示的网页顶部的导航就是标签式导航。

要使某一个栏目成为当前栏目，必须对这个栏目的样式进行单独设计。对于标签式导航，首先从比较简单的文本标签式导航入手。

图12-13　标签式导航

```html
<div id="tabs">
  <ul>
    <li><a href="#"><span>手机通讯</span></a></li>
    <li><a href="#"><span>手机配件</span></a></li>
    <li><a href="#"><span>数码影像</span></a></li>
    <li><a href="#"><span>时尚影音</span></a></li>
    <li><a href="#"><span>数码配件</span></a></li>
    <li><a href="#"><span>电脑整机</span></a></li>
      <li><a href="#"><span>电脑软件</span></a></li>
  </ul>
</div>
```

CSS代码如下，效果如图12-14所示。

| 手机通讯 | 手机配件 | 数码影像 | 时尚影音 | 数码配件 | 电脑整机 | 电脑软件 |

图12-14　标签式导航

```css
h2 {
    font: bold 14px    "黑体";
    color: #000;
    margin: 0px;
    padding: 0px 0px 0px 15px;
}
  /* 定义#tabs对象的浮动方式、宽度、背景颜色、字体大小、行高和边框*/
#tabs {
    float:left;
```

```
       width:100%;

       background:#EFF4FA;

       font-size:93%;

       line-height:normal;

       border-bottom:1px solid #DD740B;

       }
/* 定义#tabs对象里无序列表的样式  */
   #tabs ul {

   margin:0;

   padding:10px 10px 0 50px;

   list-style:none;

       }
/* 定义#tabs对象里列表项的样式  */
   #tabs li {

       display:inline;

       margin:0;

       padding:0;

       }
/* 定义#tabs对象里链接文字的样式  */
   #tabs a {

       float:left;

       background:url("tableftI.gif") no-repeat left top;

       margin:0;

       padding:0 0 0 5px;

       text-decoration:none;

       }
   #tabs a span {

       float:left;

       display:block;

       background:url("tabrightI.gif") no-repeat right top;

       padding:5px 15px 4px 6px;

       color:#FFF;

       }
   #tabs a span {float:none;}
/* 定义#tabs对象里链接文字激活时的样式 */
   #tabs a:hover span {

       color:#FFF;

       }
   #tabs a:hover {

       background-position:0% -42px;

       }
   #tabs a:hover span {

       background-position:100% -42px;

       }
```

12.4 课堂小实例——竖排导航

竖排导航是比较常见的导航，下面制作图12-15所示的CSS竖排导航，具有立体的美感，鼠标事件引发边框和背景属性变化。

网页设计教程
Dreamweaver
Flash
Fireworks
Photoshop
电脑维修
程序设计
办公用品

图12-15 竖排导航

（1）在<body>与</body>之间输入以下代码。

```
<div id="nave">
<ul id="navlist">
    <li id="active"><a href="#" id="current">网页设计教程</a>
    <ul id="subnavlist">
    <li id="subactive"><a href="#" id="subcurrent">Dreamweaver</a></li>
    <li><a href="#">Flash</a></li>
    <li><a href="#">Fireworks</a></li>
    <li><a href="#">Photoshop</a></li>
    </ul>
    </li>
    <li><a href="#">电脑维修</a></li>
    <li><a href="#">程序设计</a></li>
    <li><a href="#">办公用品</a></li>
</ul>
</div>
```

（2）#nave对象是竖排导航的容器，其CSS代码如下。

```
#nave { margin-left: 30px; }
#nave ul
{
    margin: 0;
    padding: 0;
    list-style-type: none;
    font-family: verdana, arial, Helvetica, sans-serif;
}
    #nave li { margin: 0; }
    #nave a
```

```
{
display: block;
padding: 5px 10px;
width: 140px;
color: #000;
background-color: #FFCCCC;
text-decoration: none;
border-top: 1px solid #fff;
border-left: 1px solid #fff;
border-bottom: 1px solid #333;
border-right: 1px solid #333;
font-weight: bold;
font-size: .8em;
background-color: #FFCCCC;
background-repeat: no-repeat;
background-position: 0 0;
}
#nave a:hover
{
color: #000;
background-color: #FFCCCC;
text-decoration: none;
border-top: 1px solid #333;
border-left: 1px solid #333;
```

```
border-bottom: 1px solid #fff;
border-right: 1px solid #fff;
background-color: #FFCCCC;
background-repeat: no-repeat;
background-position: 0 0;
}
#nave ul ul li { margin: 0; }
#nave ul ul a
{
display: block;
padding: 5px 5px 5px 30px;
width: 125px;
color: #000;
background-color: #CCFF66;
text-decoration: none;
font-weight: normal;
}
#nave ul ul a:hover
{
color: #000;
background-color: #FFCCCC;
text-decoration: none;
}
```

12.5 实战应用

　　网站需要导航菜单来组织和完成网页间的跳转和互访。浏览网页时，设计新颖的导航菜单能给访问者带来极大的浏览兴趣。下面将通过实例详细介绍导航菜单的设计方法和具体CSS代码。

12.5.1 实战1——实现背景变换的导航菜单

　　导航也是一种列表，每个列表数据就是导航中的一个导航频道，使用ul元素、li元素和CSS样式可以实现背景变换的导航菜单，具体操作步骤如下。

01 启动Dreamweaver，打开网页文档，切换到代码视图中，在<head>与</head>之间相应的位置输入以下代码。

```
<style>
#menu {
    width: 150px;
    border-right: 1px solid #000;
    padding: 0 0 1em 0;
    margin-bottom: 1em;
    font-family: "宋体";
    font-size: 13px;
```

```css
    background-color: #708EB2;
    color: #000000;
}
#menu ul {
    list-style: none;
    margin: 0;
    padding: 0;
    border: none;
}
#menu li {
    margin: 0;
    border-bottom-width: 1px;
    border-bottom-style: solid;
    border-bottom-color: #708EB2;
}
#menu li a {
    display: block;
    padding: 5px 5px 5px 0.5em;
    background-color: #038847;
    color: #fff;
    text-decoration: none;
    width: 100%;
    border-right-width: 10px;
    border-left-width: 10px;
    border-right-style: solid;
    border-left-style: solid;
    border-right-color: #FFCC00;
    border-left-color: #FFCC00;
}
html>body #menu li a {
width: auto;
}
#menu li a:hover {
    background-color: #FFCC00;
    color: #fff;
    border-right-width: 10px;
    border-left-width: 10px;
    border-right-style: solid;
    border-left-style: solid;
    border-right-color: #FF00FF;
    border-left-color: #FFCC00;
}
</style>
```

02 将光标放置在相应的位置，选择"插入"|"标签"命令，插入标签，在标签"属性"面板中的Div ID下拉列表中选择menu。

03 切换到代码视图，在Div标签标记中输入代码"<ul></ul>"。

04 在设计视图中的Div标签中输入文字"首页"，在"属性"面板中的链接文本框中进行链接。

05 切换到拆分视图，在"<a href=>"的前面输入代码"<li>"，在"</a>"的前面输入代码"</li>"。

06 按照以上步骤，创建其他的导航条。保存文档，按<F12>键在浏览器中预览效果，如图12-16所示。

图12-16　背景变换的导航菜单

12.5.2　实战2——利用CSS制作横向导航

利用CSS制作横向导航，具体操作步骤如下所述。

01 打开HTML文档，在<head>与</head>之间相应的位置输入以下代码。

```css
<style type="text/css">
a:link {
        text-decoration: none;
}
a:visited {
        text-decoration: none;
}
a:hover {
        text-decoration: none;
}
```

```
    a:active {
        text-decoration: none;
    }
body,td,th {
    color: #F03;
    font-size: 12px;
}
</style>
```

02 保存文档，在浏览器中浏览效果，如图12-17所示。

图12-17　利用CSS制作横向导航

▌12.5.3　实战3——用背景图片实现CSS柱状图表

人们经常需要在网页上表现一些数据的统计图表，通常情况下，是先用一些软件画出图表，然后转换成GIF或JPEG格式保存，再用img标记插入网页中。这些图片常常会占去网页本身大小的很大比例，影响到网页的传输速度。

常接触统计图表的人会注意到，很多图表其实比较简单，比如柱状的统计图，就是由简单的矩形块拼合。下面就来介绍这种柱状统计图的CSS制作法。

01 首先需要一个作为背景的框，然后是4个矩形的柱子，可以使用Div，如图12-18所示，xhtml代码如下。

```
<ul>
<li id="q1">100</li>
<li id="q2">190</li>
<li id="q3">140</li>
<li id="q4">70</li>
</ul>
```

图12-18　xhtml代码

02 接下来就要设定它们的CSS属性，在网页的<head>与</head>之间输入CSS代码如下，如图12-19所示。

```
<style type="text/css">
#q1 {width:100px;
background:url(02008428202910.gif) #fff no-repeat scroll -190px 0;}
#q2 {width:190px;
background:url(02008428202910.gif) #fff no-repeat scroll -100px -34px;}
#q3 {width:140px;
background:url(02008428202910.gif) #fff no-repeat scroll -150px -68px;}
#q4 {width:70px;
```

```
background:url(02008428202910.gif) #fff no-repeat scroll -220px -102px;}
</style>
```

03 在浏览器中浏览，效果如图12-20所示，可以看到用背景图片实现CSS柱状图表。

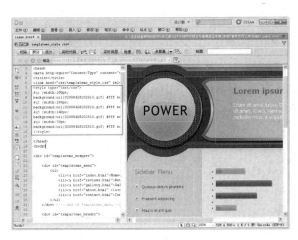

图12-19　输入CSS代码

图12-20　用背景图片实现CSS柱状图表

12.5.4　实战4——树形导航菜单

可用于多级分类菜单，此菜单特效的特点为，可展开对应图标变化为"减号"，收缩状态对应图标为"加号"，可鼠标控制展开与收缩，如图12-21所示。

图12-21　树形导航菜单

其html代码如下。

```
<!doctype html>

<html>
```

```html
<head>
<meta charset="utf-8">
<link href="images/style.css" type=text/css rel=stylesheet>
</head>
<body>
<div class=pnav-cnt>
  <div class="pnav-box" id=letter-a>
    <div class=box-title><a class="btn-fold " href="#"></a><a class="btn-unfold hidden"
    href="#"></a><span class=pnav-letter>一级分类</span></div>
    <ul class="box-list hidden">
    <li><a class=btn-fold href="#"></a>
<a class="btn-unfold hidden" href="#"></a><b>
<a href="http://#/">divcss5</a> </b><span class="cdgray">(414)</span>
      <h2 class="hidden"><a href="http://#/html/">html教程</a></h2>
      <h2 class="hidden"><a href="http://#/css-texiao/">css特效</a></h2>
    <li><a class=btn-fold href="#"></a>
<a class="btn-unfold hidden" href="#"></a><b>
<a href="#">奥迪</a> </b><span class="cdgray">(3986)</span>
          <h2 class="hidden"><a href="#">奥迪a6</a></h2>
          <h2 class="hidden"><a href="#">奥迪a6l</a></h2>
          <h2 class="hidden"><a href="#">奥迪q5</a></h2>
    <li><a class=btn-fold href="#"></a>
<a class="btn-unfold hidden" href="#"></a><b>
<a href="#">阿尔法·罗米欧</a> </b><span class="cdgray">(332)</span>
          <h2 class="hidden"><a href="#">alfa 147</a></h2>
          <h2 class="hidden"><a href="#">阿尔法·罗米欧pandion</a></h2>
          <h2 class="hidden"><a href="#">2uettottanta</a></h2>
          <h2 class="hidden"><a href="#">tz3 corsa</a></h2>
        </li>
        </ul>
    </div>
    <div class="pnav-box" id="letter-b">
        <div class=box-title><a class="btn-fold "          href="#"></a>
<a class="btn-unfold hidden" href="#"></a>
<span class=pnav-letter>一级分类</span></div>
        <ul class="box-list hidden">
        <li><a class=btn-fold href="#"></a>
<a class="btn-unfold hidden" href="#"></a><b>
<a href="#">二级分类</a> </b><span class="cdgray">(764)</span>
        <h2 class="hidden"><a href="#">奔腾b50</a></h2>
        <h2 class="hidden"><a href="#">奔腾b70</a></h2>
        <li><a class=btn-fold href="#"></a>
<a class="btn-unfold hidden" href="#"></a><b>
<a href="#">宝马</a> </b><span class="cdgray">(35)</span>
          <h2 class="hidden"><a href="#">宝马3系</a></h2>
          <h2 class="hidden"><a href="#">进口宝马5系</a></h2>
```

```
            <h2 class="hidden"><a href="#">宝马x1</a></h2>
            <h2 class="hidden"><a href="#">宝马gran coupe</a></h2>
            <h2 class="hidden"><a href="#">acs5</a></h2>
        <li><a class=btn-fold href="#"></a>
<a class="btn-unfold hidden" href="#"></a><b>
<a href="#">宝骏</a> </b><span class="cdgray">(0)</span>
        <li><a class=btn-fold href="#"></a>
<a class="btn-unfold hidden" href="#"></a><b>
<a href="#">北京</a> </b><span class="cdgray">(19)</span> </li>
        </ul>
    </div>
    <script src="js/js.js" type=text/javascript></script>
     <script src="js/js2.js" type=text/javascript></script>
</div>
</body>
</html>
```

其CSS样式代码如下。

```
body, h1, h2, h3, h4, h5, h6, p, ul, ol, li, form, img, dl, dt, dd, table, th, td,
blockquote, fieldset, div, strong, label, em{ margin:0;padding:0;border:0;}
ul, ol, li{ list-style:none;}
body{ font-size:12px;font-family:arial, helvetica, sans-serif;margin:0 auto;}
table{ border-collapse:collapse;border-spacing:0;}
.clearfloat{ height:0;font-size:1px;clear:both;line-height:0;}
a{ color:#333;text-decoration:none;}
a:hover{ color:#ef9b11;text-decoration:underline;}
#n{margin:10px auto; width:920px; border:1px solid #ccc;font-size:12px; line-
height:30px;}
#n a{ padding:0 4px; color:#333}
h2{ font-weight:normal;font-size:100%}
.hidden{ display:none}
.pnav-title{padding-left:26px;font-weight:bold;background:url(bg06.jpg) no-repeat;margin-
bottom:10px;width:166px;line-height:29px;height:29px}
.pnav-list{ margin:0px 0px 10px 9px;width:183px}
.pnav-lista{display:inline-block;font-weight:bold;background:url(bg07.jpg)no-
repeat;margin-bottom:6px;width:21px;line-height:21px;font-family:arial;height:21px;text-
align:center}
.pnav-list a{ color:#69696a}
.pnav-list a:visited{ color:#69696a}
.pnav-cnt{ background:url(bg11.png) repeat-y;margin:0px 0px 10px
10px;width:182px;margin:20px auto;border-bottom:#dcdddd 1px solid}
.pnav-box{ background:url(bg08.jpg) no-repeat}
.box-title{ padding-left:7px;line-height:32px;height:32px}
.box-title .btn-unfold{ margin-top:10px}
.box-title .btn-fold{ margin-top:10px}
.pnav-letter{ font-weight:bold;font-size:20px;color:#c00;font-family:arial}
.btn-unfold{background:url(bg10.png) no-repeat;float:left;width:13px;margin-
```

```
right:5px;height:13px}
.btn-fold{background:url(bg09.png) no-repeat;float:left;width:13px;margin-
right:5px;height:13px}
.box-list{ padding-right:0px;padding-left:0px;padding-bottom:10px;padding-top:10px}
.box-list li{ padding-left:23px;line-height:25px}
.box-list li .btn-unfold{ margin-top:5px}
.box-list li .btn-fold{ margin-top:5px}
.box-list h2{ color:#1e50a2}
.box-list h2 a{ color:#1e50a2}
.box-list h2 a:visited{ color:#1e50a2}
.box-list .off{ color:#727171}
.box-list .off:visited{ color:#727171}
```

12.6 课后练习

填空题

（1）无序列表是Web标准布局中最常用的样式，_____用于设置无序列表，在每个项目文字之前，以项目符号作为每条列表项的前缀，各个列表之间没有顺序级别之分。

（2）定义列表由两部分组成，包括定义条件和定义描述。定义列表由_____元素起始和结尾，_____用来指定定义条件，_____用来指定定义描述。

（3）使用_____属性可以调整有序列表的起始数值，这个数值可以对数字起作用，也可以作用于英文字母或者罗马数字。

12.7 本课小结

列表是一种非常有用的数据排列方式，它以列表的形式来显示数据。HTML中共有3种列表，分别是无序列表、有序列表和定义列表，以及各种导航的制作。一个优秀的网站，菜单和导航是必不可少的，导航菜单的风格往往也决定了整个网站的风格，因此很多设计者都会投入很多的时间和精力来制作各式各样的导航。

第13课
CSS盒子模型与定位

本课导读

　　如果你想尝试一下不用表格来排版网页，而是用CSS来排版你的网页，提高网站的竞争力，那么你一定要接触到CSS的盒子模式，这是CSS+DIV排版的核心所在。传统的表格排版是通过大小不一的表格和表格嵌套来定位排版网页内容，改用CSS排版后，就是通过由CSS定义的大小不一的盒子和盒子嵌套来编排网页。因为用这种方式排版的网页代码简洁，更新方便，能兼容更多的浏览器。

技术要点

★　"盒子"与"模型"的概念

★　理解盒子模型

★　掌握盒子的浮动

★　掌握盒子的定位

13.1　"盒子"与"模型"的概念

如果想熟练掌握Div和CSS的布局方法，首先要对盒子模型有足够的了解。盒子模型是CSS布局网页时非常重要的概念，只有很好地掌握了盒子子模型，以及其中每个元素的使用方法，才能真正地布局网页中各个元素的位置。

所有页面中的元素都可以看作一个装了东西的盒子，盒子里面的内容到盒子的边框之间的距离即填充（padding），盒子本身有边框（border），而盒子边框外和其他盒子之间，还有边界（margin）。默认情况下盒子的边框是无，背景色是透明，所以我们在默认情况下看不到盒子。

一个盒子由四个独立部分组成，如图13-1所示。

最外面的是边界（margin）。

第二部分是边框（border），边框可以有不同的样式。

第三部分是填充（padding），填充用来定义内容区域与边框（border）之间的空白。

第四部分是内容区域。

填充、边框和边界都分为"上、右、下、左"4个方向，既可以分别定义，也可以统一定义。当使用CSS定义盒子的width和height时，定义的并不是内容区域、填充、边框和边界所占的总区域。实际上定义的是内容区域content的width和height。为了计算盒子所占的实际区域，必须加上padding、border和margin。

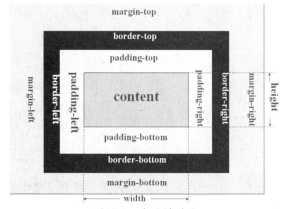

图13-1　盒子模型图

实际宽度=左边界+左边框+左填充+内容宽度（width）+右填充+右边框+右边界

实际高度=上边界+上边框+上填充+内容高度（height）+下填充+下边框+下边界

13.2　border

盒子模型的margin和padding属性比较简单，只能设置宽度值，最多分别对上、右、下、左设置宽度值。而边框border则可以设置宽度、颜色和样式。

border是CSS的一个属性，用它可以给HTML标记（如td、Div等）添加边框，它可以定义边框的样式（style）、宽度（width）和颜色（color），利用这3个属性相互配合，能设计出很好的效果。

在Dreamweaver中可以使用可视化操作设置边框效果，在"CSS样式规则定义"对话框中的"分类"列表中选择"边框"选项，如图13-2所示。

图13-2　在Dreamweaver中设置边框

13.2.1 课堂小实例——边框样式（border-style）

样式是边框最重要的一个方面，样式不仅控制着边框的显示，而且如果没有样式，将根本没有边框。border-style定义元素的4个边框样式。如果border-style设置全部4个参数值，将按上、右、下、左的顺序作用于4个边框。如果只设置一个，将用于全部的4条边。

基本语法：

```
border-style: 样式值
border-top-style: 样式值
border-right-style: 样式值
border-bottom-style:样式值
border-left-style: 样式值
```

语法说明：

border-style可以设置边框的样式，包括无、虚线、实现、双实线等。border-style的取值如表13-1所示。

表13-1 边框样式的取值和含义

属 性 值	描 述
none	默认值，无边框
dotted	点线边框
dashed	虚线边框
double	双实线边框
groove	3D凹槽
ridge	3D凸槽
inset	使整个边框凹陷
outset	使整个边框凸起

可以为一个边框定义多个样式，例如：

```
p.ad {border-style: solid dotted dashed
double;}
```

上面这条规则为类名为ad的段落定义了4种边框样式：实线上边框、点线右边框、虚线下边框和一个双线左边框。这里的值采用了top-right-bottom-left的顺序。

也可以使用下面的单边边框样式属性设置4个边的边框样式：

```
p.ad {
border-top-style: solid;
border-right-style:dotted;
border-bottom-style:dashed;
border-left-style:double;}
```

下面通过实例讲述border-style的使用，其代码如下所示。

实例代码：

```
<!doctype html>
<html>
<head>
<meta charset="utf-8">
<title>CSS border-style 属性示例 </title>
<style type="text/css" media="all">
    div#dotted { border-style: dotted;}
    div#dashed{border-style: dashed;}
    div#solid{ border-style: solid;}
    div#double{border-style: double;}
    div#groove{ border-style: groove;}
    div#ridge{ border-style: ridge;}
    div#inset{ border-style: inset;}
    div#outset{ border-style: outset;}
    div#none{ border-style: none;}
    div{border-width: thick;border-color:
    red;margin: 2em;}
  </style>
</head>
  <body>
    <div id="dotted">border-style属性
    dotted(点线边框)</div>
   <div id="dashed">border-style属性 dashed(虚线边框)</div>
    <div id="solid">border-style属性 solid(实线边框)</div>
    <div id="double">border-style属性 double(双实线边框)</div>
    <div id="groove">border-style属性 groove(3D凹槽) </div>
    <div id="ridge">border-style属性 ridge(3D凸槽) </div>
    <div id="inset">border-style属性 inset(边框凹陷) </div>
    <div id="outset">border -style属性 outset(边框凸出) </div>
    <div id="none">border-style属性 none(无样式)</div>
    </body>
</html>
```

在浏览器中浏览，不同的边框样式效果如图
13-3所示。

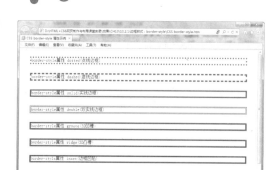

图13-3　边框样式

▌13.2.2　属性值的简写形式

还可以使用border-top-style、border-right-style、border-bottom-style和border-left-style分别设
置上边框、右边框、下边框和左边框的不同样式，其CSS代码如下。

实例代码：

```
<!doctype html>
<html>
<head>
<meta charset="utf-8">
        <title>CSS border-style属性示例 </title>
        <style type="text/css" media="all">
            div#top{ border-top-style:dotted; }
            div#right{ border-right-style:double;}
            div#bottom{border-bottom-style:solid;}
            div#left{ border-left-style:ridge;}
        div{border-style:none;margin:25px;border-color:green;border-width:thick}
    </style>
  </head>
<body>
<p> </p>
        <div id="top">定义上边框样式border-top-style:dotted; 点线上边框</div>
        <div id="right">定义右边框样式,border-right-style:double; 双实线右边框</div>
        <div id="bottom">定义下边框样式,border-bottom-style:solid; 实线下边框</div>
        <div id="left">定义左边框样式,border-left-style:ridge; 3D凸槽左边框</div>
    </body>
    </html>
```

在浏览器中浏览，可以看出分别设置了上、
下、左、右边框为不同的样式，效果如图13-4
所显示。

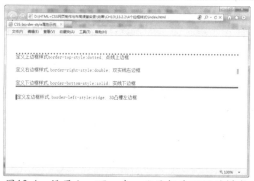

图13-4　设置上、下、左、右边框为不同的样式

13.2.3　课堂小实例——边框与背景

设置边框颜色非常简单。CSS使用一个简单的border-color属性，它一次可以接受最多4个颜色值。可以使用任何类型的颜色值，例如可以是命名颜色，也可以是十六进制和RGB值。

基本语法：

```
border-color:颜色值
border-top-color:颜色值
border-right-color:颜色值
border-bottom-color:颜色值
border-left-color:颜色值
```

语法说明：

border-top-color、border-right-color、border-bottom-color和border-left-color属性分别用来设置上、右、下、左边框的颜色，也可以使用border-color属性来统一设置4个边框的颜色。

如果border-color设置全部4个参数值，将按上、右、下、左的顺序作用于4个边框。如果只设置一个，将用于全部的4条边。如果设置2个值，第一个用于上、下，第二个用于左、右。如果提供3个，第一个用于上，第二个用于左、右，第三个用于下。

下面通过实例讲述border-color属性的使用，其CSS代码如下。

实例代码：

```
<!doctype html>
<html>
<head>
<meta charset="utf-8">
<head>
<title>border-color实例</title>
<style type="text/css">
p.one
{
border-style: solid;
border-color: #0000ff
}
```

```
p.two
{
border-style: solid;
border-color: #ff0000 #0000ff
}
p.three
{
border-style: solid;
border-color: #ff0000 #00ff00 #0000ff
}
p.four
{
border-style: solid;
border-color: #ff0000 #00ff00#0000ff
rgb(250,0,255)
}
</style>
</head>
<body>
<p class="one">1个颜色边框!</p>
<p class="two">2个颜色边框!</p>
<p class="three">3个颜色边框!</p>
<p class="four">4个颜色边框!</p>
<p><b>注意:</b>只设置 "border-color" 属性将看
不到效果，需要先设置 "border-style" 属性。</p>
</body>
</html>
```

在浏览器中浏览，可以看到，使用border-color设置了不同颜色的边框，如图13-5所示。

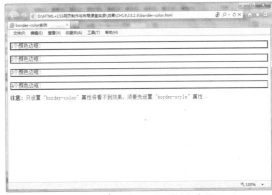

图13-5　border-color实例效果

13.3 课堂小实例——设置内边距 (Padding)

Padding属性设置元素所有内边距的宽度，或者设置各边上内边距的宽度。

基本语法：

```
padding: 取值
padding-top: 取值
padding-right: 取值
padding-bottom: 取值
padding-left: 取值
```

语法说明：

padding是padding-top、padding-right、padding-bottom、padding-left的一种快捷的综合写法，最多允许4个值，依次的顺序是：上、右、下、左。

在Dreamweaver中可以使用可视化操作设置填充的效果，在"CSS样式规则定义"对话框中的"分类"列表中选择"方框"选项，然后在"padding"选项中设置填充属性，如图13-6所示。

图13-6　设置填充属性

下面讲述上下左右填充宽度相同的实例，其代码如下所示。

实例代码：

```
<!doctype html>
<html>
<head>
<meta charset="utf-8">
    <title>padding宽度都相同</title>
    <style type="text/css" media="all">
        p
```

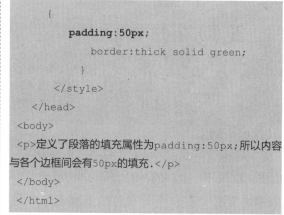

```
    {
        padding:50px;
            border:thick solid green;
        }
    </style>
  </head>
<body>
<p>定义了段落的填充属性为padding:50px;所以内容与各个边框间会有50px的填充.</p>
</body>
</html>
```

在浏览中浏览，可以看到，使用"padding:50px"设置了上、下、左、右填充宽度都为50px，效果如图13-7所示。

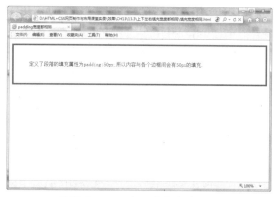

图13-7　上下左右填充宽度相同

下面讲述上下左右填充宽度各不相同的实例，其代码如下所示。

实例代码：

```
<!doctype html>
<html>
<head>
<meta charset="utf-8">
<title>padding宽度各不相同</title>
<style type="text/css">
td {padding: 0.5cm 1cm 4cm 2cm}
</style>
</head>
<body>
```

```
<table border="1" bordercolor="#009900">
<tr>
<td>这个单元格设置了CSS填充属性。上填充为0.5厘
米,
右填充为1厘米,下填充为4厘米,左填充为2厘米。</
td>
</tr>
</table>
.</body>
</html>
```

在浏览器中浏览,可以看到,使用
"padding: 0.5cm 1cm 4cm 2cm"分别设置了上
填充为0.5厘米,右填充为1厘米,下填充为4厘

米,左填充为2厘米,在浏览器中浏览效果,
如图13-8所示。

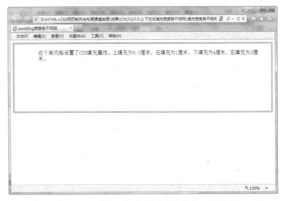

图13-8 上下左右填充宽度各不相同

13.4 课堂小实例——设置外边距（margin）

设置外边距最简单的方法就是使用margin
属性,这个属性接受任何长度单位、百分数
值甚至负值。外边距属性是用来设置页面中
一个元素所占空间的边缘到相邻元素之间的
距离。margin属性包括margin-top、margin-
right、margin-bottom、margin-left、margin。

基本语法:

```
margin: 边距值
margin-top: 上边距值
margin-bottom:下边距值
margin-left: 左边距值
margin-right: 右边距值
```

语法说明:

取值范围包括如下各项。

★ 长度值相当于设置顶端的绝对边距值,包
括数字和单位。

★ 百分比是设置相对于上级元素的宽度的百
分比,允许使用负值。

★ auto是自动取边距值,即元素的默认值。

在Dreamweaver中可以使用可视化操作设置
边界的效果,在"CSS样式规则定义"对话框中
的"分类"列表中选择"方框"选项,然后在
margin选项中设置边界属性,如图13-9所示。

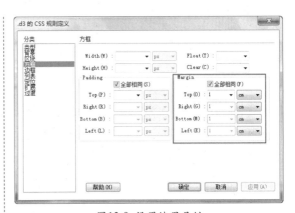

图13-9 设置边界属性

下面举一个上下左右边界宽度都相同的
实例,其代码如下。

实例代码:

```
<!doctype html>
<html>
<head>
<meta charset="utf-8">
<title>边界宽度相同</title>
<style type="text/css">
.d1{border:1px solid #FF0000;}
.d2{border:1px solid gray;}
.d3{margin:1cm;border:1px solid gray;}
</style>
</head>
```

```
<body>
<div class="d1">
<div class="d2">没有设置margin</div>
</div>
<P> </P>
<hr>
<p> </p>
<div class="d1">
<div class="d3">margin设置为1cm</div>
</div>
</body>
</html>
```

在浏览器中浏览效果，如图13-10所示。

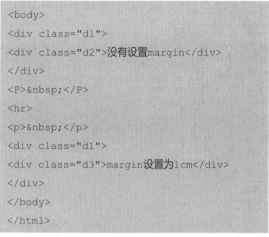

图13-10　边界宽度相同

上面两个div没有设置边界属性（margin），仅设置了边框属性（border）。外面那个为d1的div的border属性设为红色，里面那个为d2的div的border属性设为灰色。

和上面两个div的CSS属性设置唯一不同的是，下面两个div中，里面的那个为d3的div设置了边界属性（margin），为1厘米，表示这个div上下左右的边距都为1厘米。

下面举一个上下左右边界宽度各不相同的实例，其代码如下。

实例代码：

```
<!doctype html>
```

```
<html>
<head>
<meta charset="utf-8">
<title>边界宽度各不相同</title>
<style type="text/css">
.d1{border:1px solid #FF0000;}
.d2{border:1px solid gray;}
.d3{margin:0.5cm 1cm 2.5cm 1.5cm;
border:1px solid gray;}
</style>
</head>
<body>
<div class="d1">
<div class="d2">没有设置margin</div>
</div>
<P> </P>
<div class="d1">
<div class="d3">上下左右边界宽度各不同</div>
</div>
</body>
</html>
```

在浏览器中浏览效果，如图13-11所示。

图13-11　边界宽度各不相同

上面两个div没有设置边距属性（margin），仅设置了边框属性（border）。外面那个div的border设为红色，里面那个div的border属性设为灰色。

和上面两个div的CSS属性设置不同的是，下面两个div中，里面的那个div设置了边距属性（margin），设定上边距为0.5cm，右边距为1cm，下边距为2.5cm，左边距为1.5cm。

13.5 盒子的定位

CSS为定位和浮动提供了一些属性，利用这些属性，可以建立列式布局，将布局的一部分与另一部分重叠，还可以完成多年来通常需要使用多个表格才能完成的任务。定位的基本思想很简单，它允许你定义元素框相对于其正常位置应该出现的位置，或者相对于父元素、另一个元素甚至浏览器窗口本身的位置。显然，这个功能非常强大，也很让人吃惊。

> **提示**
>
> 在用CSS控制排版过程中，定位一直被人认为是一个难点，这主要是表现为很多网友在没有深入理解清楚定位的原理时，排出来的杂乱网页常让他们不知所措，而另一边一些高手则常常借助定位的强大功能做出些很酷的效果来。因此自己杂乱的网页与高手完美的设计形成鲜明对比，这在一定程度上打击了初学定位的网友，希望下面的教程能让你更深入地了解CSS定位属性。

13.5.1　静态定位（static）

static，无特殊定位，它是html元素默认的定位方式，即我们不设定元素的position属性时默认的position值就是static，它遵循正常的文档流对象，对象占用文档空间，该定位方式下，top、right、bottom、left、z-index等属性是无效的。

position的原意为位置、状态、安置。在CSS布局中，position属性非常重要，很多特殊容器的定位必须用position来完成。position属性有4个值，分别是：static、absolute、fixed、relative，static是默认值，代表无定位。

定位（position）允许用户精确定义元素框出现的相对位置，可以相对于它通常出现的位置，相对于其上级元素，相对于另一个元素，或者相对于浏览器视窗本身。每个显示元素都可以用定位的方法来描述，而其位置由此元素的包含块来决定。

基本语法：

```
margin-right: 右边Position: static | absolute | fixed | relative
```

语法说明：

★ Static：静态（默认），无定位。

★ Relative：相对，对象不可层叠，但将依据left、right、top、bottom等属性在正常文档流中偏移位置。

★ Absolute：绝对，将对象从文档流中拖出，通过width、height、left、right、top、bottom等属性与margin、padding、border进行绝对定位，绝对定位的元素可以有边界，但这些边界不压缩。而其层叠通过z-index属性定义。

★ Fixed：固定，使元素固定在屏幕的某个位置，其包含块是可视区域本身，因此它不随滚动条的滚动而滚动。

13.5.2　课堂小实例——相对定位（relative）

相对定位是一个非常容易掌握的概念。如果对一个元素进行相对定位，它将出现在它所在的位置上。然后，可以通过设置垂直或水平位置，让这个元素"相对于"它的起点进行移动。如果将top设置为20px，那么框将在原位置顶部下面20像素的地方。如果left设置为30像素，那么会在元素左边创建30像素的空间，也就是将元素向右移动。

当容器的position属性值为relative时，这个容器即被相对定位了。相对定位和其他定位相似，也是独立出来浮在上面。不过相对定位的容器的top（顶部）、bottom（底部）、left（左边）和right（右边）属性参照对象是其父容器的4条边，而不是浏览器窗口。

下面举例讲述相对定位的使用，其代码如下所示。

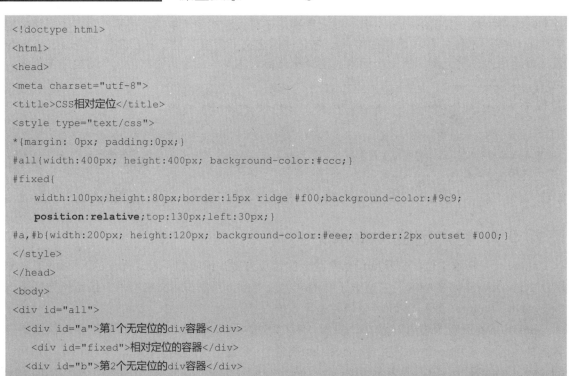

```
<!doctype html>
<html>
<head>
<meta charset="utf-8">
<title>CSS相对定位</title>
<style type="text/css">
*{margin: 0px; padding:0px;}
#all{width:400px; height:400px; background-color:#ccc;}
#fixed{
    width:100px;height:80px;border:15px ridge #f00;background-color:#9c9;
    position:relative;top:130px;left:30px;}
#a,#b{width:200px; height:120px; background-color:#eee; border:2px outset #000;}
</style>
</head>
<body>
<div id="all">
  <div id="a">第1个无定位的div容器</div>
    <div id="fixed">相对定位的容器</div>
    <div id="b">第2个无定位的div容器</div>
</div>
</body>
</html>
```

这里给外部div设置了#ccc背景色，并给内部无定位的div设置了#eee背景色，而相对定位的div容器设置了#9c9背景色，并设置了inset类型的边框。在浏览器中浏览效果，如图13-12所示。

提示

相对定位的特点如下所述。

（1）相对于元素在文档流中位置进行偏移，但保留原占位。相对定位元素占有自己的空间（即元素的原始位置保留不变），因此即使元素相对定位后，相对定位的元素也不会挤占其他元素的位置，但可以覆盖在其他元素之上进行显示。

（2）与绝对定位不同的是，相对定位元素的偏移量是根据它在正常文档流里的原始位置计算的。

（3）即使将元素相对定位在浏览器的可视区域之外，浏览器窗口也不会出现滚动条（不过在firefox、opera和safari中，滚动条该出现还是会出现）。

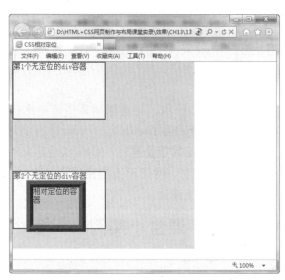

图13-12　相对定位方式效果

相对定位的容器其实并未完全独立，浮动范围仍然在父容器内，并且其所占的空白位置仍然有效地存在于前后两个容器之间。

13.5.3　课堂小实例——绝对定位（absolute）

当容器的position属性值为absolute时，这个容器即被绝对定位了。绝对定位在几种定位方法中使用最广泛，这种方法能精确地将元素移动到想要的位置。absolute用于将一个元素放到固定的位置非常方便。

当有多个绝对定位容器放在同一个位置时，显示哪个容器的内容呢？类似于Photoshop的图层有上下关系，绝对定位的容器也有上下的关系，在同一个位置只会显示最上面的容器。在计算机显示中把垂直于显示屏幕平面的方向称为z方向，CSS绝对定位的容器的z-index属性对应这个方向，z-index属性的值越大，容器越靠上。即同一个位置上的两个绝对定位的容器只会显示z-index属性值较大的。

指点迷津

top、bottom、left和right这4个CSS属性，它们都是配合position属性使用的，表示的是块的各个边界距页面边框的距离，或各个边界离原来位置的距离，只有当position设置为absolute或relative时才能生效

下面举例讲述CSS绝对定位的使用，其代码如下所示。

```html
<!doctype html>
<html>
<head>
<meta charset="utf-8">
<title>绝对定位</title>
<style type="text/css">
*{margin: 0px;
  padding:0px; }
#all{
height:400px;
    width:400px;
    margin-left:20px;
    background-color:#eee; }
#absdiv1,#absdiv2,#absdiv3,#absdiv4,#absdiv5
{width:120px;
    height:50px;
    border:5px double #000;
    position:absolute;}
#absdiv1{
    top:10px;
    left:10px;
    background-color:#9c9;
}
#absdiv2{
    top:20px;
    left:50px;
    background-color:#9cc;
}
#absdiv3{
    bottom:10px;
    left:50px;
    background-color:#9cc;}
#absdiv4{
    top:10px;
    right:50px;
    z-index:10;
    background-color:#9cc;
}
#absdiv5{
    top:20px;
    right:90px;
    z-index:9;
    background-color:#9c9;
}
#a,#b,#c{width:300px;
    height:100px;
    border:1px solid #000;
    background-color:#ccc;}
</style>
</head>
<body>
<div id="all">
 <div id="absdiv1">第1个绝对定位的div容器</div>
  <div id="absdiv2">第2个绝对定位的div容器</div>
  <div id="absdiv3">第3个绝对定位的div容器</div>
  <div id="absdiv4">第4个绝对定位的div容器</div>
  <div id="absdiv5">第5个绝对定位的div容器</div>
  <div id="a">第1个无定位的div容器</div>
  <div id="b">第2个无定位的div容器</div>
  <div id="c">第3个无定位的div容器</div>
</div>
</body>
</html>
```

这里设置了5个绝对定位的Div，3个无定位的Div。给外部div设置了#eee背景色，并给内部无定位的div设置了#ccc背景色，而绝对

定位的div容器设置了#9c9和#9cc背景色，并设置了double类型的边框。在浏览器中浏览效果，如图13-13所示。

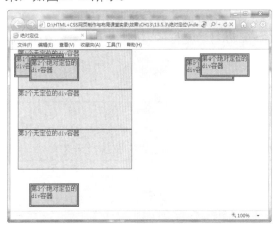

图13-13　绝对定位效果

从本例可以看到，设置top、bottom、left和right其中至少一种属性后，5个绝对定位的div容器彻底摆脱了其父容器（id名称为all）的束缚，独立地漂浮在上面。而在未设置z-index属性值时，第2个绝对定位的容器显示在第1个绝对定位的容器上方（即后面的容器z-index属性值较大）。相应地，第5个绝对定位的容器虽然在第4个绝对定位的容器后面，但由于第4个绝对定位的容器的z-index值为10，第5个绝对定位的容器的z-index值为9，所以第4个绝对定位的容器显示在第5个绝对定位的容器的上方。

提示

绝对定位的特点如下所述。

（1）一个绝对定位元素将为它包含的任何元素建立一个包含容器，被包含元素遵循普通文档规则，在包含容器中自然流动，但是它们的偏移位置由包含容器来确定。

（2）绝对定位元素甚至可以包含其他绝对定位的子元素，这些绝对定位的子元素同样可以从父包含容器内脱离出来。

（3）绝对定位元素包含容器的定义与其他元素有一点不同。绝对定位元素的包含容器是由距离它最近的、且被定位的父级元素，即在它外面且最接近它的position属性值为 absolute、relative或fixed的父级元素（具体要依赖于不同的浏览器）决定的。如果不存在这样的父级元素，那么默认包含容器就是浏览器窗口（body元素）本身。

（4）绝对定位元素完全被拖离正常文档流中原来的空间，且原来空间将不再被保留，原空间将被相邻的元素所挤占。

（5）将绝对定位元素设置在浏览器的可视区域之外，浏览器窗口会出现滚动条。

13.5.4　课堂小实例——固定定位（fixed）

当容器的position属性值为fixed时，这个容器即被固定定位了。固定定位和绝对定位非常类似，不过被定位的容器不会随着滚动条的拖动而变化位置。在视野中，固定定位的容器的位置是不会改变的。

下面举例讲述固定定位的使用，其代码如下所示。

```
<!doctype html>
<html>
<head>
<meta charset="utf-8">
<title>CSS固定定位</title>
<style type="text/css">
* {margin: 0px;
  padding:0px;}
#all{
    width:400px; height:450px; background-color:#cccccc;}
#fixed{
    width:100px; height:80px; border:15px outset #f0ff00;
    background-color:#9c9000; position:fixed; top:20px; left:10px;}
#a{
```

```
    width:200px;  height:300px; margin-left:20px;
    background-color:#eeeeee; border:2px outset #000000;}
</style>
</head>
<body>
<div id="all">
    <div id="fixed">固定的容器</div>
    <div id="a">无定位的div容器</div>
</div>
</body>
</html>
```

在本例中给外部div设置了#cccccc背景色，并给内部无定位的div设置了#eeeeee背景色，而固定定位的div容器设置了#9c9000背景色，并设置了outset类型的边框。在浏览器中浏览效果，如图13-14和图13-15所示。

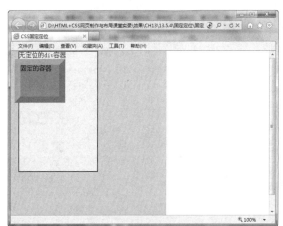

图13-14　固定定位效果

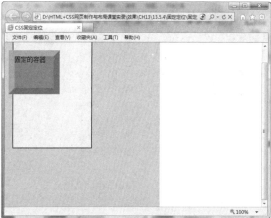

图13-15　拖动浏览器后效果

可以尝试拖动浏览器的垂直滚动条，固定容器不会有任何位置改变。不过IE 6.0版本的浏览器不支持fixed值的position属性，所以网上类似的效果都是采用JavaScript脚本编程完成的。

13.6 盒子的浮动

应用Web标准创建网页以后，float浮动属性是元素定位中非常重要的属性，常常通过对div元素应用float浮动来进行定位，不但对整个版式进行规划，也可以对一些基本元素如导航等进行排列。

13.6.1　准备代码

在标准流中，一个块级元素在水平方向会自动伸展，直到包含它的元素的边界，而在竖直方向和其他元素依次排列，不能并排。使用浮动方式后，块级元素的表现会有所不同。

基本语法：

```
float:none|left|right
```

语法说明：

none是默认值，表示对象不浮动；left表示对象浮在左边；right表示对象浮在右边。

CSS允许任何元素浮动float，不论是图像、段落还是列表。无论先前元素是什么状态，浮动后都成为块级元素。浮动元素的宽度默认为auto。

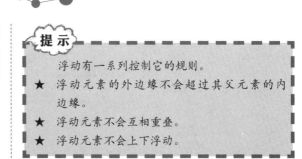

提示

浮动有一系列控制它的规则。

★ 浮动元素的外边缘不会超过其父元素的内边缘。

★ 浮动元素不会互相重叠。

★ 浮动元素不会上下浮动。

13.6.2　案例——设置第1个浮动的div

float属性不是所想象的那么简单，不是通过这一篇文字的说明，就能让用户完全搞明白它的工作原理的，需要在实践中不断地总结经验。下面通过几个小例子，来说明它的基本工作情况。

如果float取值为none或没有设置float时，不会发生任何浮动，块元素独占一行，紧随其后的块元素将在新行中显示。其代码如下所示，在浏览器中浏览，效果如图13-16所示，可以看到由于没有设置Div的float属性，因此每个Div都单独占一行，两个Div分两行显示。

```
<!doctype html>
<html>
<head>
<meta charset="utf-8">
 <title>没有设置float时</title>
 <style type="text/css">
#content_a {width:200px; height:80px; border:2px solid #000000;
            margin:15px; background:#0ccccc;}
  #content_b {width:200px; height:80px; border:2px solid #000000;
            margin:15px; background:#ff00ff;}
</style>
</head>
<body>
  <div id="content_a">这是第一个DIV</div>
  <div id="content_b">这是第二个DIV</div>
</body>
</html>
```

下面修改一下代码，使用float:left对content_a应用向左的浮动，而content_b不应用任何浮动。其代码如下所示，在浏览器中浏览，效果如图13-17所示。

图13-16　没有设置float

图13-17　一个设置为左浮动，一个不设置浮动

```
<!doctype html>
<html>
<head>
<meta charset="utf-8">
 <title>一个设置为左浮动，一个不设置浮动</title>
 <style type="text/css">
 #content_a {width:200px; height:80px; float:left; border:2px solid #000000;
             margin:15px; background:#0ccccc;}
 #content_b {width:200px; height:80px; border:2px solid #000000; margin:15px;
             background:#ff00ff;}
</style>
</head>
<body>
 <div id="content_a">这是第一个DIV向左浮动</div>
 <div id="content_b">这是第二个DIV不应用浮动</div>
</body>
</html>
```

　　下面修改一下代码，同时对这两个容器应用向左的浮动，其CSS代码如下所示。在浏览器中浏览，可以看到效果如图13-18所示，两个Div占一行，在一行上并列显示。

```
<style type="text/css">
    #content_a {width:200px; height:80px; float:left; border:2px solid #000000;
    margin:15px; background:#0ccccc;}
    #content_b {width:200px; height:80px; float:left; border:2px solid #000000;
    margin:15px; background:#ff00ff;}
</style>
```

　　下面修改上面代码中的两个元素，同时应用向右的浮动，其CSS代码下所示，在浏览器中浏览，效果如图13-19所示，可以看到同时对两个元素应用向右的浮动基本保持了一致，但请注意方向性，第二个在左边，第一个在右边。

```
<style type="text/css">
    #content_a {width:200px; height:80px; float:right; border:2px solid #000000; margin:15px;
    background:#0ccccc;}
    #content_b {width:200px; height:80px; float:right; border:2px solid #000000; margin:15px;
    background:#ff00ff;}
</style>
```

图13-18　同时应用向左的浮动

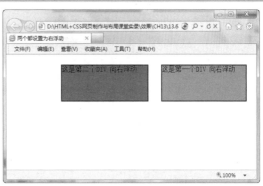

图13-19　同时应用向右的浮动

235

13.7 课后练习

填空题

（1）一个盒子由4个独立部分组成，最外面的是_____，第二部分是_____，第三部分是_____，第四部分是_____。

（2）_____属性设置元素所有内边距的宽度，或者设置各边上内边距的宽度。

（3）当容器的position属性值为_____时，这个容器即被固定定位了。

13.8 本课小结

盒子模型是CSS的基石之一，它指定元素如何显示及如何相互交互。页面上的每个元素都被浏览器看成是一个矩形的盒子，这个盒子由元素的内容、填充、边框和边界组成。网页就是由许多个盒子通过不同的排列方式堆积而成。盒子模型是CSS控制页面时一个很重要的概念，只有很好地掌握了盒子模型，以及其中每个元素的用法，才能真正控制好页面中的各个元素。

第14课
CSS+DIV布局方法

本课导读

　　设计网页的第一步是设计布局，好的网页布局会令访问者耳目一新，同样也可以使访问者比较容易在站点上找到他们所需要的信息。无论使用表格还是CSS，网页布局都是把大块的内容放进网页的不同区域里面。有了CSS，最常用来布局内容的元素就是<div>标签。盒子模型是CSS控制页面时一个很重要的概念，只有很好地掌握了盒子模型，以及其中每个元素的用法，才能真正控制好页面中的各个元素。

技术要点
★　CSS布局模型
★　CSS布局理念
★　常见的布局类型

14.1 CSS布局模型

常用的CSS布局模型有Flow Model（流动模型）、Float Model（浮动模型）和Layer Model（层模型）。这3类布局模型与盒子模型一样是CSS的核心概念，了解和掌握这些基本概念对网页布局有着举足轻重的作用，所有CSS布局技术都是立在盒子模型、流动模型、浮动模型和层模型这4个最基本的概念之上的。

14.1.1 关于CSS布局

掌握基于CSS的网页布局方式，是实现Web标准的基础。在主页制作时采用CSS技术，可以有效地对页面的布局、字体、颜色、背景和其他效果实现更加精确的控制。只要对相应的代码做一些简单的修改，就可以改变网页的外观和格式。采用CSS布局有以下优点。

★ 大大缩减页面代码，提高页面浏览速度，缩减带宽成本。

★ 结构清晰，容易被搜索引擎搜索到。

★ 缩短改版时间，只要简单地修改几个CSS文件就可以重新设计一个有成百上千页面的站点。

★ 强大的字体控制和排版能力。

★ CSS非常容易编写，可以像写HTML代码一样轻松地编写CSS。

★ 提高易用性，使用CSS可以结构化HTML，如<p>标记只用来控制段落，<heading>标记只用来控制标题，<table>标记只用来表现格式化的数据等。

★ 表现和内容相分离，将设计部分分离出来放在一个独立样式文件中。

★ 更方便搜索引擎的搜索，用只包含结构化内容的HTML代替嵌套的标记，搜索引擎将更有效地搜索到内容。

★ able的布局中，垃圾代码会很多，一些修饰的样式及布局的代码混合在一起，很不直观。而div更能体现样式和结构相分离，结构的重构性强。

★ 可以将许多网页的风格格式同时更新。不用再一页一页地更新了。可以将站点上所有的网页风格都使用一个CSS文件进行控制，只要修改这个CSS文件中相应的行，那么整个站点的所有页面都会随之发生变动。

14.1.2 流动布局模型

流动模型（Flow Model）是HTML中默认的网页布局模式，在一般状态下，网页中元素的布局都是以流动模型为默认的显示方式。这里的一般状态，是指任何元素在没有定义拖出文档流定位方式属性（position: absolute;或position:fixed;）、没有定义浮动于左右的属性（float: left;或float:right;）时，这些元素都将具有流动模型的布局模式。

流动模型的含义来源于水的流动原理，一般也称之为文档流。在网页内容的显示中，元素自上而下按顺序显示，要改变其在网页中的位置，只能通过修改网页结构中元素的先后排列顺序和分布位置来实现。同时流动模型中每个元素都不是一成不变的：当在一个元素前面插入一个新的元素时，这个元素本身及其后面的元素的位置会自然向后流动推移。

当元素定义为相对定位，即设置position:relative;属性时，它也会遵循流动模型布局规则，跟随HTML文档流自上而下流动。

下面是一个流动布局模型实例，其CSS布局代码如下。

```
<style type="text/css">
<!
```

```
#contain {/*<定义一个包含框>*/
border:double 5px  #33CC00;
}
#contain h2 {/*<定义标题的背景色>*/
background: #F63;
}
#contain p {/*<定义段落属性>*/
borderbottom:solid 2px #900099;
position:relative; /*设置段落元素为相对定位*/
}
#contain table{/*<定义表格边框>*/
border:solid 2px #ffCCFF;
}
>
</style>
```

下面是其XHTML结构代码：

```
<div id="contain">
    <h2>标题</h2>
        <p>段落</p>
        <ul>
        <li>列表项</li>
        </ul>
        <table>
          <tr>
              <td>表格行，单元格</td>
              <td>表格行，单元格</td>
          </tr>
        </table>
</div>
```

当单独定义p段落元素以相对定位显示时，它会严格遵循流动模型，自上而下按顺序流动显示，这是一个非常重要的特征。在浏览器中浏览效果，如图14-1所示。

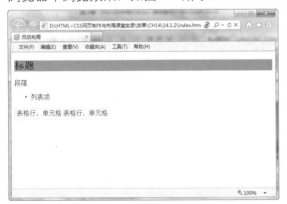

图14-1 流动布局

上面的例子仅定义了段落元素以相对定位显示，如果再给它定义坐标值，又会出现什么情况呢？这时，用户会发现相对定位元素偏离原位置，不再按元素先后顺序显示，但它依然遵循流动模型规则，始终保持与原点相同的位置关系一起随文档流整体移动。

下面是一个实例，其CSS 布局代码如下所示。

```
<style type="text/css">
<!
#contain {/*<定义一个包含框>*/
border:double 5px  #33CC00;
}
#contain h2 {/*<定义标题的背景色>*/
background: #F63;
}
#contain p {/*<定义段落属性>*/
borderbottom:solid 2px #90009;
position:relative;  /*设置段落元素为相对定位*/
left:20px;   /*以原位置左上角为参考点向右偏移20像素*/
top:120px;   /*以原位置左上角为参考点向下偏移120像素*/
}
#contain table{ /*<定义表格边框>*/
border:solid 2px #ffCCFF;
}
>
</style>
```

当为相对定位的元素定义了坐标值以后，它会以原位置的左上角为参考点进行偏移，其中坐标原点为新移动位置的元素左上角，在浏览器中浏览效果，如图14-2所示。

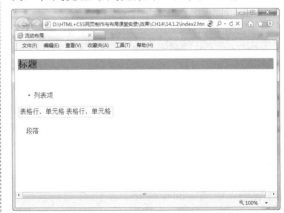

图14-2 流动布局模型相对定位偏移

所谓的相对，仅指元素本身位置，对其他元素的位置不会产生任何影响。因此，采用相对定位的元素被定义偏移位置后，不会挤占其他流动元素的位置，但能够覆盖其他元素。

> 流动模型的优点：元素之间不会存在叠加、错位等显示问题，自上而下、自左而右显示的方式符合人们的浏览习惯。
>
> 流动模型的缺点：其位置自然流动时，无法控制其自由的位置，从而设计出个性化、艺术化的页面效果。

14.1.3 浮动布局模型

浮动模型（Float Model）是完全不同于流动模型的另一种布局模型，它遵循浮动规则，但是仍然受流动模型带来的潜在影响。任何元素在默认状态下是不浮动的，但都可以通过CSS定义为浮动。浮动模型吸取了流动模型和层模型的优点，以尽可能实现网页的自适应能力。

当元素定义为"float:left;或float:right;"浮动时，元素即成为了浮动元素，浮动元素具有一些块状元素的特征，但若没有给其定义宽度时，其宽度则为元素中内联元素的宽度。

浮动本身起源于实现图文环绕混排的目的，下面是常见的图文混排网页实例。

```
<!doctype html>
<html>
<head>
<meta charset="utf-8">
<title>浮动布局</title>
</head>
<body>
在以提高企业营销为目的基础之上进行个性化的定制服务.将视觉营销、品牌传播、互动体验、创意设计、策略执行五者
有机融合、通过采用多<img src="images/shafa.jpg" width="400" height="252" style="float:left"
/>种的传播手段及互动产品，为企业的品牌推广提供优质高效的服务。<br />
我们认为，一个能够健康发展的品牌就如一颗枝叶繁茂的大树，创意的绿叶是品牌的标志，而以销售为目的功能需求更是
根脉扎根市场及取养分的重要利器，所以我们追求作品在美观和销售功能上的平衡点，美观而不失功能，易用而不失创意，
是我们的首要设计守则。</p>
<p>
<br/>
我们旨在为企业的价值寻找突破点，以提供优质的服务及解决方案为企业成就品牌。我们作为一家专业的视觉营销创意设
计公司，具有完备且专业的项目流程。<br />
从需求调研、创意设计、成稿审核、演示讲解都具有专业且规范的流程行为指导，力求在双方互通互信的基础之上，将服
务做到最优，以优质的服务铸就品牌的成长，与客户一起共同创造价值，与客户共同发展。
</body>
</html>
```

这是一个图文混排的例子，这里定义为图片定义了"float:left;"的属性，图片就在整段文字的左侧显示。

同时，文字依据XHTML文档流的规则，自动自上而下、从左至右地进行流动。随着文字的增多，当文字的排列超出了图片的高度时，文字的排列就会环绕图片底部，形成了图文环绕混排的效果，这就是Float（浮动）的效果了，如图14-3所示。

从这个效果中可以看出，浮动元素的定位还是基于正常的文档流，然后从文档流中抽出，并尽可能远地移动至左侧或者右侧，文字内容会围绕在浮动元素周围。

图14-3 浮动效果

浮动的自由性也给布局带来很多麻烦，为此CSS又增加了clear属性，它能够在一定程度上控制浮动布局中出现的混乱现象。clear

属性取值包括以下4个。

★ left：清除左边的浮动对象，如果左边存在浮动对象，则当前元素会在浮动对象底下显示。

★ right：清除右边的浮动对象，如果右边存在浮动对象，则当前元素会在浮动对象底下显示。

★ both：清除左右两边的浮动对象，不管哪边存在浮动对象，当前元素都会在浮动对象底下显示。

★ none：默认值，允许两边都可以有浮动对象，当前元素浮动元素不会换行显示。

下面通过实例介绍清除属性的使用，具体代码如下。

```html
<!doctype html>
<html>
<head>
<meta charset="utf-8">
<title>清除浮动</title>
<style>
span {/*定义span元素宽和高*/
width:250px;
height:150px;
}
#span1 {/*定义span对象1属性*/
float:left;
border:solid  #F36000 15px;
}
#span2 {/*定义span对象2属性*/
float:left;
border:solid  #36F000 15px;
clear:left; /*清除左侧浮动对象，如果左侧存在浮动对象，则自动在底下显示*/
}
#span3 {/*定义span对象3属性*/
float:left;
border:solid  #FC6 15px;
}
</style>
</head>
<body>
<span id="span1">span元素浮动1</span>
<span id="span2">span元素浮动2</span>
<span id="span3">span元素浮动3</span></body>
</html>
```

在这个实例中，定义了3个span元素对象，并设置它们全部向左浮动。当为#span2对象添加"clear:left;"属性后，在其左侧已经存在#span1浮动对象，因此#span2对象为了清除左侧浮动对象，则自动排到底部靠左显示，跟随#span2对象的#span3浮动对象也在底部按顺序停留，如图14-4所示。

的"float:left;"浮动定义，结果浏览器会忽略#span2对象中定义的"clear:left;"属性，#span2对象依然环绕显示，如图14-5所示。

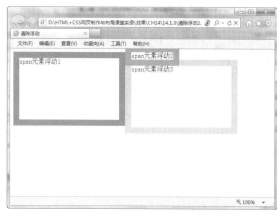

图14-5　非浮动对象定义清除属性是无效的

图14-4　清除浮动

浮动清除只能适用于浮动对象之间的清除，不能为非浮动对象定义清除属性，或者说为非浮动对象定义清除属于性是无效的。在上面的实例中，删除#span2选择符中

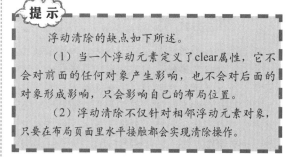

提示

浮动清除的缺点如下所述。

（1）当一个浮动元素定义了clear属性，它不会对前面的任何对象产生影响，也不会对后面的对象形成影响，只会影响自己的布局位置。

（2）浮动清除不仅针对相邻浮动元素对象，只要在布局页面里水平接触都会实现清除操作。

14.1.4　层布局模型

层模型（Layer Model）是在网页布局中引入图像软件中层的概念，以用于精确定位网页中的元素。这种网页布局模式的初衷是摆脱HTML默认的流动模型所带来的弊端，以层的方式对网页元素进行精确定位与层叠，从而增强网页表现的丰富性。

为了支持层布局模型，CSS提供了position属性进行元素定位，以方便精确地定义网页元素的相对位置。下面是一个层布局模型的实例，代码如下。

```
<!doctype html>
<html>
<head>
<meta charset="utf-8">
<title>层布局定位</title>
<style type="text/css">
body,td,th{font-family:Verdana;font-size:9px;}
</style>
</head>
<body>
<div style="position:absolute; top:5px; right:20px; width:200px; height:180px;
background-color:#99cc33;">position: absolute;<br />top: 5px;<br />right: 20px;<br />
<div style="position:absolute; left:20px; bottom:10px; width:100px; height:100px;
```

```
background-color:#00ccFF;">position:absolute;<br />left:20px;<br />bottom: 10px;<br />
</div>
</div>
<div style="position:absolute; top:5px; left:5px; width:100px; height:100px;
background:#99cc33;">position: absolute;<br />top: 5px;<br />left: 5px;<br />
</div>
<div style="position:relative; left:150px; width:300px; height:50px;
background:#FF9933;">position: relative;<br />left: 150px;<br /><br />
width: 300px; height: 50px; <br />
</div>
<div style="text-align:center; background:#ccc;">
  <div style="margin:0 auto; width:600px; background:#FF66CC; text-align:left;">
  <p>1</p>
  <p>2</p>
  <p>3</p>
  <p>4</p>
  <p>5</p>
  <div style="padding:20px 0 0 20px; background:#FFFCC0;"> padding: 20px 0 0 20px;
<div style="position:absolute; width:100px; height:100px;
background:#FF0000;">position: <span style="color:#fff;">absolute</span>;</div>
<div style="position:relative; left:200px; width:500px; height:300px;
background:#FF9933;">position: <span style="color:blue;">relative</span>;<br />
    left: 200px;<br /><br /> width: 300px;<br />height: 300px;<br />
<div style="position:absolute; top:20px; right:20px; width:100px; height:100px;
background:#00CCFF;"> position:absolute;<br /> top: 20px;<br />right: 20px;<br /></div>
</div>
</div>
</div>
</div>
</body>
</html>
```

这个实例中使用position属性定义了不同的定位方式，在浏览器中浏览效果，如图14-6所示。

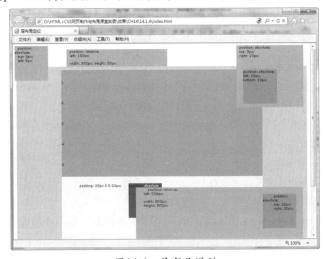

图14-6 层布局模型

以上只是简要叙述了流动模型、浮动模型和层模型这3种布局类型的一些基本知识，在页面实际布局过程中，一般都是以流动模型为主，同时辅以浮动模型和层模型配合使用，以实现丰富的网页布局效果。

14.1.5　高度自适应

网页布局中经常需要定义元素的高度和宽度，但很多时候我们希望元素的大小能够根据窗口或父元素自动调整，这就是元素自适应。元素自适应在网页布局中非常重要，它能够使网页显示更灵活，可以适应在不同设备、不同窗口和不同分辨率下显示。

元素宽度自适应设置起来比较轻松，只需要为元素的width属性定义一个百分比即可，且目前各大浏览器对此都完全支持。不过问题是元素高度自适应很容易让人困惑，设置起来比较麻烦。

下面是一个简单实例，其中XHTML结构代码如下所示。

```
<div id="content">
<div id="sub">高度自适应</div>
</div>
```

其CSS布局代码如下所示。

```
#content {/*<定义父元素显示属性>*/
background: #FC0;/*背景色*/
}

#sub {/*<定义子元素显示属性>*/
width:50%;/*父元素宽度的一半*/
height:50%;/*父元素高度的一半*/
background:#6C3;/*背景色*/
}
```

在IE浏览器中显示效果如图14-7所示，宽度能够自适应，高度不能自适应。

图14-7　宽度能够自适应，高度不能自适应

这是什么原因呢？原来在IE浏览器中html的height属性默认为100%，body没有设置值，而在非IE浏览器中html和body都没有预定义height属性值。因此，解决高度自适应问题可以使用下面的CSS代码。

```
html,body { /*<定义html和body高度都为100%>*/
height:100%;}
#content { /*<定义父元素显示属性>*/
height:100%;  /*满屏显示*/
background:#FC0; /*背景色*/ }
#sub {     /*<定义子元素显示属性>*/
width:50%;   /*父元素宽度的一半*/
height:50%;  /*父元素高度的一半*/
background:#6C3; /*背景色*/ }
```

在IE中浏览，高度能自适应，如图14-8所示。

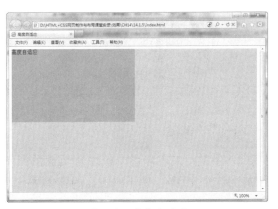

图14-8 高度自适应

如果把子元素对象设置为浮动显示或者绝对定位显示，则高度依然能够实现自适应。CSS布局代码如下所示。

```
html,body {
height:100%;
}
```

```
#content {
height:100%;
position:relative;
background:#FC0;
}
#sub {
width:50%;
height:50%;
position:absolute;
background:#6C3;
}
```

高度自适应对于布局具有重要的作用，可以利用高度自适应实现很多复杂布局效果。特别是对于绝对定位，突破了原来宽、高灵活性差的难题，充分发挥绝对定位的精确定位和灵活适应的双重能力。

14.2 CSS布局理念

无论使用表格还是CSS，网页布局都是把大块的内容放进网页的不同区域里面。有了CSS，最常用来组织内容的元素就是<div>标签。CSS排版是一种很新的排版理念，首先要将页面使用<div>整体划分几个板块，然后对各个板块进行CSS定位，最后在各个板块中添加相应的内容。

14.2.1 将页面用div分块

在利用CSS布局页面时，首先要有一个整体的规划，包括整个页面分成哪些模块，各个模块之间的父子关系等。以最简单的框架为例，页面由Banner（导航条）、主体内容（content）、菜单导航（links）和脚注（footer）几个部分组成，各个部分分别用自己的id来标识，如图14-9所示。

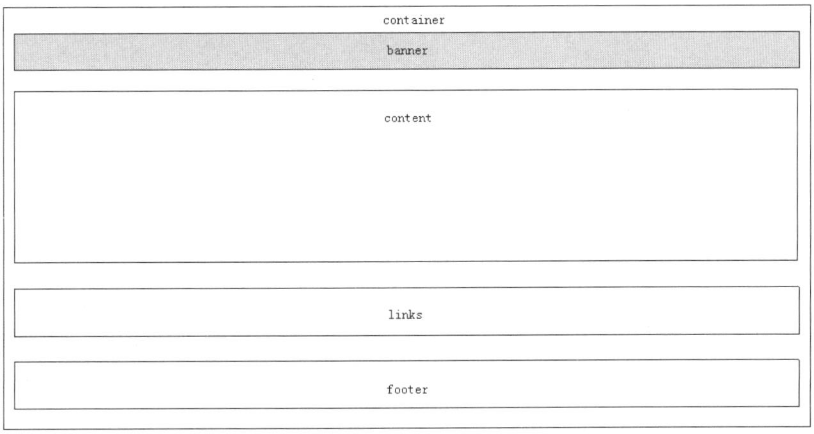

```
container
  banner

  content

  links

  footer
```

图14-9 页面内容框架

其页面中的HTML框架代码如下所示。

```
<div id="container">container
 <div id="banner">banner</div>
  <div id="content">content</div>
  <div id="links">links</div>
  <div id="footer">footer</div>
</div>
```

实例中每个板块都是一个<div>，这里直接使用CSS中的id来表示各个板块，页面的所有Div块都属于container，一般的Div排版都会在最外面加上这个父Div，便于对页面的整体进行调整。对于每个Div块，还可以再加入各种元素或行内元素。

14.2.2 设计各块的位置

当页面的内容已经确定后，则需要根据内容本身考虑整体的页面布局类型，如是单栏、双栏还是三栏等，这里采用的布局如图14-10所示。

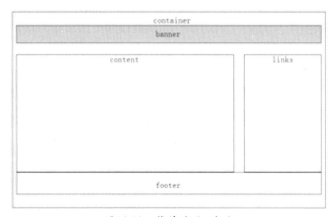

图14-10　简单的页面框架

由图14-10可以看出，在页面外部有一个整体的框架container，banner位于页面整体框架中的最上方，content与links位于页面的中部，其中content占据着页面的绝大部分，最下面是页面的脚注footer。

14.2.3 用CSS定位

整理好页面的框架后，就可以利用CSS对各个板块进行定位，实现对页面的整体规划，再往各个板块中添加内容。

下面首先对body标记与container父块进行设置，CSS代码如下所示。

```
body {
    margin:10px;
    text-align:center;
}
#container{
    width:800px;
    border:1px solid #000000;
```

```
    padding:10px;
}
```

上面代码设置了页面的边界、页面文本的对齐方式，以及父块的宽度为800px。下面来设置banner板块，其CSS代码如下所示。

```
#banner{
    margin-bottom:5px;
    padding:10px;
    background-color:#a2d9ff;
    border:1px solid #000000;
    text-align:center;
}
```

这里设置了banner板块的边界、填充、背景颜色等。

下面利用float方法将content移动到左侧，links移动到页面右侧，这里分别设置了这两个板块的宽度和高度，读者可以根据需要自己调整。

```
#content{
    float:left;
    width:570px;
    height:300px;
    border:1px solid #000000;
    text-align:center;
}
#links{
    float:right;
    width:200px;
    height:300px;
    border:1px solid #000000;
    text-align:center;
}
```

由于content和links对象都设置了浮动属

性，因此footer需要设置clear属性，使其不受浮动的影响，代码如下所示。

```
#footer{
    clear:both;   /* 不受float影响 */
    padding:10px;
    border:1px solid #000000;
    text-align:center;
}
-->
```

这样页面的整体框架便搭建好了，这里需要指出的是，content块中不能放宽度太长的元素，如很长的图片或不折行的英文等，否则links将再次被挤到content下方。

特别的，如果后期维护时希望content的位置与links对调，仅仅只需要将content和links属性中的left和right改变。这是用传统的排版方式所不可能简单实现的，这也正是CSS排版的魅力之一。

另外，如果links的内容比content的长，在IE浏览器上footer就会贴在content下方而与links出现重合。

14.3 常见的布局类

本节重点介绍如何使用DIV+CSS创建固定宽度布局，对于包含很多大图片和其他元素的内容，由于它们在流式布局中不能很好地表现，因此固定宽度布局也是处理这种内容的最好方法。

14.3.1 课堂小实例——一列固定宽度

一列式布局是所有布局的基础，也是最简单的布局形式。一列固定宽度中，宽度的属性值是固定像素。下面举例说明一列固定宽度的布局方法，具体步骤如下。

01 在HTML文档的\<head>与\</head>之间相应的位置输入定义的CSS样式代码，如下所示。

```
<style>
#content{
    background-color:#ffcc33;
    border:5px solid #ff3399;
    width:500px;
    height:350px;
}
</style>
```

提示

使用"background-color:# ffcc33"将div设定为黄色背景，并使用"border:5px solid #ff3399"将div设置了粉红色的5px宽度的边框，使用"width:500px"设置宽度为500像素固定宽度，使用"height:350px"设置高度为350像素。

02 然后在HTML文档的\<body>与\<body>之间的正文中输入以下代码，给div使用了layer作为id名称。

```
<div id="content">1列固定宽度</div>
```

03 在浏览器中浏览，由于是固定宽度，无论怎样改变浏览器窗口大小，Div的宽度都不改变，如图14-11和图14-12所示。

图14-11　浏览器窗口变小效果　　　　图14-12　浏览器窗口变大效果

　　在网页布局中所示1列固定宽度是常见的网页布局方式，多用于封面型的主页设计中，如图14-13和图14-14所示。

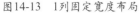
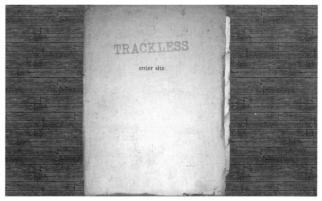

图14-13　1列固定宽度布局　　　　图14-14　1列固定宽度布局

> **提示**
>
> 　　页面居中是常用的网页设计表现形式之一，传统的表格式布局中，用"align="center""属性来实现表格居中显示。Div本身也支持"align="center""属性，同样可以实现居中，但是Web标准化时代，这个不是我们想要的结果，因为不能实现表现与内容的分离。

14.3.2　课堂小实例——一列自适应

　　自适应布局是在网页设计中常见的一种布局形式，自适应的布局能够根据浏览器窗口的大小，自动改变其宽度或高度值，是一种非常灵活的布局形式，良好的自适应布局网站对不同分辨率的显示器都能提供最好的显示效果。自适应布局需要将宽度由固定值改为百分比。下面是一列自适应布局的CSS代码。

```
<!doctype html>
<html>
<head>
<meta charset="utf-8">
<title>1列自适应</title>
```

```
<style>
#Layer{background-color:#00cc33;border:3px solid #ff3399; width:60%;height:60%;}
</style>
</head>
<body>
<div id="Layer">1列自适应</div>
</body>
</html>
```

这里将宽度和高度值都设置为70%，从浏览效果中可以看到，Div的宽度已经变为了浏览器宽度的70%的值，当扩大或缩小浏览器窗口大小时，其宽度和高度还将维持在与浏览器当前宽度比例的70%。如图14-15和图14-16所示。

图14-15　窗口变小

图4-16　窗口变大

自适应布局是比较常见的网页布局方式，图14-17所示的网页就采用自适应布局。

图14-17　自适应布局

14.3.3　课堂小实例——两列固定宽度

有了一列固定宽度作为基础，二列固定宽度就非常简单。我们知道div用于对某一个区域的标识，而二列的布局，自然需要用到两个div。

两列固定宽度非常简单，两列的布局需要用到两个div，分别把两个div的id设置为left与right，表示两个div的名称。首先为它们设置宽度，然后让两个div在水平线中并排显示，从而形成两列式布局，具体步骤如下。

01 在HTML文档的\<head\>与\</head\>之间相应的
位置输入定义的CSS样式代码，如下所示。

```
<style>
#left{
    background-color:#00cc33;
    border:1px solid #ff3399;
     width:250px;
    height:250px;
    float:left;
    }
#right{
    background-color:#ffcc33;
    border:1px solid #ff3399;
    width:250px;
    height:250px;
    float:left;
}
</style>
```

提示

　　left与right两个div的代码与前面类似，两个
div使用相同宽度实现两列式布局。float属性是CSS
布局中非常重要的属性，用于控制对象的浮动布
局方式，大部分div布局基本上都通过float的控制
来实现的。float使用none值时表示对象不浮动，而
使用left时，对象将向左浮动，例如本例中的div使
用了"float:left;"之后，div对象将向左浮动。

02 然后在HTML文档的\<body\>与\<body\>之间
的正文中输入以下代码，给div使用left和
right作为id名称。

```
<div id="left">左列</div>
<div id="right">右列</div>
```

03 在使用了简单的float属性之后，二列固
定宽度的页面就能并排显示出来。在
浏览器中浏览，两列固定宽度布局如
图14-18所示

　　图14-19所示的网页两列宽度都是固定
的，无论怎样改变浏览器窗口大小，两列的
宽度都不改变。

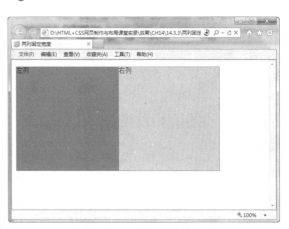

图14-18　两列固定宽度布局

图14-19　两列宽度都是固定的

14.3.4　课堂小实例——两列宽度自适应

　　下面使用两列宽度自适应性，来实现左右栏宽度能够做到自动适应，设置自适应主要通过
宽度的百分比值设置。CSS代码修改为如下。

```
<style>
#left{background-color:#00cc33; border:1px solid #ff3399; width:60%;
    height:250px;float:left;}
#right{background-color:#ffcc33;border:1px solid #ff3399; width:30%;
    height:250px;float:left;}
</style>
```

这里主要修改了左栏宽度为60%，右栏宽度为30％。在浏览器中浏览效果，如图14-20和图14-21所示，无论怎样改变浏览器窗口大小，左右两栏的宽度与浏览器窗口的百分比都不改变。

应布局。

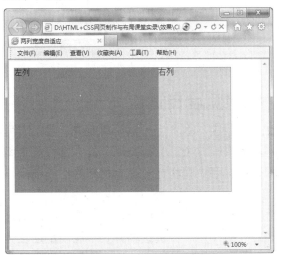

图14-20　浏览器窗口变小效果

图14-21　浏览器窗口变大效果

图14-22　两列宽度自适应布局

图14-22所示的网页采用两列宽度自适

14.3.5　课堂小实例——两列右列宽度自适应

在实际应用中，有时候需要左栏固定宽度，右栏根据浏览器窗口大小自动适应，在CSS中只需要设置左栏的宽度即可，如上例中左右栏都采用了百分比实现了宽度自适应，这里只需要将左栏宽度设定为固定值，右栏不设置任何宽度值，并且右栏不浮动，CSS样式代码如下。

```
<style>
#left{ background-color:#00cc33;border:1px solid #ff3399;width:200px;
    height:250px;float:left;}
```

```
#right{background-color:#ffcc33;border:1px solid #ff3399; height:250px;}
</style>
```

这样，左栏将呈现200px的宽度，而右栏将根据浏览器窗口大小自动适应，如图14-23和图14-24所示。

图14-23　右列宽度自适应　　　　　　　　图14-24　右列宽度自适应

▌14.3.6　课堂小实例——三列浮动中间宽度自适应

使用浮动定位方式，从一列到多列的固定宽度及自适应，基本上可以简单完成，包括三列的固定宽度。而在这里给我们提出了一个新的要求，希望有一个三列式布局，其中左栏要求固定宽度，并居左显示，右栏要求固定宽度，并居右显示，而中间栏需要在左栏和右栏的中间，根据左右栏的间距变化自动适应。

在开始这样的三列布局之前，有必要了解一个新的定位方式——绝对定位。前面的浮动定位方式主要由浏览器根据对象的内容自动进行浮动方向的调整，但是这种方式不能满足定位需求时，就需要新的方法来实现。CSS提供了除去浮动定位之外的另一种定位方式，就是绝对定位，绝对定位使用position属性来实现。

下面讲述三列浮动中间宽度自适应布局的创建，具体操作步骤如下。

01 在HTML文档的<head>与</head>之间相应的位置输入定义的CSS样式代码，如下所示。

```
<style>
body{ margin:0px; }
#left{ background-color:#ffcc00;    border:3px solid #333333; width:100px;
    height:250px; position:absolute; top:0px; left:0px; }
#center{ background-color:#ccffcc; border:3px solid #333333; height:250px;
    margin-left:100px; margin-right:100px; }
#right{
    background-color:#ffcc00; border:3px solid #333333; width:100px;
    height:250px; position:absolute; right:0px; top:0px; }
</style>
```

02 然后在HTML文档的<body>与<body>之间的正文中输入以下代码，给div使用left、right和center作为id名称。

```
<div id="left">左列</div>
<div id="center">中间列</div>
<div id="right">右列</div>
```

03 在浏览器中浏览效果，如图14-25和图14-26所示。

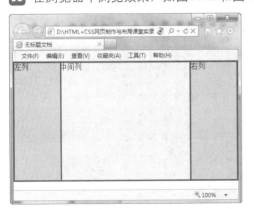

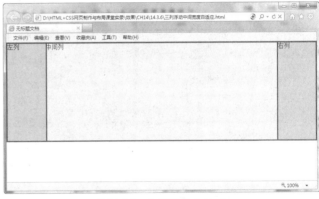

图14-25　中间宽度自适应　　　　　　　图14-26　中间宽度自适应

图14-27所示的网页采用三列浮动中间宽度自适应布局。

图14-27　三列浮动中间宽度自适应布局

14.3.7　课堂小实例——三行二列居中高度自适应布局

如何使整个页面内容居中，如何使高度适应内容自动伸缩。这是学习CSS布局最常见的问题。下面讲述三行二列居中高度自适应布局的创建，具体操作步骤如下。

01 在HTML文档的\<head\>与\</head\>之间相应的位置输入定义的CSS样式代码，如下所示。

```
<style type="text/css">
#header{ width:776px; margin-right: auto; margin-left: auto; padding: 0px;
background: #ff9900; height:60px; text-align:left; }
#contain{margin-right: auto; margin-left: auto; width: 776px; }
#mainbg{width:776px; padding: 0px;background: #60A179; float: left;}
#right{float: right; margin: 2px 0px 2px 0px; padding:0px; width: 574px;
background: #ccd2de; text-align:left; }
#left{ float: left; margin: 2px 2px 0px 0px; padding: 0px;
background: #F2F3F7; width: 200px; text-align:left; }
#footer{ clear:both; width:776px; margin-right: auto; margin-left: auto; padding: 0px;
background: #ff9900; height:60px;}
.text{margin:0px;padding:20px;}
</style>
```

02 然后在HTML文档的<body>与<body>之间的正文中输入以下代码，给div使用left、right和center作为id名称。

```
<div id="header">页眉</div>
<div id="contain">
  <div id="mainbg">
    <div id="right">
      <div class="text">右
        <div id="header">页眉</div>
<div id="contain">
  <div id="mainbg">
    <div id="right">
      <div class="text">右
        <p> </p>
        <p> </p>
        <p> </p>
        <p></p>
        <p></p>
      </div>
    </div>
    <div id="left">
      <div class="text">左 </div>
    </div>
  </div>
</div>
<div id="footer">页脚</div>
  </div>
    </div>
    <div id="left">
      <div class="text">左</div>
    </div>
  </div>
</div>
<div id="footer">页脚</div>
```

03 在浏览器中浏览效果，如图14-28所示。

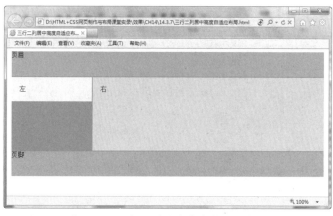

图14-28　三行二列居中高度自适应布局

图14-29所示的网页采用三行二列居中高度自适应布局。

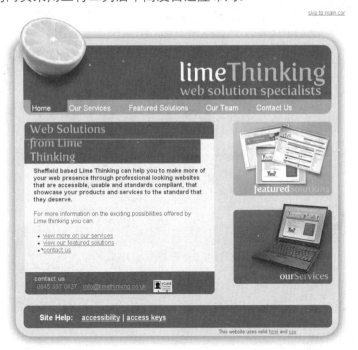

图14-29　三行二列居中高度自适应布局

14.4　课后练习

填空题

（1）所有CSS布局技术都是立在_____、_____、_____和_____这4个最基本的概念之上的。

（2）_____是HTML中默认的网页布局模式，在一般状态下，网页中元素的布局都是以流动模型为默认的显示方式。

（3）_____的布局能够根据浏览器窗口的大小，自动改变其宽度或高度值，是一种非常灵活的布局形式，良好的自适应布局网站对不同分辨率的显示器都能提供最好的显示效果。

14.5　本课小结

CSS+DIV是网站标准中常用的术语之一。CSS和DIV的结构被越来越多的人采用，很多人都抛弃了表格而使用CSS来布局页面。它的好处很多，可以使结构简洁，定位更灵活。CSS布局的最终目的是搭建完善的页面架构。利用CSS排版的页面，更新起来十分容易，甚至连页面的结构都可以通过修改CSS属性来重新定位。

第15课
设计制作企业网站

本课导读

　　企业在网上形象的树立已成为企业宣传的重点，越来越多的企业更加重视自己的网站。企业通过对企业信息的系统介绍，让浏览者了解企业所提供的产品和服务，并通过有效的在线交流方式搭起客户与企业间的桥梁。企业网站的建设能够提高企业的形象，并且吸引更多的人关注公司，以获得更大的发展。

实例展示

企业网站效果

技术要点

★　熟悉企业网站的设计

★　熟悉企业网站布局设计分析

★　掌握企业网站页面的具体制作过程

15.1 企业网站设计概述

企业网站是商业性和艺术性的结合，同时企业网站也是一个企业文化的载体，通过视觉元素，承接企业的文化和企业的品牌。制作企业网站通常需要根据企业所处的行业、企业自身的特点。企业的主要客户群，以及企业最全的资讯等信息，才能制作出适合企业特点的网站。

15.1.1 企业网站分类

企业类网站可以分为以下几类。

1. 以形象为主的企业网站

互联网作为新经济时代一种新型传播媒体，在企业宣传中发挥着越来越重要的地位，成为公司以最低的成本在更广的范围内宣传企业形象，开辟营销渠道，加强与客户沟通的一项必不可少的重要工具。图15-1所示为以形象为主的企业网站。

图15-1 以形象为主的企业网站

这类网站设计时要参考一些大型同行业网站进行分析，多吸收它们的优点，以公司自己的特色进行设计，整个网站要以国际化为主。要以企业形象及行业特色加上动感音乐作片头动画，每个页面配以栏目相关的动画衬托，通过良好的网站视觉创造一种独特的企业文化。

2. 以产品为主的企业网站

企业上网的目的绝大多数是为了介绍产品，中小型企业尤为如此，在公司介绍栏目中只有一页文字，而产品栏目则是大量的图片和文字。以产品为主的企业网站可以把主推产品放置在网站首页。产品资料分类整理，附带详细说明，使客户能够看个明白。如果公司产品比较多，最好采用动态更新的方式添加产品介绍和图片，通过后台来控制前台信息。

为了醒目，可以分出两个导航条，把产品导航放在明显的地方，或是用特殊样式的导航按钮标注出产品分类。网页的插图应以体现产品为主，营造企业形象为辅，尽量做到两方面能够协调到位。图15-2所示为以产品为主的企业网站。

图15-2 以产品为主的企业网站

3. 信息量大的企业站点

很多企业不仅仅需要树立良好的企业形象，还需要建立自己的信息平台。有实力的企业逐渐把网站做成一种以其产品为主的商务型网站。对于企业而言，通过商务网站可以实现以下功能：通过因特网扩大宣传，提高企业知名度；让更多客户以更便捷的方式了解企业产品，实现网上订购、网上信息实时反馈等电子商务功能。图15-3所示为信息量大的企业网站。

图15-3　信息量大的企业网站

15.1.2　企业网站主要功能

一般企业网站主要有以下功能。

★ 公司概况：包括公司背景、发展历史、主要业绩、经营理念、经营目标及组织结构等，让用户对公司的情况有一个概括的了解。

★ 企业新闻动态：可以利用互联网的信息传播优势，构建一个企业新闻发布平台，通过建立一个新闻发布/管理系统，企业信息发布与管理将变得简单、迅速，及时向互联网发布本企业的新闻、公告等信息。通过公司动态可以让用户了解公司的发展动向，加深对公司的印象，从而达到展示企业实力和形象的目的。图15-4所示为本例制作的企业网站新闻动态部分。

★ 产品或展示：如果企业提供多种产品或服务，利用展示系统进行系统的管理，包括产品或图片的添加与删除、产品类别的添加与删除、推荐产品的管理、产品的快速搜索等，可以方便高效地管理网上产品，为网上客户提供一个全面的产品展示平台，更重要的是网站可以通过某种方式建立起与客户的有效沟通，更好地与客户进行对话，收集反馈信息，从而改进产品质量和提供服务水平。图15-5所示为景点展示。

图15-4　企业新闻动态

图15-5　景点展示

★ 网上招聘：这也是网络应用的一个重要方面，网上招聘系统可以根据企业自身特点，建立一个企业网络人才库，人才库对外可以进行在线网络即时招聘，对内可以方便管理人员对招聘信息和应聘人员的管理，同时人才库可以为企业储备人才，为日后需要时使用。

★ 销售网络：目前用户直接在网站订货的并不多，但网上看货网下购买的现象比较普遍，尤其是价格比较贵重或销售渠道比较少的商品，用户通常喜欢通过网络获取足够的信息后，在本地的实体商场购买。因此尽可能详尽地告诉用户在什么地方可以买到他所需要的产品。

★ 售后服务：有关质量保证条款、售后服务措施，及各地售后服务的联系方式等都是用户比较关心的信息。而且，是否可以在本地获得售后服务往往是影响用户购买决策的重要因素，对于这些信息应该尽可能详细地提供。

★ 技术支持：这一点对于生产或销售高科技产品的公司尤为重要，网站上除了产品说明书之外，企业还应该将用户关心的技术问题及其答案公布在网上，如一些常见故障处理、产品的驱动程序、软件工具的版本等信息资料，可以用在线提问或常见问题回答的方式体现。

★ 联系信息：网站上应该提供足够详尽的联系信息，除了公司的地址、电话、传真、邮政编码、网管E-mail地址等基本信息之外，最好能详细地列出客户或者业务伙伴可能需要联系的具体部门的联系方式。对于有分支机构的企业，同时还应当有各地分支机构的联系方式，在为用户提供方便的同时，也起到了对各地业务的支持作用。

15.1.3 页面配色与风格设计

企业网站给人的第一印象是网站的色彩，因此确定网站的色彩搭配是相当重要的一步。一般来说，一个网站的标准色彩不应超过3种，太多则让人眼花缭乱。标准色彩用于网站的标志、标题、导航栏和主色块，给人以整体统一的感觉。至于其他色彩在网站中也可以使用，但只能作为点缀和衬托，决不能喧宾夺主。

绿色在企业网站中也是使用较多的一种色彩。在使用绿色作为企业网站的主色调时，通常会使用渐变色过渡，使页面具有立体的空间感。图15-6所示为旅游企业网站的配色。

图15-6 旅游企业网站的配色

259

在设计企业网站时，要采用统一的风格和结构来把各页面组织在一起。所选择的颜色、字体、图形即页面布局应能传达给用户一个形象化的主题，并引导他们去关注站点的内容。

风格是指站点的整体形象给浏览者的综合感受。包括站点的CI标志、色彩、字体、标语、版面布局、浏览方式、内容价值、存在意义、站点荣誉等诸多因素。

企业网站的风格体现在企业的Logo、CI，企业的用色等多方面。企业用什么样的色调，用什么样的CI，是区别于其他企业的一种重要的手段。如果风格设计的不好会对客户造成不良影响。

用以下步骤可以树立网站风格。

01 首先必须保证内容的质量和价值性。

02 其次需要搞清楚自己希望网站给人的印象是什么。

03 在明确自己的网站印象后，建立和加强这种印象。需要进一步找出其中最有特点的东西，就是最能体现网站风格的东西，并作为网站的特色加以重点强化宣传。如再次审查网站名称、域名、栏目名称是否符合这种个性，是否易记；审查网站标准色彩是否容易联想到这种特色，是否能体现网站的风格等。

对企业网站从设计风格上进行创新，需要多方面元素的配合，如页面色彩构成、图片布局、内容安排等。这需要用不同的设计手法表现出页面的视觉效果。

15.1.4 排版构架

设计购物网站时首先要抓住商品展示的特点，合理布局各个板块，显著位置留给重点宣传栏目或经常更新的栏目，以吸引浏览者的眼球，结合网站栏目设计在主页导航上突出层次感，使浏览者渐进接受。为了将丰富的含义和多样的形式组织成统一的页面结构形式，应灵活运用各种手段，通过空间、文字、图形之间的相互关系建立整体的均衡状态，产生和谐的美感。点、线、面相结合，充分表达完美的设计意境，使用户可以从主页获得有价值的信息。图15-7所示为页面布局图。

本课网页的结构属于三行三列式布局。顶行用于显示header对象中的网站导航按钮和Banner信息，底部部分footer放置网站的版权信息，中间部分content分三列显示网站的主要内容。

由于本网站包含大量的图文信息内容，浏览者

图15-7 页面布局图

面对繁杂的信息，如何快速地找到所需信息，是需要考虑的一个首要问题。因此页面导航在网站中非常重要。

其页面中的HTML框架代码如下所示。

```
<div id="header">
<div id="menublank">
        <div id="menu"></div>
</div>
    <div id="headerrightblank">
        <div id="headernav"></div>
        <div id="searchblank"> </div>
        <div id="advancedsearch"></div>
        <div id="go"></div>
    </div>
     <div id="bannertxtblank"></div>
        <div id="bannerpic"></div>
</div>
<div id="content">
        <div id="bannerbot"></div>
        <div id="contentleft"></div>
        <div id="contentmid">
          <div id="awardtxtblank"></div>
        </div>
        <div id="projectblank">
         <div id="project"></div>
        </div>
</div>
<div id="footer">
        <div id="footerlinks"></div>
        <div id="copyrights"></div>
</div>
```

15.2 各部分设计

由上一节的分析可以看出，页面的整体框架并不复杂，下面就具体制作各个模块，制作时采用从上而下，从左到右的制作顺序。

15.2.1 页面的通用规则

CSS的开始部分定义页面的body属性和一些通用规则，具体代码如下。

```
@charset "utf-8";                        /* 定义网页编码，可以用到中文、韩文等所有语言编码上 */
body
{margin:0px;                             /* 定义网页整体的外边距为0 */
padding:0px;                             /* 定义网页整体的内边距为0 */
background-color:#66d2a6;                /* 定义背景颜色 */
}
h1,h2,h3,h4,h5,h6,span
```

```
{
margin:0px;                          /* 定义网页内标题元素和行内元素的外边距为0 */
padding:0px;                         /* 定义网页内标题元素和行内元素的内边距为0 */
}
```

　　定义完网页的整体页边距和背景颜色，以及网页内标题元素和span元素的边距后，页面实例效果如图15-8所示。

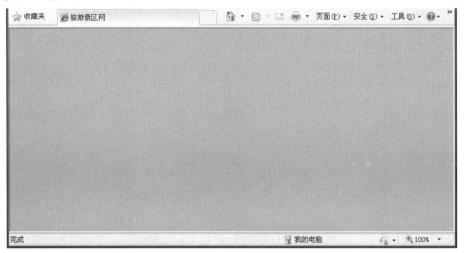

图15-8　定义页面通用规则后的效果

15.2.2　制作网站导航部分

　　一般企业网站通常都将导航放置在页面的左上角，让用户一进入网站就能够看到。下面制作顶部导航部分，这部分主要放在header对象中的menu内，如图15-9所示。

图15-9　网站导航部分

01 首先使用Dreamweaver建立一个xhtml文档，名称为index1.html，在"拆分"视图中，输入如下Div代码建立导航部分框架，如图15-10所示。

图15-10　建立导航部分框架图

```
<div id="header">
```

```
<div id="menublank">
    <div id="menu">
        <ul>
        <li><a href="#" class="menu">首页 </a></li>
        <li><a href="#" class="menu">风景揽胜</a></li>
        <li><a href="#" class="menu">餐饮住宿</a></li>
        <li><a href="#" class="menu">娱乐保健</a></li>
        <li><a href="#" class="menu">商务会议</a></li>
        <li><a href="#" class="menu">出游指南</a></li>
        <li><a href="#" class="menu">网上预订</a></li>
        <li><a href="#" class="menu">交通信息</a></li>
        </ul>
    </div>
  </div>
</div>
```

02 下面定义外部Div的整体样式，定义完样式后的网页如图15-11所示。

```
#headerbg {width:100%;                              /* 定义宽度 */
    height:740px;                                   /* 定义高度 */
    float:left;                                     /* 定义左对齐 */
    margin:0px;                                     /* 定义外边距为0 */
    padding:0px;                                    /* 定义内边距为0 */
    background-image:url(images/headerbg.jpg);      /* 定义背景图片 */
    background-repeat:repeat-x;
    background-position:left top;}
#headerblank{width:1004px;                          /* 定义宽度 */
    height:740px;                                   /* 定义高度 */
    float:none;                                     /* 定义浮动方式 */
    margin:0 auto;                                  /* 定义外边距 */
    padding:0px;                                    /* 定义内边距为0 */}
```

03 下面定义header部分的宽度、高度、浮动左对齐、边距和背景颜色样式，定义完样式后的网页，
如图15-12所示。

15-11 定义外部Div的整体样式

图15-12 定义header部分的样式

```
#header{width:1004px;                               /* 定义宽度 */
    height:740px;                                   /* 定义高度 */
    float: left;                                    /* 定义浮动左对齐 */
```

```
    margin:0px;                                      /* 定义外边距为0 */
    padding:0px;                                     /* 定义内边距为0 */
    background-image: url(images/header.jpg);        /* 定义背景图片 */
    background-repeat:no-repeat;                      /* 定义背景图片不重复 */}
```

04 定义导航菜单menu的整体外观样式，定义完样式后的网页如图15-13所示。

```
#menublank{width:935px;                              /* 定义宽度 */
    height:29px;                                      /* 定义高度 */
    float:left;                                       /* 定义浮动左对齐 */
    margin:0px;                                       /* 定义外边距为0 */
    padding:0 0 0 69px;                               /* 定义内边距 */}
    #menu{width:867px;                                /* 定义宽度 */
    height:29px;                                       /* 定义高度 */
    float:left;                                        /* 定义浮动左对齐 */
    margin:0px;                                        /* 定义外边距为0 */
    padding:0px;                                       /* 定义内边距为0 */}
```

05 使用如下代码定义菜单内列表的样式和列表内文字的样式，定义后的实例，如图15-14所示。

图15-13　定义导航菜单menu的整体外观样式　　图15-14　定义菜单内列表的样式和列表内文字的样式

```
#menu ul{width:867px;                                /* 定义宽度 */
    height:29px;                                       /* 定义高度 */
    float:left;                                        /* 定义浮动左对齐 */
    margin:0px;                                        /* 定义外边距为0 */
    padding:0px;                                       /* 定义内边距为0 */
    display:block;                                     /* 定义块元素 */}
#menu ul li{height:29px;                             /* 定义高度 */
    float:left;                                        /* 定义浮动左对齐 */
    margin:0px;                                        /* 定义外边距为0 */
    padding:0px;                                       /* 定义外内距为0 */
    display:block;                                     /* 定义块元素 */}
#menu ul li a.menu{height:25px ;                     /* 定义高度 */
    float:left;                                        /* 定义浮动左对齐 */
    margin:0px;                                        /* 定义外边距为0 */
    padding:4px 21px 0 21px;                           /*定义内边距 */
    font-family:Arial;                                 /* 定义字体 */
    font-size:11px;                                    /* 定义字号 */
    font-weight:bold;                                  /* 定义文字加粗 */
    color:#FFF;                                        /* 定义颜色为白色 */
```

```
            text-align:center;                         /* 定义元素内部文字的居中 */
            text-decoration:none;                       /* 清除超链接的默认下划线 */ }
#menu ul li a.menu:hover{height:25px;                   /* 定义高度 */
            float:left;                                 /* 定义浮动左对齐 */
            margin:0px;                                 /* 定义外边距为0 */
            padding:4px 21px 0 21px;                    /* 定义内边距 */
            font-family:Arial;                          /* 定义字体 */
            font-size:11px;                             /* 定义字号 */
            font-weight:bold;                           /* 定义文字加粗 */
            color:#FFF;                                 /* 定义颜色为白色 */
            text-align:center;                          /* 定义元素内部文字的居中 */
            text-decoration:none;                       /* 清除超链接的默认下划线 */
            background-image:url(images/menuover.jpg);  /* 定义背景图片 */
            background-repeat:repeat-x;}                 /* 定义背景图片重复 */
```

15.2.3　制作header右侧部分

Header右侧部分主要放在header对象中的headerrightblank内，包括会员注册、登录、添加收藏、留言，还有高级搜索部分，如图15-15所示。

01 首先输入如下Div代码建立header右侧部分框架，这部分主要使用无序列表和表单来制作的，如图15-16所示。

```
<div id="headerrightblank">
    <div id="headernav">
        <ul>
          <li><a href="#" class="register">会员注册</a></li>
          <li><a href="#" class="login">登录</a></li>
          <li><a href="#" class="bookmark">添加收藏</a></li>
          <li><a href="#" class="blog">留言</a></li>
        </ul>
    </div>
    <div class="headertxt"><span class="headerdecoratxt">山之美，在于石、
        林、泉、瀑、花、草一应俱全</span></div>
    <div class="headertxt02"><span class="headerboldtxt"></span>
<span class="headerdecoratxt">峡谷曲流，形势险胜，投目纵览，水比漓江清。
</span></div>
        <div id="special"></div>
        <div id="year">2013</div>
        <div id="searchblank">
        <div id="searchinput">
        <form id="form1" name="form1" method="post" action="">
        <input name="textfield" type="text" class="searchinput"
             id="textfield" value="输入关键字"/>
        </form>
        </div>
        <div id="advancedsearch"><a href="#" class="advancedsearch">
            高级查询</a></div>
```

```
        <div id="go"><a href="#" class="go">Go</a></div>
        </div>
</div>
```

图15-15　header右侧部分

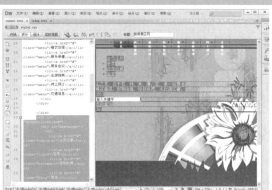

图15-16　建立header右侧部分框架

02 使用如下代码定义headerrightblank部分的宽度、浮动右对齐、外边距和内边距，定义样式后的
实例如图15-17所示。

```
#headerrightblank{
        width:311px;                              /* 定义宽度 */
        float: right;                             /* 定义浮动右对齐 */
        margin:0 70px 0 0;                        /* 定义外边距 */
        padding:0px;                              /* 定义内边距为0 */}
#headernav{
        width:290px;                              /* 定义宽度 */
        height:25px;                              /* 定义高度 */
        float: right;                             /* 定义浮动右对齐 */
        margin:0px;                               /* 定义外边距为0 */
        padding:0 0 0 21px;                       /* 定义内边距 */}
```

03 接着定义headernav内无序列表的样式，定义样式后的实例如图15-18所示。

图15-17　定义headerrightblank部分的整体样式

图15-18　定义headernav内无序列表的样式

```
#headernav ul{
        height:25px;                              /* 定义高度 */
        float: left;                              /* 定义浮动左对齐 */
        margin:0px;                               /* 定义外边距0 */
        padding:0px;                              /* 定义内边距为0 */
        display:block;                            /* 定义块元素 */}
#headernav ul li{
        height:15px;                              /* 定义高度 */
```

```
        float: left;                                    /* 定义浮动左对齐 */
        margin:0px;                                     /* 定义外边距为0 */
        padding:7px 0 0 0;                              /* 定义内边距*/
        display:block;                                  /* 定义块元素 */}
```

04 使用如下代码定义无序列表内"会员注册"文字的样式，定义后的实例如图15-19所示。

```
#headernav ul li a.register{
        width:67px;                                     /* 定义宽度 */
        height:15px;                                    /* 定义高度 */
        float: left;                                    /* 定义浮动左对齐 */
        margin:0px;                                     /* 定义外边距为0 */
        padding:3px 0 0 17px;                           /* 定义内边距 */
        font-family:Arial;                              /* 定义字体 */
        font-size:10px;                                 /* 定义字号 */
        color:#000;                                     /* 定义颜色为黑色 */
        text-decoration:none;                           /* 清除超链接的默认下划线 */
        background-image:url(images/registericon.jpg);  /* 定义背景图片 */
        background-repeat:no-repeat;                    /* 定义背景图片不重复 */
        background-position:left;}                      /* 定义背景图片位置 */
#headernav ul li a.register:hover{
        width:67px;                                     /* 定义宽度 */
        height:15px;                                    /* 定义高度 */
        float: left;                                    /* 定义浮动左对齐 */
        margin:0px;                                     /* 定义外边距为0 */
        padding:3px 0 0 17px;                           /* 定义内边距 */
        font-family:Arial;                              /* 定义字体 */
        font-size:10px;                                 /* 定义字号 */
        color:#000;                                     /* 定义颜色为黑色 */
        text-decoration: underline;                     /* 定义文字下划线 */
        background-image:url(images/registericon.jpg);  /* 定义背景图片 */
        background-repeat:no-repeat;                    /* 定义背景图片不重复 */
        background-position:left;}                      /* 定义背景图片位置 */
```

05 使用如下代码定义无序列表内"登录"文字的样式，定义后的实例如图15-20所示。

图15-19　定义无序列表内"会员注册"文字的样式　　　图15-20　定义无序列表内"登录"文字的样式

```
#headernav ul li a.login{
        width:41px;                                     /* 定义宽度 */
        height:15px;                                    /* 定义高度 */
        float: left;                                    /* 定义浮动左对齐 */
```

```
        margin:0px;                                      /* 定义外边距为0 */
        padding:3px 0 0 20px;                            /* 定义内边距 */
        font-family:Arial;                               /* 定义字体 */
        font-size:10px;                                  /* 定义字号 */
        color:#000;                                      /* 定义颜色为黑色 */
        text-decoration:none;                            /* 清除超链接的默认下划线 */
        background-image: url(images/login.jpg);         /* 定义背景图片 */
        background-repeat:no-repeat;                     /* 定义背景图片不重复 */
        background-position:left;}                       /* 定义背景图片位置 */
#headernav ul li a.login:hover{
        width:41px;                                      /* 定义宽度 */
        height:15px;                                     /* 定义高度 */
        float: left;                                     /* 定义浮动左对齐 */
        margin:0px;                                      /* 定义外边距为0 */
        padding:3px 0 0 20px;                            /* 定义内边距 */
        font-family:Arial;                               /* 定义字体 */
        font-size:10px;                                  /* 定义字号 */
        color:#000;                                      /* 定义颜色为黑色 */
        text-decoration: underline;                      /* 定义文字下划线 */
        background-image: url(images/login.jpg);         /* 定义背景图片 */
        background-repeat:no-repeat;                     /* 定义背景图片不重复 */
        background-position:left;}                       /* 定义背景图片位置 */
```

06 使用如下代码定义无序列表内 "添加收藏" 文字的样式，定义后的实例如图15-21所示。

```
#headernav ul li a.bookmark{
        width:62px;                                      /* 定义宽度 */
        height:15px;                                     /* 定义高度 */
        float: left;                                     /* 定义浮动左对齐 */
        margin:0px;                                      /* 定义外边距为0 */
        padding:3px 0 0 21px;                            /* 定义内边距 */
        font-family:Arial;                               /* 定义字体 */
        font-size:10px;                                  /* 定义字号 */
        color:#000;                                      /* 定义颜色为黑色 */
        text-decoration:none;                            /* 清除超链接的默认下划线 */
        background-image: url(images/bookmark.jpg);      /* 定义背景图片 */
        background-repeat:no-repeat;                     /* 定义背景图片不重复 */
        background-position:left;}                       /* 定义背景图片位置 */
#headernav ul li a.bookmark:hover{
        width:62px;                                      /* 定义宽度 */
        height:15px;                                     /* 定义高度 */
        float: left;                                     /* 定义浮动左对齐 */
        margin:0px;                                      /* 定义外边距为0 */
        padding:3px 0 0 21px;                            /* 定义内边距 */
        font-family:Arial;                               /* 定义字体 */
        font-size:10px;                                  /* 定义字号 */
        color:#000;                                      /* 定义颜色为黑色 */
        text-decoration: underline;                      /* 定义文字下划线 */
```

```
background-image: url(images/bookmark.jpg);        /* 定义背景图片 */
background-repeat:no-repeat;                        /* 定义背景图片不重复 */
background-position:left;}                          /* 定义背景图片位置 */
```

07 使用如下代码定义无序列表内"留言"文字的样式，定义后的实例，如图15-22所示。

图15-21 定义无序列表内"添加收藏"文字的样式　　　图15-22 定义无序列表内"留言"文字的样式

```
#headernav ul li a.blog{
        width:35px;                                 /* 定义宽度 */
        height:15px;                                /* 定义高度 */
        float: left;                                /* 定义浮动左对齐 */
        margin:0px;                                 /* 定义外边距为0 */
        padding:3px 0 0 19px;                       /* 定义内边距 */
        font-family:Arial;                          /* 定义字体 */
        font-size:10px;                             /* 定义字号 */
        color:#000;                                 /* 定义颜色为黑色 */
        text-decoration:none;                       /* 清除超链接的默认下划线 */
        background-image: url(images/blog.jpg);     /* 定义背景图片 */
        background-repeat:no-repeat;                /* 定义背景图片不重复 */
        background-position:left;}                  /* 定义背景图片位置 */
#headernav ul li a.blog:hover{
        width:35px;                                 /* 定义宽度 */
        height:15px;                                /* 定义高度 */
        float: left;                                /* 定义浮动左对齐 */
        margin:0px;                                 /* 定义外边距为0 */
        padding:3px 0 0 19px;                       /*定义内边距 */
        font-family:Arial;                          /* 定义字体 */
        font-size:10px;                             /* 定义字号 */
        color:#000;                                 /* 定义颜色为黑色 */
        text-decoration: underline;                 /* 定义文字下划线 */
        background-image: url(images/blog.jpg);     /* 定义背景图片 */
        background-repeat:no-repeat;                /* 定义背景图片不重复 */
        background-position:left;}                  /* 定义背景图片位置 */
```

08 使用如下代码定义宣传文本的样式如图15-23所示。

```
.headertxt{width:273px;                             /* 定义宽度 */
        float: left;                                /* 定义浮动左对齐 */
        margin:12px 0 0 0;                          /* 定义外边距 */
        padding:0 0 0 38px;                         /* 定义内边距 */
        font-family:Arial;                          /* 定义字体 */
        font-size:12px;                             /* 定义字号 */
```

```
            color:#FFF;                                  /* 定义颜色为白色 */}
.headerboldtxt{font-family:Arial;                        /* 定义字体 */
        font-size:12px;                                  /* 定义字号 */
        font-weight:bold;                                /* 定义文字加粗 */
        color:#FFF;                                      /* 定义颜色为白色 */}
.headerdecoratxt{font-family:Arial;                      /* 定义字体 */
        font-size:12px;                                  /* 定义字号 */
        color:#FFF;                                      /* 定义颜色为白色 */
        text-decoration:underline;}
.headertxt02 {width:273px;                               /* 定义宽度 */
        float: left;                                     /* 定义浮动左对齐 */
        margin:8px 0 0 0;                                /* 定义外边距 */
        padding:0 0 0 38px;                              /* 定义内边距 */
        font-family:Arial;                               /* 定义字体 */
        font-size:12px;                                  /* 定义字号 */
        color:#FFF;                                      /* 定义颜色为白色 */}
#special{width:260px;                                    /* 定义宽度 */
        float:left;                                      /* 定义浮动左对齐 */
        margin:196px 0 0 0;                              /* 定义外边距 */
        padding:0 0 0 50px;                              /* 定义外边距 */
        font-family: "Arial Narrow";                     /* 定义字体 */
        font-size:28px;                                  /* 定义字号 */
        color:#fffd64;                                   /* 定义颜色 */
        line-height:28px;}                               /* 定义行高 */
#year{width:215px;                                       /* 定义宽度 */
        float:left;                                      /* 定义浮动左对齐 */
        margin:0px;                                      /* 定义外边距为0 */
        padding:0 0 0 96px;                              /* 定义内边距 */
        font-family: "Arial Black";                      /* 定义字体 */
        font-size:22px;                                  /* 定义字号 */
        color:#FFF;                                      /* 定义颜色为白色 */
        line-height:20px;}                               /* 定义行高片 */
```

09 使用如下代码定义搜索部分的样式，如图15-24所示。

图15-23   定义宣传文本的样式图   15-24   使用如下代码定义搜索部分的样式

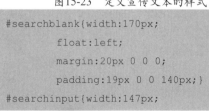

```
#searchblank{width:170px;                                /* 定义宽度 */
        float:left;                                      /* 定义浮动左对齐 */
        margin:20px 0 0 0;                               /* 定义外边距 */
        padding:19px 0 0 140px;}                         /* 定义内边距 */
#searchinput{width:147px;                                /* 定义宽度 */
```

```
        height:22px;                                   /* 定义高度 */
        float:left;                                    /* 浮动左对齐 */
        margin:0px;                                    /* 定义外边距为0 */
        padding:0px;}                                  /* 定义内边距为0 */
.searchinput{width:139px;                              /* 定义宽度 */
        height:17px;                                   /* 定义高度 */
        float:left;                                    /* 定义浮动左对齐 */
        margin:0px;                                    /* 定义外边距为0 */
        padding:5px 0 0 10px;                          /* 定义内边距 */
        font-family:Arial;                             /* 定义字体 */
        font-size:10px;                                /* 定义字号 */
        color:#000;                                    /* 定义颜色为黑色 */}
#advancedsearch{width:115px;                           /* 定义宽度 */
        float:left;                                    /* 定义浮动左对齐 */
        margin:0px;                                    /* 定义外边距为0 */
        padding:8px 0 0 3px;                           /* 定义内边距 */
        font-family:Arial;                             /* 定义字体 */
        font-size:11px;                                /* 定义字号 */
        font-weight:bold;                              /* 定义文字加粗 */
        color:#FFF;                                    /* 定义颜色为白色 */}
        .advancedsearch{font-family:Arial;             /* 定义字体 */
        font-size:11px;                                /* 定义字号 */
        font-weight:bold;                              /* 定义文字加粗 */
        color:#FFF;                                    /* 定义颜色为白色 */
        text-decoration:none;                          /* 清除超链接的默认下划线 */}
        .advancedsearch:hover{font-family:Arial;       /* 定义字体 */
        font-size:11px;                                /* 定义字号 */
        font-weight:bold;                              /* 定义文字加粗 */
        color:#FFF;                                    /* 定义颜色为白色 */
        text-decoration: underline;                    /* 定义文字下划线 */ }
```

10 使用如下代码定义go搜索按钮的样式，如图15-25所示。

图15-25 定义"go"搜索按钮的样式

```
#go{  width:31px;                                      /* 定义宽度 */
        height:18px;                                   /* 定义高度 */
        float:left;                                    /* 定义浮动左对齐 */
        margin:8px 0 0 0;                              /* 定义外边距 */
        padding:0px;}                                  /* 定义内边距 */
.go{width:26px;                                        /* 定义宽度 */
```

```
                height:16px;                                  /* 定义高度 */
                float:left;                                   /* 定义浮动左对齐 */
                margin:0px;                                   /* 定义外边距为0 */
                padding:2px 0 0 5px;                          /* 定义内边距 */
                font-family:Arial;                            /* 定义字体 */
                font-size:10px;                               /* 定义字号 */
                color:#e1d300;                                /* 定义颜色 */
                text-decoration:none;                         /* 清除超链接的默认下划线 */
                background-image:url(images/gobutton.jpg);
                background-repeat:no-repeat;                  /* 定义背景图片不重复 */}
        .go:hover{width:26px;                                 /* 定义宽度 */
                height:16px;                                  /* 定义高度 */
                float:left;                                   /* 浮动左对齐 */
                margin:0px;                                   /* 定义外边距为0 */
                padding:2px 0 0 5px;                          /* 定义内边距 */
                font-family:Arial;                            /* 定义字体 */
                font-size:10px;                               /* 定义字号 */
                color:#e1d300;                                /* 定义颜色 */
                text-decoration:none;                         /* 清除超链接的默认下划线 */
                background-image:url(images/gobutton.jpg);    /* 定义背景图片 */
                background-repeat:no-repeat;                  /* 定义背景图片不重复 */}
```

15.2.4　制作欢迎部分

　　欢迎部分主要放在header对象中的bannertxtblank内，包括欢迎文字信息，如图15-26所示。

图15-26　欢迎部分

01 首先输入如下Div代码建立欢迎部分框架，如图15-27所示，可以看到没有定义网页样式，网页
比较乱。

```
<div id="bannertxtblank">
    <div id="bannerheading">
    <h2>欢迎到清凉谷度假旅游</h2>
    </div>
    <div id="bannertxt">
    <p>度假村坐落在落差62.5米的瀑布脚下，凭借90%的森林覆盖，桃源仙谷、黑龙潭、 云蒙山国家森林公园、精灵谷
等诸多风景区的清爽怀抱，构成一处如诗如画的绝妙佳境。度假村拥有套房、标准间百余套,独体别墅六栋,日接待能力350
余人,配有能同时容纳350人的大宴会厅、大小包间7间、露天用餐的河边长廊。 </p>
        <p><span class="bannertxt">独特的纯实木俄罗斯乡村别墅建筑风格与大红灯笼镶嵌的亭台楼阁,成为京郊一
道靓丽的风景线。度假村经过18年的发展，现已成为密云西线旅游规模最大、档次最高的度假村。 </span></p>
    </div>
    <div id="bannermore"><a href="#" class="bannermore">更多</a></div>
</div>
```

02 定义bannertxtblank对象的整体外观样式，如图15-28所示。

图15-27　输入Div代码建立欢迎部分框架　　　　图15-28　定义bannertxtblank对象的整体外观样式

```
# bannertxtblank{
        width:707px;                                    /* 定义宽度 */
        height:233px;                                   /* 定义高度 */
        float:left;                                     /* 定义浮动左对齐 */
        margin:0px;                                     /* 定义外边距为0 */
        padding:63px 0 0 69px;}                         /* 定义内边距 */
```

03 使用如下代码定义标题文字的样式，如图15-29所示。

```
#bannerheading{
        width:687px;                                    /* 定义宽度 */
        height:37px;                                    /* 定义高度 */
        float:left;                                     /* 定义浮动左对齐 */
        margin:0px;                                     /* 定义外边距为0 */
        padding:0px;                                    /* 定义内边距为0 */
        font-family: Arial;                             /* 定义字体 */
        font-size:36px;                                 /* 定义字号 */
        color:#e9e389;}                                 /* 定义颜色 */
#bannerheading h2{
        width:687px;                                    /* 定义宽度 */
        height:37px;                                    /* 定义高度 */
        float:left;                                     /* 定义浮动左对齐 */
        margin:0px;                                     /* 定义外边距为0 */
        padding:0px;                                    /* 定义内边距为0 */
        font-family: Arial;                             /* 定义字体 */
        font-size:36px;                                 /* 定义字号 */
        color:#e9e389;}                                 /* 定义颜色 */
```

04 使用如下代码定义段落文字的样式，如图15-30所示。

图15-29　定义标题文字的样式　　　　　　　图15-30　定义段落文字的样式

```
#bannertxt{width:687px;                                    /* 定义宽度 */
        float:left;                                        /* 定义浮动左对齐 */
        margin:23px 0 0 0;                                 /* 定义外边距 */
        padding:0px;                                       /* 定义内边距为0 */
        font-family: Arial;                                /* 定义字体 */
        font-size:14px;                                    /* 定义字号 */
        color:#b8b8b8;}                                    /* 定义颜色 */
#bannertxt p{width:687px;                                  /* 定义宽度 */
        float:left;                                        /* 定义浮动左对齐 */
        margin:0px;                                        /* 定义外边距为0 */
        padding:0px;                                       /* 定义内边距为0 */
        font-family: Arial;                                /* 定义字体 */
        font-size:14px;                                    /* 定义字号 */
        color:#b8b8b8;}                                    /* 定义颜色 */
.bannertxt{float:left;                                     /* 定义浮动左对齐 */
        padding:31px 0 0 0;                                /* 定义内边距 */
        font-family: Arial;                                /* 定义字体 */
        font-size:14px;                                    /* 定义字号 */
        color:#98d2ba;}                                    /* 定义颜色 */
```

05 使用如下代码定义"更多"按钮的样式，如图15-31所示。

```
#bannermore{width:687px;                                   /* 定义宽度 */
        float:left;                                        /* 定义浮动左对齐 */
        margin:23px 0 0 0;                                 /* 定义外边距 */
        padding:0px;                                       /* 定义内边距为0 */
        font-family: Arial;                                /* 定义字体 */
        font-size:14px;                                    /* 定义字号 */
        color:#b8b8b8;}                                    /* 定义颜色 */
.bannermore{width:74px;                                    /* 定义宽度 */
        height:20px;                                       /* 定义高度 */
        float: right;                                      /* 定义浮动右对齐 */
        margin:0px;                                        /* 定义外边距为0 */
        padding:4px 0 0 0;                                 /* 定义内边距 */
        font-family: Arial;                                /* 定义字体 */
        font-size:11px;                                    /* 定义字号 */
        color:#FFF;                                        /* 定义颜色为白色 */
        text-align:center;                                 /* 定义元素内部文字的居中 */
        text-decoration:none;                              /* 清除超链接的默认下划线 */
        background-image:url(images/morebutton.jpg);
        background-repeat:no-repeat;                       /* 定义背景图片不重复 */}
        .bannermore:hover{width:74px;                      /* 定义宽度 */
        height:20px;                                       /* 定义高度 */
        float: right;                                      /* 定义浮动右对齐 */
        margin:0px;                                        /* 定义外边距为0 */
        padding:4px 0 0 0;                                 /* 定义内边距 */
        font-family: Arial;                                /* 定义字体 */
        font-size:11px;                                    /* 定义字号 */
```

```
        color:#FFF;                                    /* 定义颜色为白色 */
        text-align:center;                             /* 定义元素内部文字的居中 */
        text-decoration:none;                          /* 清除超链接的默认下划线 */
        background-image: url(images/morebuttonover.jpg);
        background-repeat:no-repeat;                   /* 定义背景图片不重复 */}
```

06 使用如下代码定义右侧展示图片的样式，如图15-32所示。

图15-31　定义"更多"按钮的样式

图15-32　定义右侧展示图片的样式

```
#bannerpic{width:159px;                                /* 定义宽度 */
        height:170px;                                  /* 定义高度 */
        float:left;                                    /* 定义浮动左对齐 */
        margin:69px 0 0 0;                             /* 定义外边距 */
        padding:0px;                                   /* 定义内边距为0 */
        background-image:url(images/bannerpic.jpg);
        background-repeat:no-repeat;                   /* 定义背景图片不重复 */}
```

15.2.5　制作景点新闻部分

景点新闻部分主要放在content对象中的contentleft内，包括景点新闻信息，如图15-33所示。

01 首先输入如下Div代码建立景点新闻部分框架，这部分主要是利用Div来制作的，如图15-34所示。

```
<div id="contentleft">
  <div id="newsheading">
        <h3>景点新闻</h3>
  </div>
<div id="newstxtbg">
<div id="newsboldtxt">5月 2013</div>
  <div class="newstxt">休闲一日套票188元/位。假村蔬菜全部为有机绿色蔬菜，由度假村绿色蔬菜基地提供各种
绿色蔬菜。30人以上团体，度假村可派专车免费接送！  <br/>
  </div>
  <div class="morenewsbutton"><a href="#" class="morenews">more</a></div>
  <div id="newsboldtxt02">4月 2013</div>
   <div class="newstxt"><span class="boldtxt">清明假期开始周末和假期公交专线车直达景区,时间6-8点,
地点980站院内,往返车票和景区门票80元。</span>i.<br/>
  </div>
  <div class="morenewsbutton"><a href="#" class="morenews">more</a></div>
  <div id="newsboldtxt03">10月 2012</div>
 <div class="newstxt"><span class="boldtxt">2012年9月15日开始景区采摘开始了；地点：景区500米处;
```

```
品种: 鸭梨、大枣、板栗等。</span><br/>
    </div>
    <div class="morenewsbutton"><a href="#" class="morenews">more</a></div>
</div>
</div>
```

02 使用如下代码定义content部分的整体外观样式，如图15-35所示。

```
#contentbg{width:100%;                                    /* 定义宽度 */
    float:left;                                           /* 定义浮动左对齐 */
    margin:0px;                                           /* 定义外边距为0 */
    padding:0px;                                          /* 定义内边距为0 */
    background-image:url(images/contentbg.jpg);
    background-repeat:repeat-x;}
#contentblank{width:1004px;                               /* 定义宽度 */
    float: none;
    margin:0 auto;                                        /* 定义外边距 */
    padding:0px;}                                         /* 定义内边距为0 */
#content{width:1004px;                                    /* 定义宽度 */
    float:left;                                           /* 定义浮动左对齐 */
    margin:0px;                                           /* 定义外边距为0 */
    padding:0px;}                                         /* 定义内边距为0 */
```

图15-33　景点新闻部分

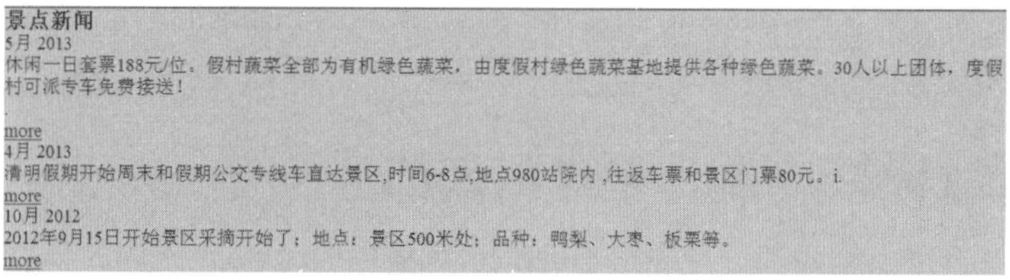

图15-34　景点新闻部分Div框架

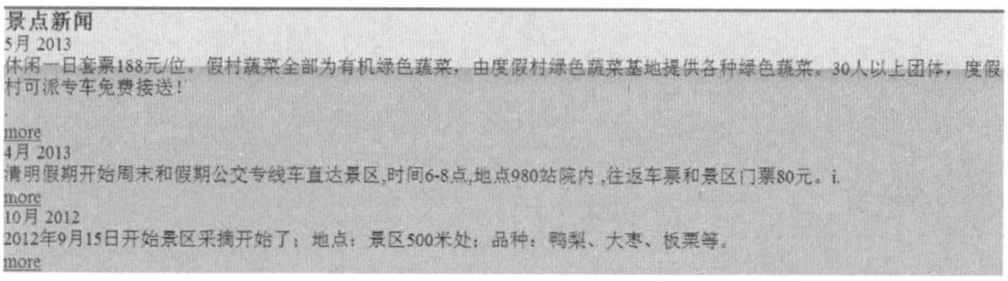

图15-35　定义content部分的整体外观样式

03 使用如下代码定义contentleft对象的宽度、浮动左对齐、外边距和内边距，如图15-36所示。

```
#contentleft{width:285px;                                 /* 定义宽度 */
    float:left;                                           /* 定义浮动左对齐 */
    margin:0px;                                           /* 定义外边距为0 */
    padding:28px 0 59px 69px;}                            /* 定义内边距 */
```

04 使用如下代码定义"景点新闻"文字的样式，如图15-37所示。

```
#newsheading{width:230px;                                 /* 定义宽度 */
    height:48px;                                          /* 定义高度 */
    float:left;                                           /* 定义浮动左对齐 */
```

```
        margin:0px;                                          /* 定义外边距为0 */
        padding:10px 0 0 55px;                               /* 定义内边距 */
        background-image:url(images/newsheading.jpg);
        background-repeat:no-repeat;                         /* 定义背景图片不重复 */}
#newsheading h3{width:230px;                                 /* 定义宽度 */
        float:left;                                          /* 定义浮动左对齐 */
        margin:0px;                                          /* 定义外边距为0 */
        padding:0px;                                         /* 定义内边距为0 */
        font-family:Arial;                                   /* 定义字体 */
        font-size:29px;                                      /* 定义字号 */
        font-weight:normal;
        color:#FFF;                                          /* 定义颜色为白色 */}
```

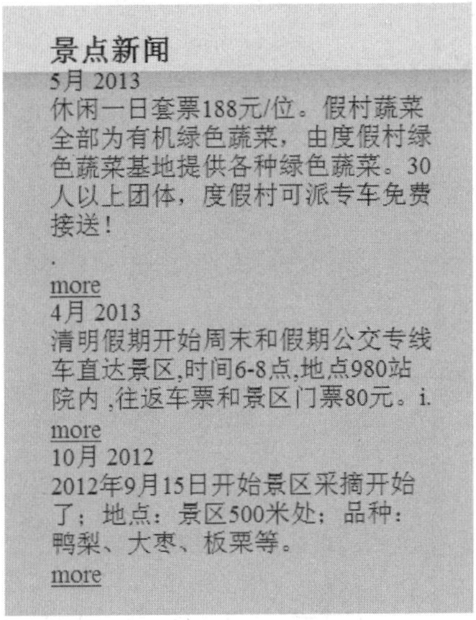

图15-36 定义contentleft对象的样式 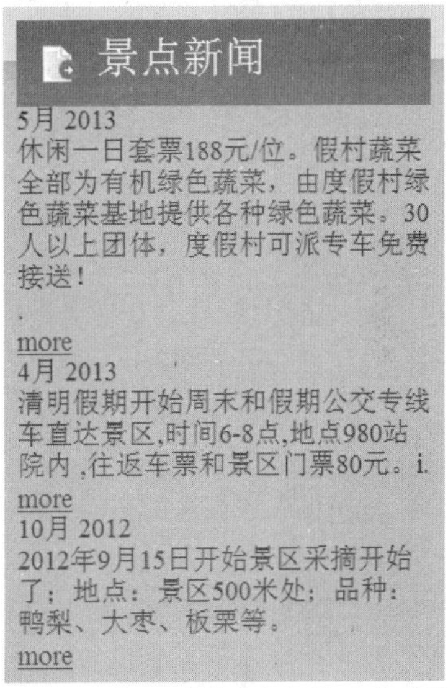　　　　图15-37 定义"景点新闻"文字的样式

05 使用如下代码定义新闻正文内容和新闻日期的样式，如图15-38所示。

```
#newstxtbg{width:266px;                                      /* 定义宽度 */
        height:275px;                                        /* 定义高度 */
        float:left;                                          /* 定义浮动左对齐 */
        margin:0px;                                          /* 定义外边距为0 */
        padding:19px 0 0 19px;                               /* 定义内边距 */
        background-image: url(images/newsbg.jpg);
        background-repeat:no-repeat;                         /* 定义背景图片不重复 */}
#newsboldtxt{width:242px;                                    /* 定义宽度 */
        height:19px;                                         /* 定义高度 */
        float:left;                                          /* 定义浮动左对齐 */
        margin:0px;                                          /* 定义外边距为0 */
        padding:0 0 0 24px;                                  /* 定义外边距 */
        font-family:Arial;                                   /* 定义字体 */
        font-size:13px;                                      /* 定义字号 */
        font-weight: bold;                                   /* 定义文字加粗 */
        color:#f4ff79;                                       /* 定义颜色 */
        background-image:url(images/numicon.jpg);            /* 定义背景图片 */
```

```
          background-repeat:no-repeat;                              /* 定义背景图片不重复 */
          background-position:left;                                 /* 定义背景图片位置 */;}
#newsboldtxt02{width:242px;                                         /* 定义宽度 */
          height:19px;                                              /* 定义高度 */
          float:left;                                               /* 定义浮动左对齐 */
          margin:4px 0 0 0;                                         /* 定义外边距 */
          padding:0 0 0 24px;                                       /* 定义内边距 */
          font-family:Arial;                                        /* 定义字体 */
          font-size:13px;                                           /* 定义字号 */
          font-weight: bold;                                        /* 定义文字加粗 */
          color:#f4ff79;                                            /* 定义颜色 */
          background-image:url(images/numicon02.jpg);               /* 定义背景图片 */
          background-repeat:no-repeat;                              /* 定义背景图片不重复 */
          background-position:left;                                 /* 定义背景图片位置 */;}
#newsboldtxt03{width:242px;                                         /* 定义宽度 */
          height:19px;                                              /* 定义高度 */
          float:left;                                               /* 定义浮动左对齐 */
          margin:0px;                                               /* 定义外边距为0 */
          padding:0 0 0 24px;                                       /* 定义内边距 */
          font-family:Arial;                                        /* 定义字体 */
          font-size:13px;                                           /* 定义字号 */
          font-weight: bold;                                        /* 定义文字加粗 */
          color:#f4ff79;                                            /* 定义颜色 */
          background-image:url(images/numicon03.jpg);
          background-repeat:no-repeat;                              /* 定义背景图片不重复 */
          background-position:left;                                 /* 定义背景图片位置 */;}
.newstxt{width:256px;                                               /* 定义宽度 */
          float:left;                                               /* 定义浮动左对 齐 */
          margin:9px 0 0 0;                                         /* 定义外边距 */
          padding:0px;                                              /* 定义内边距为0 */
          font-family:Arial;                                        /* 定义字体 */
          font-size:11px;                                           /* 定义字号 */
          font-weight: normal;                                      /* 定义文字正常粗细 */
          color:#d5f4d2;}                                           /* 定义颜色 */
.boldtxt{font-family:Arial;                                         /* 定义字体 */
          font-size:11px;                                           /* 定义字号 */
          font-weight: bold;                                        /* 定义文字加粗 */
          color:#d5f4d2;}                                           /* 定义颜色 */
```

06 使用如下代码定义more按钮的样式，如图15-39所示。

```
.morenewsbutton{width:256px;                                        /* 定义宽度 */
          height:15px;                                              /* 定义高度 */
          float: left;                                              /* 定义浮动左对齐 */
          margin:0px;                                               /* 定义外边距为0 */
          padding:0px;}                                             /* 定义内边距为0 */
.morenews{width:36px;                                               /* 定义宽度 */
          height:15px;                                              /* 定义高度 */
```

```
        float: right;                                      /* 定义浮动右对齐 */
        margin:0px;                                         /* 定义外边距为0 */
        padding:0 0 0 8px;                                  /* 定义内边距 */
        font-family:Arial;                                  /* 定义字体 */
        font-size:10px;                                     /* 定义字号 */
        color:#FFF;                                         /* 定义颜色为白色 */
        text-decoration:none;                               /* 清除超链接的默认下划线 */
        background-image:url(images/morenews.jpg);          /* 定义背景图片 */
        background-repeat:no-repeat;                        /* 定义背景图片不重复 */}
.morenews:hover{width:36px;                                 /* 定义宽度 */
        height:15px;                                        /* 定义高度 */
        float: right;                                       /* 定义浮动右对齐 */
        margin:0px;                                         /* 定义外边距为0 */
        padding:0 0 0 8px;                                  /* 定义外边距 */
        font-family:Arial;                                  /* 定义字体 */
        font-size:10px;                                     /* 定义字号 */
        color:#FFF;                                         /* 定义颜色为白色 */
        text-decoration:none;                               /* 清除超链接的默认下划线 */
        background-image: url(images/morenewsover.jpg);
        background-repeat:no-repeat;                        /* 定义背景图片不重复 */}
```

图15-38　定义新闻正文内容和新闻日期的样式　　　图15-39　定义more按钮的样式

15.2.6　制作景点介绍部分

景点介绍部分主要放在content对象中的contentleft内，包括景点介绍信息，如图15-40所示。

01 首先输入如下Div代码建立景点介绍部分框架，如图15-41所示。

```
<div id="contentmid">
  <div id="awardheading">
    <h3>景点介绍<br />
      <span class="headingtxt">Mauris sed magna non </span></h3>
  </div>
  <div id="awardtxtblank">
```

```
<div class="awardtxt">
    <div class="awardboldtxt">京都第一瀑</div>
    <div class="awardnormaltxt">落差62.5米，坡度85度，是京郊流水量最大的瀑布。</div>
    </div>
    <div class="awardtxt02">
    <div class="awardboldtxt">桃源仙谷</div>
    <div class="awardnormaltxt">整个景区山峦连绵，峡谷纵深，以湖、瀑、潭、洞、多树而著称。</div>
        </div>
    <div class="awardtxt02">
    <div class="awardboldtxt">精灵谷</div>
    <div class="awardnormaltxt">精灵谷是大山深处的天然幽谷，众多山泉汇集成溪，终年不断。</div>
    </div>
    <div class="awardtxt02">
    <div class="awardboldtxt">国家森林公园</div>
    <div class="awardnormaltxt">境内山势耸拔，沟谷切割幽深，奇峰异石多姿，飞瀑流泉遍布。</div>
    </div>
    </div>
    </div>
```

图15-40　景点介绍部分　　　　　图15-41　建立景点介绍部分框架

02 使用如下代码定义contentmid对象的整体外观样式，如图15-42所示。

```
#contentmid{ width:204px;                              /* 定义宽度 */
    float:left;                                        /* 定义浮动左对齐 */
    margin:0 0 0 12px;                                 /* 定义外边距 */
    padding:28px 0 0 0;}                               /* 定义内边距 */
```

03 使用如下代码定义"景点介绍"文字的样式，如图15-43所示。

```
#awardheading{width:158px;                             /* 定义宽度 */
    height:57px;                                       /* 定义高度 */
    float:left;                                        /* 定义浮动左对齐 */
    margin:0px;                                        /* 定义外边距为0 */
    padding:4px 0 10px 46px;                           /* 定义内边距 */
```

```
    font-family:Arial;                              /* 定义字体 */
    font-size:35px;                                 /* 定义字号 */
    color:#FFF;                                     /* 定义颜色为白色 */
    background-image:url(images/awardheading.jpg);  /* 定义背景图片 */
    background-repeat:no-repeat;                     /* 定义背景图片不重复 */}
#awardheading h3{width:158px;                       /* 定义宽度 */
    float:left;                                     /* 定义浮动左对齐 */
    margin:0px;                                     /* 定义外边距为0 */
    padding:0px;                                    /* 定义内边距为0 */
    font-family:Arial;                              /* 定义字体 */
    font-size:35px;                                 /* 定义字号 */
    font-weight:normal;
    color:#FFF;                                     /* 定义颜色为白色 */}
```

04 使用如下代码定义正文文字的样式，如图15-44所示。

图15-42 定义contentmid对象的整体外观样式　　图15-43 定义"景点介绍"文字的样式　　图15-44 定义正文文字的样式

```
.headingtxt{font-family:Arial;                      /* 定义字体 */
    font-size:13px;                                 /* 定义字号 */
    color:#FFF;                                     /* 定义颜色为白色 */
line-height:13px;}                                  /* 定义行高 */
.#awardtxtblank{width:194px;                        /* 定义宽度 */
    float:left;                                     /* 定义浮动左对齐 */
    margin:0px;                                     /* 定义外边距为0 */
    padding:0 0 0 10px;}                            /* 定义内边距 */
.awardtxt{width:174px;                              /* 定义宽度 */
    height:54px;                                    /* 定义高度 */
    float:left;                                     /* 定义浮动左对齐 */
    margin:0px;                                     /* 定义外边距为0 */
    padding:12px 0 0 20px;                          /* 定义内边距 */
    background-image:url(images/awardtxtbg.jpg);
    background-repeat:no-repeat;                     /* 定义背景图片不重复 */}
.awardtxt:hover{width:174px;                        /* 定义宽度 */
    height:54px;                                    /* 定义高度 */
    float:left;                                     /* 定义浮动左对齐 */
    margin:0px;                                     /* 定义外边距为0 */
    padding:12px 0 0 20px;                          /* 定义内边距 */
```

```
        background-image:url(images/awardtxtbg02.jpg);
        background-repeat:no-repeat;                        /* 定义背景图片不重复  */}
.awardtxt02{width:174px;                                    /* 定义宽度  */
        height:54px;                                        /* 定义高度  */
        float:left;                                         /* 定义浮动左对齐  */
        margin:3px 0 0 0;                                   /* 定义外边距  */
        padding:12px 0 0 20px;                              /* 定义内边距  */
        background-image:url(images/awardtxtbg02.jpg);
        background-repeat:no-repeat;                        /* 定义背景图片不重复  */}
.awardtxt02:hover{width:174px;                              /* 定义宽度  */
        height:54px;                                        /* 定义高度  */
        float:left;                                         /* 定义浮动左对齐  */
        margin:3px 0 0 0;                                   /* 定义外边距  */
        padding:12px 0 0 20px;                              /* 定义内边距  */
        background-image:url(images/awardtxtbg.jpg);
        background-repeat:no-repeat;                        /* 定义背景图片不重复  */}
.awardboldtxt{width:174px;                                  /* 定义宽度  */
        float:left;                                         /* 定义浮动左对齐  */
        margin:0px;                                         /* 定义外边距为0  */
        padding:0px;                                        /* 定义内边距为0  */
        font-family:Arial;                                  /* 定义字体  */
        font-size:11px;                                     /* 定义字号  */
        font-weight:bold;                                   /* 定义文字加粗  */
        color:#c24b1c;                                      /* 定义颜色  */ }
.awardnormaltxt{width:174px;                                /* 定义宽度  */
        float:left;                                         /* 定义浮动左对齐  */
        margin:0px;                                         /* 定义外边距为0  */
        padding:0px;                                        /* 定义内边距为0  */
        font-family:Arial;                                  /* 定义字体  */
        font-size:10px;                                     /* 定义字号  */
        color:#2f6d54;                                      /* 定义颜色  */}
```

15.2.7　制作景点展示部分

　　景点展示部分主要放在content对象中的projectblank内，包括景点展示图片，如图15-45所示。

图15-45　景点展示部分

01 首先输入如下Div代码建立景点展示部分框架，这部分主要是通过插入div和无序列表来实现的。

```
<div id="projectblank">
 <div id="project">
   <div id="projectgallery">
     <div id="project-pic"><a href="#" class="project-pic"></a></div>
     <div id="project-pic02"><a href="#" class="project-pic02"></a></div>
     <div id="project-pic03"><a href="#" class="project-pic03"></a></div>
     <div id="project-pic04"><a href="#" class="project-pic04"></a></div>
     <div id="project-pic05"><a href="#" class="project-pic05"></a></div>
     <div id="project-pic06"><a href="#" class="project-pic06"></a></div>
     <div id="project-pic07"><a href="#" class="project-pic07"></a></div>
     <div id="project-pic08"><a href="#" class="project-pic08"></a></div>
     <div id="project-pic09"><a href="#" class="project-pic09"></a></div>
   </div>
 <div id="paging">
       <ul>
       <li><a href="#" class="prev">Previous</a></li>
       <li><a href="#" class="num">1</a></li><li class="sap"></li>
       <li><a href="#" class="num">2</a></li><li class="sap"></li>
       <li><a href="#" class="num">3</a></li><li class="sap"></li>
       <li><a href="#" class="num">4</a></li><li class="sap"></li>
       <li><a href="#" class="num">5</a></li><li class="sap"></li>
       <li><a href="#" class="num">6</a></li><li class="sap"></li>
       <li><a href="#" class="num">7</a></li><li class="sap"></li>
       <li><a href="#" class="num">8</a></li><li class="sap"></li>
       <li><a href="#" class="num">9</a></li>
       <li><a href="#" class="next">next</a></li>
     </ul>
   </div>
   </div>
 </div>
```

02 使用如下代码定义projectblank、project和projectgallery部分的整体样式，如图15-46所示。

```
#projectblank{
      width:365px;                                  /* 定义宽度 */
      height:352px;                                 /* 定义高度 */
      float:left;                                   /* 定义浮动左对齐 */
      margin:0px;                                   /* 定义外边距为0 */
      padding:28px 0 0 0;}                          /* 定义内边距 */
#project{
      width:365px;                                  /* 定义宽度 */
      height:352px;                                 /* 定义高度 */
      float:left;                                   /* 定义浮动左对齐 */
      margin:0px;                                   /* 定义外边距为0 */
      padding:0px;                                  /* 定义内边距为0 */
      background-image:url(images/projectsbg.jpg);  /* 定义背景图片 */
      background-repeat:no-repeat;                  /* 定义背景图片不重复 */}
```

```
#projectgallery{
        width:296px;                              /* 定义宽度 */
        height:295px;                             /* 定义高度 */
        float:left;                               /* 定义浮动左对齐 */
        margin:0 0 0 69px;                        /* 定义外边距 */
        padding:0px;}                             /* 定义内边距为0 */
```

图15-46 定义整体样式

03 使用如下代码定义展示的9幅图片样式，如图15-47所示。

```
#project-pic{width:93px;height:93px;float:left;margin:0 0 6px0;adding:0px;}
.project-pic{width:93px;height:93px;float:left;margin:0px;padding:0px;
background-image:url(images/proje-pic.jpg);background-repeat:no-repeat;}
.project-pic:hover{width:93px;height:93px;float:left;margin:0px;
padding:0px;background-image:url(images/proje-pic.jpg);
background-repeat:no-repeat;}
#project-pic02{width:93px;height:93px;float:left;margin:0 6px 6px 6px;padding:0px;}
.project-pic02{width:93px;height:93px;float:left;margin:0px;padding:0px;
        background-image:url(images/proje-pic02.jpg);
        background-repeat:no-repeat;}
.project-pic02:hover{width:93px;height:93px;float:left;margin:0px;
        padding:0px;background-image:url(images/proje-pic02.jpg);
        background-repeat:no-repeat;}
#project-pic03{width:93px;height:93px;float:left;margin:006px0;padding:0px;}
.project-pic03{width:93px;height:93px;float:left;margin:0px;
        padding:0px;background-image:url(images/proje-pic03.jpg);
        background-repeat:no-repeat;}
.project-pic03:hover{width:93px;height:93px;float:left;margin:0px;
        padding:0px;background-image:url(images/proje-pic03.jpg);
        background-repeat:no-repeat;}
#project-pic04{width:93px;height:93px;float:left;margin:0 0 6px 0;
padding:0px;}
.project-pic04{width:93px;height:93px;float:left;margin:0px;
        padding:0px;background-image: url(images/proje-pic-04.jpg);
```

```
                    background-repeat:no-repeat;}
.project-pic04:hover{width:93px;height:93px;float:left;margin:0px;
        padding:0px;background-image: url(images/proje-pic-04.jpg);
        backgrcund-repeat:no-repeat;}
#project-pic05{width:93px;height:93px;float:left;margin:0 6px 6px 6px;
padding:0px;}
.project-pic05{width:93px;height:93px;float:left;margin:0px;
        padding:0px;background-image:url(images/proje-pic05.jpg);
        background-repeat:no-repeat;}
.project-pic05:hover{width:93px;height:93px;float:left;margin:0px;
        padding:0px;background-image:url(images/proje-pic05.jpg);
        background-repeat:no-repeat;}
#project-pic06{width:93px;height:93px;float:left;margin:0 0 6px 0;
padding:0px;}
.project-pic06{width:93px;height:93px;float:left;margin:0px;
        padding:0px;background-image:url(images/proje-pic06.jpg);
        background-repeat:no-repeat;}
.project-pic06:hover{width:93px;height:93px;float:left;margin:0px;
        padding:0px;background-image:url(images/proje-pic06.jpg);
        background-repeat:no-repeat;}
#project-pic07{width:93px;height:93px;float:left;margin:0px;
padding:0px; }
.project-pic07{width:93px;height:93px;float:left;margin:0px;
        padding:0px;background-image:url(images/proje-pic07.jpg);
        background-repeat:no-repeat;}
.project-pic07:hover{width:93px;height:93px;float:left;margin:0px;
        padding:0px;background-image:url(images/proje-pic07.jpg);
        background-repeat:no-repeat;}
#project-pic08{width:93px;height:93px; float:left;margin:0 6px 6px 6px;
padding:0px;}
.project-pic08{width:93px;height:93px;float:left;margin:0px;padding:0px;
        background-image:url(images/proje-pic08.jpg);
        background-repeat:no-repeat;}
.project-pic08:hover{width:93px;height:93px;float:left;margin:0px;
        padding:0px;background-image:url(images/proje-pic08.jpg);
        background-repeat:no-repeat;}
#project-pic09{width:93px;height:93px;float:left;margin:0px;
         padding:0px;}
.project-pic09{width:93px;height:93px;float:left;margin:0px;
        padding:0px;background-image:url(images/proje-pic09.jpg);
        background-repeat:no-repeat;}
.project-pic09:hover{width:93px;height:93px;float:left;margin:0px;
        padding:0px;background-image:url(images/proje-pic09.jpg);
        background-repeat:no-repeat;}
```

04 使用如下代码定义页码的样式，如图15-48所示。

图15-47　定义展示的9幅图片整体样式　　　　　图15-48　定义页码的样式

```
#paging{width:294px;                                    /* 定义宽度 */
        height:26px;                                    /* 定义高度 */
        float:left;                                     /* 定义浮动左对齐 */
        margin:17px 0 0 70px;                           /* 定义外边距 */
        padding:0px;                                    /* 定义内边距为0 */
        background-image:url(images/paging.jpg);
        background-repeat: no-repeat;}
#paging ul{width:294px;                                 /* 定义宽度 */
        height:26px;                                    /* 定义高度 */
        float:left;                                     /* 定义浮动左对齐 */
        margin:0px;                                     /* 定义外边距为0 */
        padding:0px;                                    /* 定义内边距为0 */
        display:block;                                  /* 定义块元素 */}
#paging ul li{height:26px;                              /* 定义高度 */
        float:left;                                     /* 定义浮动左对齐 */
        margin:0px;                                     /* 定义外边距为0 */
        padding:0px;                                    /* 定义内边距为0 */
        display:block;                                  /* 定义块元素 */ }
#paging ul li.sap{width:1px;                            /* 定义宽度 */
        height:24px;                                    /* 定义高度 */
        float:left;                                     /* 定义浮动左对齐 */
        margin:1px 0 0 0;                               /* 定义外边距 */
        padding:0px;                                    /* 定义内边距为0 */
        word-spacing:0px;
        background-image:url(images/pagingsap.jpg);
        background-repeat:no-repeat;                    /* 定义背景图片不重复 */}
#paging ul li a.prev{height:20px;                       /* 定义高度 */
        float:left;                                     /* 定义浮动左对齐 */
        margin:0px;                                     /* 定义外边距为0 */
        padding:6px 9px 0 13px;                         /* 定义内边距 */
        font-family:Arial;                              /* 定义字体 */
```

```
              font-size:11px;                              /* 定义字号 */
              font-weight:bold;                            /* 定义文字加粗 */
              color:#000;                                  /* 定义颜色为黑色 */
              text-align:center;                           /* 定义元素内部文字的居中 */
              text-decoration:none;                        /* 清除超链接的默认下划线 */}
#paging ul li a.prev:hover{height:26px;                    /* 定义高度 */
              float:left;                                  /* 定义浮动左对齐 */
              margin:0px;                                  /* 定义外边距为0 */
              padding:6px 9px 0 13px;                      /* 定义内边距 */
              font-family:Arial;                           /* 定义字体 */
              font-size:11px;                              /* 定义字号 */
              font-weight:bold;                            /* 定义文字加粗 */
              color:#000;                                  /* 定义颜色为黑色 */
              text-align:center;                           /* 定义元素内部文字的居中 */
              text-decoration:none;                        /* 清除超链接的默认下划线 */}
#paging ul li a.num{height:17px;                           /* 定义高度 */
              float:left;                                  /* 定义浮动左对齐 */
              margin:1px 0 0 0;                            /* 定义外边距 */
              padding:6px 6px 0 6px;                       /* 定义内边距 */
              font-family:Arial;                           /* 定义字体 */
              font-size:11px;                              /* 定义字号 */
              font-weight:bold;                            /* 定义文字加粗 */
              color:#1c7650;                               /* 定义颜色 */
              text-align:center;                           /* 定义元素内部文字的居中 */
              text-decoration:none;                        /* 清除超链接的默认下划线 */}
#paging ul li a.num:hover{height:17px;                     /* 定义高度 */
              float:left;                                  /* 定义浮动左对齐 */
              margin:1px 0 0 0;                            /* 定义外边距 */
              padding:6px 6px 0 6px;                       /* 定义内边距 */
              font-family:Arial;                           /* 定义字体 */
              font-size:11px;                              /* 定义字号 */
              font-weight:bold;                            /* 定义文字加粗 */
              color:#d44d2f;                               /* 定义颜色 */
              text-align:center;                           /* 定义元素内部文字的居中 */
              text-decoration:none;                        /* 清除超链接的默认下划线 */
              background-color:#daf2e1;}                    /* 定义背景颜色 */
#paging ul li a.numlast{height:17px;                       /* 定义高度 */
              float:left;                                  /* 定义浮动左对齐 */
              margin:1px 0 0 0;                            /* 定义外边距 */
              padding:6px 0 0 6px;                         /* 定义内边距 */
              font-family:Arial;                           /* 定义字体 */
              font-size:11px;                              /* 定义字号 */
              font-weight:bold;                            /* 定义文字加粗 */
              color:#1c7650;                               /* 定义颜色 */
              text-align:center;                           /* 定义元素内部文字的居中 */
              text-decoration:none;                        /* 清除超链接的默认下划线 */}
#paging ul li a.numlast:hover{h                 eight:17px;  /* 定义高度 */
```

```
        float:left;                                /* 定义浮动左对齐 */
        margin:1px 0 0 0;                          /* 定义外边距 */
        padding:6px 0 0 6px;                       /* 定义内边距 */
        font-family:Arial;                         /* 定义字体 */
        font-size:11px;                            /* 定义字号 */
        font-weight:bold;                          /* 定义文字加粗 */
        color:#d44d2f;                             /* 定义颜色 */
        text-align:center;                         /* 定义元素内部文字的居中 */
        text-decoration:none;                      /* 清除超链接的默认下划线 */
        background-color:#daf2e1;}                  /* 定义背景颜色 */
#paging ul li a.next{height:20px;                  /* 定义高度 */
        float:left;                                /* 定义浮动左对齐 */
        margin:0px;                                /* 定义外边距 */
        padding:6px 13px 0 10px;                   /* 定义内边距 */
        font-family:Arial;                         /* 定义字体 */
        font-size:11px;                            /* 定义字号 */
        font-weight:bold;                          /* 定义文字加粗 */
        color:#000;                                /* 定义颜色为黑色 */
        text-align:center;                         /* 定义元素内部文字的居中 */
        text-decoration:none;                      /* 清除超链接的默认下划线 */}
#paging ul li a.next:hover{height:20px;            /* 定义高度 */
        float:left;                                /* 定义浮动左对齐 */
        margin:0px;                                /* 定义外边距 */
        padding:6px 10px 0 10px;                   /* 定义内边距 */
        font-family:Arial;                         /* 定义字体 */
        font-size:11px;                            /* 定义字号 */
        font-weight:bold;                          /* 定义文字加粗 */
        color:#000;                                /* 定义颜色为黑色 */
        text-align:center;                         /* 定义元素内部文字的居中 */
        text-decoration:none;                      /* 清除超链接的默认下划线 */}
```

15.2.8　制作底部版权部分

底部版权部分主要放在footer对象中的footerlinks和copyrights内，包括底部导航和版权文字信息，如图15-49所示。

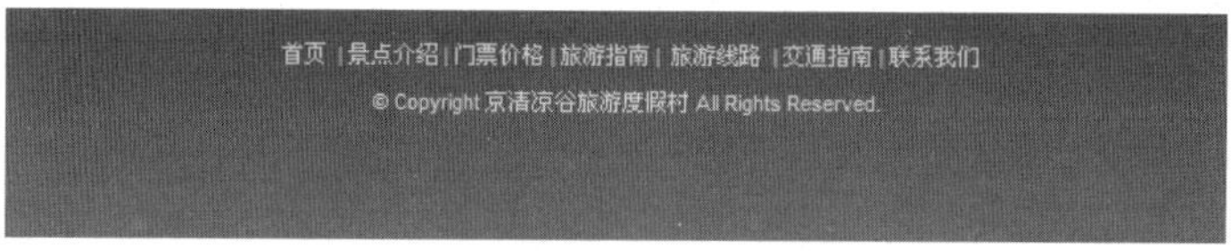

首页 |景点介绍 |门票价格 |旅游指南 |旅游线路 |交通指南 |联系我们
© Copyright 京清凉谷旅游度假村 All Rights Reserved.

图15-49　底部版权部分

01 首先输入如下Div代码，建立底部版权部分框架，如图15-50所示。

```
<div id="footerbg">
  <div id="footerblank">
    <div id="footer">
      <div id="footerlinks"><a href="#" class="footerlinks">首页</a> | 景点介绍 | 门票价格 |
旅游指南 | <a href="#" class="footerlinks">旅游线路</a> | 交通指南 | 联系我们</div>
      <div id="copyrights">© Copyright  京清凉谷旅游度假村 All Rights Reserved.</div>
```

```
        </div>
      </div>
    </div>
```

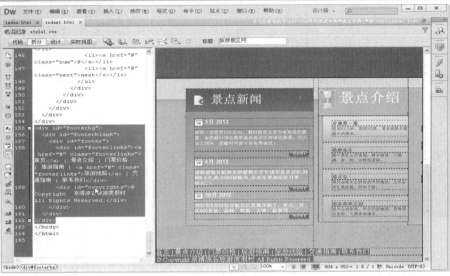

图15-50　建立底部版权部分框架

02 使用如下CSS代码定义footer部分的整体样式，如图15-51所示。

```
#footerbg{width:100%;                                    /* 定义宽度 */
        height :126px;                                   /* 定义高度 */
        float:left;                                      /* 定义浮动左对齐 */
        margin:0px;                                      /* 定义外边距为0 */
        padding:0px;                                     /* 定义内边距为0 */
        background-image: url(images/footerbg.jpg);background-repeat:repeat-x;}
#footerblank{width:1004px;                               /* 定义宽度 */
        height:126px;                                    /* 定义高度 */
        float: none;margin:0 auto;                       /* 定义外边距 */
        padding:0px;}                                    /* 定义内边距为0 */
        #footer{width:1004px;                            /* 定义宽度 */
        height:126px;                                    /* 定义高度 */
        float: left;                                     /* 定义浮动左对齐 */
        margin:0px;                                      /* 定义外边距为0 */
        padding:0px;}                                    /* 定义内边距为0 */
```

图15-51　定义footer部分的整体样式

03 使用如下CSS代码定义导航文字的样式，如图15-52所示。

```
#footerlinks{width:1004px;                               /* 定义宽度 */
        float: left;                                     /* 定义浮动左对齐 */
        margin:20px 0 0 0;                               /* 定义外边距 */
        padding:0px;                                     /* 定义内边距为0 */
        font-family:Arial;                               /* 定义字体 */
```

```
        font-size:11px;                              /* 定义字号 */
        color:#c8c8c8;                               /* 定义颜色 */
        text-align:center;                           /* 定义元素内部文字的居中 */ }
.footerlinks{font-family:Arial;                      /* 定义字体 */
        font-size:11px;                              /* 定义字号 */
        color:#c8c8c8;                               /* 定义颜色 */
        text-align:center;                           /* 定义元素内部文字的居中 */
        text-decoration:none;                        /* 清除超链接的默认下划线 */
        padding:0 3px 0 3px;}                         /* 定义内边距 */
.footerlinks:hover{font-family:Arial;                /* 定义字体 */
        font-size:11px;                              /* 定义字号 */
        color:#c8c8c8;                               /* 定义颜色 */
        text-align:center;                           /* 定义元素内部文字的居中 */
text-decoration: underline;                          /* 定义文字下划线 */
padding:0 3px 0 3px;}
```

图15-52　定义导航文字的样式

04 使用如下CSS代码定义版权文字的样式，如图15-53所示。

```
#copyrights{width:1004px;                            /* 定义宽度 */
        float: left;                                 /* 定义浮动左对齐 */
        margin:10px 0 0 0;                           /* 定义外边距 */
        padding:0px;                                 /* 定义内边距为0 */
        font-family:Arial;                           /* 定义字体 */
        font-size:11px;                              /* 定义字号 */
        color:#ade6a7;                               /* 定义颜色 */
        text-align:center;                           /*定义元素内部文字的居中*/}
```

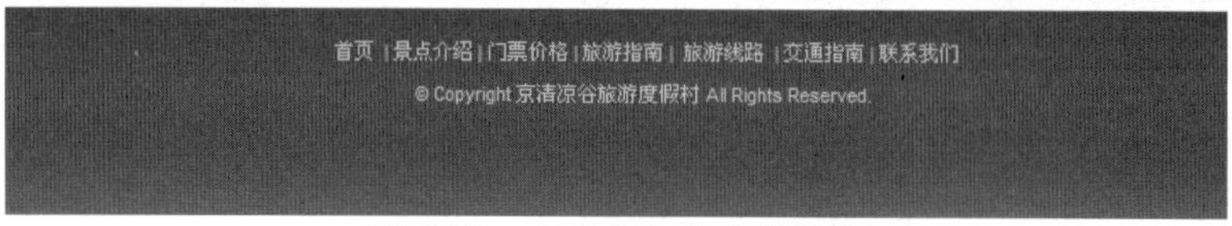

图15-53　定义版权文字的样式

附录A
CSS属性一览表

CSS - 文字属性

语　言	功　能
color : #999999;	文字颜色
font-family : 宋体,sans-serif;	文字字体
font-size : 9pt;	文字大小
font-style:itelic;	文字斜体
font-variant:small-caps;	小字体
letter-spacing : 1pt;	字间距离
line-height : 200%;	设置行高
font-weight:bold;	文字粗体
vertical-align:sub;	下标字
vertical-align:super;	上标字
text-decoration:line-through;	加删除线
text-decoration:overline;	加顶线
text-decoration:underline;	加下划线
text-decoration:none;	删除链接下划线
text-transform : capitalize;	首字大写
text-transform : uppercase;	英文大写
text-transform : lowercase;	英文小写
text-align:right;	文字右对齐
text-align:left;	文字左对齐
text-align:center;	文字居中对齐
text-align:justify;	文字两端对齐
vertical-align;	设置元素的垂直对齐方式
vertical-align:top;	垂直向上对齐
vertical-align:bottom;	垂直向下对齐
vertical-align:middle;	垂直居中对齐
vertical-align:text-top;	文字垂直向上对齐
vertical-align:text-bottom;	文字垂直向下对齐

CSS - 项目符号

语　言	功　能
list-style-type:none;	不编号
list-style-type:decimal;	阿拉伯数字
list-style-type:lower-roman;	小写罗马数字
list-style-type:upper-roman;	大写罗马数字
list-style-type:lower-alpha;	小写英文字母
list-style-type:upper-alpha;	大写英文字母
list-style-type:disc;	实心圆形符号
list-style-type:circle;	空心圆形符号
list-style-type:square;	实心方形符号
list-style-image:url(/dot.gif)	图片式符号

（续表）

语　言	功　能
list-style-position:outside;	凸排
list-style-position:inside;	缩进

CSS - 背景样式

语　言	功　能
background-color:#F5E2EC;	背景颜色
background:transparent;	透视背景
background-image : url(image/bg.gif);	背景图片
background-attachment : fixed;	浮水印固定背景
background-repeat : repeat;	重复排列-网页默认
background-repeat : no-repeat;	不重复排列
background-repeat : repeat-x;	在x轴重复排列
background-repeat : repeat-y;	在y轴重复排列
background-position : 90% 90%;	背景图片x与y轴的位置
background-position : top;	向上对齐
background-position : buttom;	向下对齐
background-position : left;	向左对齐
background-position : right;	向右对齐
background-position : center;	居中对齐

CSS - 链接属性

语　言	功　能
a	所有超链接
a:link	超链接文字格式
a:visited	浏览过的链接文字格式
a:active	按下链接的格式
a:hover	鼠标转到链接
cursor:crosshair	十字体
cursor:s-resize	箭头朝下
cursor:help	加一问号
cursor:w-resize	箭头朝左
cursor:n-resize	箭头朝上
cursor:ne-resize	箭头朝右上
cursor:nw-resize	箭头朝左上
cursor:text	文字I型
cursor:se-resize	箭头斜右下
cursor:sw-resize	箭头斜左下
cursor:wait	漏斗

CSS – 边框属性

语　言	功　能
border-top : 1px solid #6699cc;	上框线

（续表）

语　言	功　能
border-bottom : 1px solid #6699cc;	下框线
border-left : 1px solid #6699cc;	左框线
border-right : 1px solid #6699cc;	右框线
solid	实线框
dotted	虚线框
double	双线框
groove	立体内凸框
ridge	立体浮雕框
inset	凹框
outset	凸框

CSS - 表单

语　言	功　能
<input type=" text" name=" t1" size=" 15">	文本域
<input type="submit" value="submit" name="b1">	按钮
<input type="checkbox" name="c1">	复选框
<input type="radio" value="v1" checked name="r1">	单选按钮
<textarea rows=" 1" name=" 1" cols="15"></textarea>	多行文本域
<select size=" 1" name=" d1"> <option>选项1</option> <option>选项2</option> </select>	列表菜单

CSS - 边界样式

语　言	功　能
margin-top:10px;	上边界
margin-right:10px;	右边界值
margin-bottom:10px;	下边界值
margin-left:10px;	左边界值

CSS - 边框空白

语　言	功　能
padding-top:10px;	上边框留空白
padding-right:10px;	右边框留空白
padding-bottom:10px;	下边框留空白
padding-left:10px;	左边框留空白

附录B
HTML常用标签

1. 跑马灯

标 签	功 能
`<marquee>...</marquee>`	普通卷动
`<marquee behavior=slide>...</marquee>`	滑动
`<marquee behavior=scroll>...</marquee>`	预设卷动
`<marquee behavior=alternate>...</marquee>`	来回卷动
`<marquee direction=down>...</marquee>`	向下卷动
`<marquee direction=up>...</marquee>`	向上卷动
`<marquee direction=right></marquee>`	向右卷动
`<marquee direction=left></marquee>`	向左卷动
`<marquee loop=2>...</marquee>`	卷动次数
`<marquee width=180>...</marquee>`	设定宽度
`<marquee height=30>...</marquee>`	设定高度
`<marquee bgcolor=FF0000>...</marquee>`	设定背景颜色
`<marquee scrollamount=30>...</marquee>`	设定卷动距离
`<marquee scrolldelay=300>...</marquee>`	设定卷动时间

2. 字体效果

标 签	功 能
`<h1>...</h1>`	标题字（最大）
`<h6>...</h6>`	标题字（最小）
`<b>...</b>`	粗体字
`<strong>...</strong>`	粗体字（强调）
`<i>...</i>`	斜体字
`<em>...</em>`	斜体字（强调）
`<dfn>...</dfn>`	斜体字（表示定义）
`<u>...</u>`	底线
`<ins>...</ins>`	底线（表示插入文字）
`<strike>...</strike>`	横线
`<s>...</s>`	删除线
`<del>...</del>`	删除线（表示删除）
`<kbd>...</kbd>`	键盘文字
`<tt>...</tt>`	打字体
`<xmp>...</xmp>`	固定宽度字体（在文件中空白、换行、定位功能有效）
`<plaintext>...</plaintext>`	固定宽度字体（不执行标记符号）
`<listing>...</listing>`	固定宽度小字体
`<font color=00ff00>...</font>`	字体颜色
`<font size=1>...</font>`	最小字体

（续表）

标　签	功　能
<font style =font-size:100 px>...</font>	无限增大

3.区断标记

标　签	功　能
<hr>	水平线
<hr size=9>	水平线（设定大小）
<hr width=80%>	水平线（设定宽度）
<hr color=ff0000>	水平线（设定颜色）
 	（换行）
<nobr>...</nobr>	水域（不换行）
<p>...</p>	水域（段落）
<center>...</center>	置中

4.链接

标　签	功　能
<base href=地址>	（预设好连结路径）
<a href=地址></a>	外部连结
<a href=地址 target=_blank></a>	外部连结（另开新窗口）
<a href=地址 target=_top></a>	外部连结（全窗口连结）
<a href=地址 target=页框名></a>	外部连结（在指定页框连结）

5.图像/音乐

标　签	功　能
<img src=图片地址>	贴图
<img src=图片地址 width=180>	设定图片宽度
<img src=图片地址 height=30>	设定图片高度
<img src=图片地址 alt=提示文字>	设定图片提示文字
<img src=图片地址 border=1>	设定图片边框
<bgsound src=MID音乐文件地址>	背景音乐设定

6.表格

标　签	功　能
<table aling=left>...</table>	表格位置,置左
<table aling=center>...</table>	表格位置,置中
<table background=图片路径>...</table>	背景图片的URL=就是路径网址
<table border=边框大小>...</table>	设定表格边框大小（使用数字）
<table bgcolor=颜色码>...</table>	设定表格的背景颜色
<table borderclor=颜色码>...</table>	设定表格边框的颜色

（续表）

标　签	功　能
<table borderclordark=颜色码>...</table>	设定表格暗边框的颜色
<table borderclorlight=颜色码>...</table>	设定表格亮边框的颜色
<table cellpadding=参数>...</table>	指定内容与网格线之间的间距（使用数字）
<table cellspacing=参数>...</table>	指定网格线与网格线之间的距离（使用数字）
<table cols=参数>...</table>	指定表格的栏数
<table frame=参数>...</table>	设定表格外框线的显示方式
<table width=宽度>...</table>	指定表格的宽度大小（使用数字）
<table height=高度>...</table>	指定表格的高度大小（使用数字）
<td colspan=参数>...</td>	指定储存格合并栏的栏数（使用数字）
<td rowspan=参数>...</td>	指定储存格合并列的列数（使用数字）